稳态 Navier-Stokes 方程的 Liouville 定理

王文栋 著

科学出版社

北京

内 容 简 介

本书介绍了 Navier-Stokes 方程, 特别是定常 Navier-Stokes 方程的基础知识和必备技巧, 重点讨论了 Liouville 定理与定常 Navier-Stokes 方程解的分类问题. 第 1 章将回顾一些基本的工具和技术, 包括 Stokes 方程的基本解、Stokes 估计、Bogovskii 映射等; 第 2 章对于三维稳态 Navier-Stokes 方程, 将描述一些主要的进展, 包括一些取决于速度、总压力或势函数的 Liouville 唯一性结果; 第 3 章将从 Navier-Stokes 方程的衰减估计来研究; 第 4 章将介绍一些二维 Navier-Stokes 方程的进展, 包括 Liouville 定理、解的衰减或分类估计; 最后, 第 5 章将从不同区域或其他模型来讨论 Liouville 定理的一些进展.

本书建立了从偏微分方程到流体方程研究的一个桥梁, 可以作为偏微分方程以及相关方向的研究生的基础课程教材, 也可作为高年级本科生或理工科研究生的选修教材, 同时也可以作为相关科研人员的参考书.

图书在版编目(CIP)数据

稳态 Navier-Stokes 方程的 Liouville 定理 / 王文栋著. -- 北京: 科学出版社, 2025. 2. -- ISBN 978-7-03-079762-9

I. O175.26; O414.2

中国国家版本馆 CIP 数据核字第 20246G6Z01 号

责任编辑: 胡庆家 / 责任校对: 彭珍珍
责任印制: 张 伟 / 封面设计: 无极书装

科 学 出 版 社 出版
北京东黄城根北街 16 号
邮政编码: 100717
http://www.sciencep.com

北京厚诚则铭印刷科技有限公司印刷
科学出版社发行 各地新华书店经销

*

2025 年 2 月第 一 版 开本: 720×1000 1/16
2025 年 2 月第一次印刷 印张: 12 3/4
字数: 257 000
定价: 98.00 元
(如有印装质量问题, 我社负责调换)

前　言

研究稳态 Navier-Stokes 方程的 Liouville 定理纯属偶然, 记得一次 (大概 2016 年) 在北京大学和章志飞老师讨论问题, 突然聊到 Seregin 的一篇论文 [92](2016, *Nonlinearity*), 觉得其证明简洁漂亮, 也好奇他里面加的条件 $u \in BMO^{-1}(\mathbb{R}^3)$ 是否可以去掉. 这之后心里便埋下一颗种子. 回到大连以后, 看过几篇相关文章, 也让一个硕士生董璐去看 Liouville 定理方面的问题. 2017 年, 正好收到 Seregin 教授的邀请, 去牛津大学访问交流一年, 在此期间我系统看了一下 Liouville 定理方面的进展, 以及稳态 Navier-Stokes 方程的理论, 主要是 Galdi 的书 [40] 以及系列论文, 我边做问题边整理, 形成一个初步 80 多页的手稿. 回国以后, 又指导硕士生李帅和本科生汪涛做非牛顿流体的 Liouville 定理, 熟悉了 Korobkov-Pileckas-Russo 的一些工作. 之后, 继续指导硕士生陈晓萌、王莉莉、杨国旭等研究 MHD 或二维 Navier-Stokes 方程的一些性质. 2023 年上学期, 借着给研究生上 "数学流体力学" 课程的机会, 我又重新整理了一下讲义, 增加了 Navier-Stokes 方程的基础知识以及一些必备工具, 诸如基本解、Stokes 估计、Bogovskii 映射等.

即便有了这些准备, 当收到科学出版社的邀约时, 我还是非常忐忑, 我知道写一本书真心不易, 由于自己水平有限, 难免挂一漏万. 然而为了激励自己, 为了更好地展现这个问题的全貌, 也为了后学者的方便与进步, 我愿意放下担忧, 抛砖引玉, 希望给看到这本书的人一丝光亮, 给这个问题的突破一线契机, 吾愿足矣.

在本书中, 我们主要关注稳态 Navier-Stokes 方程的 Liouville 定理方面的研究. 我们最初熟悉的 Liouville 定理来自于复分析, 以 19 世纪法国数学家约瑟夫·刘维尔 (Joseph Liouville, 1809-1882) 命名, 这个定理对整函数 (即在整个复数域上都是解析的函数) 的值域进行了刻画, 它表明任何有界的整函数都一定是常数. 推广到微分方程, 能判断方程只具有平凡解的定理也称呼为 "Liouville 定理".

像在 [92] 中描述的那样, 我们的一个主要兴趣来自于下述 Liouville 型问题. 考虑全空间 $\mathbb{R}^3$ 上的稳态 Navier-Stokes 方程:

$$\text{(SNS)} \quad \begin{cases} -\Delta u + u \cdot \nabla u = -\nabla p, \\ \nabla \cdot u = 0, \end{cases} \quad (0.1)$$

其中解满足无穷远处的消失性条件

$$\lim_{|x|\to\infty} u(x) = 0, \tag{0.2}$$

与有限的 Dirichlet 积分

$$\int_{\mathbb{R}^3} |\nabla u|^2 \mathrm{d}x < \infty. \tag{0.3}$$

既然 $u = 0$ 是该方程的一个解, 那么该方程的解是否只有 0 这个平凡解? 这个看似简单的问题, 是最近十几年很多数学家关注的一个公开问题, 也跟 1933 年 Leray 的工作有关系, 见 [70]. Galdi 在他的书中描述了这个公开问题: "从 $v_0 = 0$ 衍生出一个令人困惑的问题是下列的 Liouville 型问题."——见 Galdi (P12, 第三个公开问题, [40])

Tsai 也在他的书 [101] 中指出这个问题非常重要: "对于上述问题, $v = 0$ 是一个平凡的小解, 但是我们并不知道它是否是唯一的解. 对于非定常的 Navier-Stokes 问题关于奇点方面的研究来说, Liouville 型的问题非常重要." 具体见 Tsai (P23, Conjecture 2.5 (Liouville problem)).

上述 Liouville 型问题不仅是一个具有挑战性的数学难题, 联系到其物理背景与意义, 我们主要是由下述两个重要问题驱动, 具体如下.

首先, 稳态 Navier-Stokes 方程的 Liouville 型问题与三维 Navier-Stokes 方程的全局正则性这一千禧年公开问题相关. 假设爆破发生在某个点, 正如 Koch-Nadirashvili-Seregin-Sverak (2009, *Acta. Math.*) 在 [55] 中所述, 三维 Navier-Stokes 问题可以等价于 $\mathbb{R}^3 \times (-\infty, 0]$ 中下述古代解 (有界) 的 Liouville 型分析:

$$(\text{NS}) \begin{cases} \partial_t u - \Delta u + u \cdot \nabla u = -\nabla p, \\ \nabla \cdot u = 0, \end{cases} \tag{0.4}$$

并满足有界性条件 $|u(0,0)| = 1$. 他们提出问题: 刻画 (NS) 在 $\mathbb{R}^n \times (-\infty, 0)$ 上具有全局有界速度 u 的解的分类. 或者更详细来说: 任何古代解为常数或 $b(t)$?

一个关键想法: 如果古代解是平凡的, 则会与某些伸缩不变范数构成矛盾 (比如, 对于轴对称 Navier-Stokes 方程有 $ru_\theta \in L^\infty$).

在 [55] 中, 对于 Navier-Stokes 方程他们证明了: (1) 在二维情况下 Liouville 型定理成立; (2) 利用如下具有有界可测系数的算子的最大值原理,

$$\partial_t v + a \cdot \nabla v - \Delta v = 0$$

对于第 I 型奇异性下的三维轴对称流亦证明了 Liouville 型定理.

他们在 [55] 中也提到: "就我们所知, 一般三维向量场的情况是完全公开的. 事实上, 即使在稳态情况下有界解的分类也是公开的." 注意到对于稳态光滑解有下述嵌入成立:

$$\dot{H}^1(\mathbb{R}^3) = \mathcal{D}^{1,2}(\mathbb{R}^3) \subset L^6(\mathbb{R}^3) \subset L^\infty(\mathbb{R}^3).$$

因此, 这时的稳态 Liouville 型定理比前面 Galdi 或 Tsai 书里提出的公开问题更困难.

其次, 稳态 Navier-Stokes 方程的 Liouville 型问题与障碍物周围的流动问题 (Leray 问题) 紧密相关. 比如

$$\begin{cases} -\mu\Delta u + u \cdot \nabla u = -\nabla\pi, & \text{于 } \Omega, \\ \nabla \cdot u = 0, & \text{于 } \Omega, \\ u = a, & \text{于 } \partial\Omega, \\ \lim_{|x|\to\infty} u(x) = u_0. \end{cases} \tag{0.5}$$

设 $\Omega = \mathbb{R}^3 \setminus \bigcup_{j=1}^N \overline{\Omega}_j$, 其中 Ω_i 是具有 C^2 光滑边界 Γ_i 的有界区域. 设

$$\mathcal{F}_i = \int_{\Gamma_i} a \cdot n \mathrm{d}S.$$

Galdi (P5, [40]) 在其书里表明: 在 a (而不是 $\mathcal{F}_i = 0$) 与曲面 Γ_i 的数目 m 不受限制的情况下证明或反驳解的存在性, 是最悬而未决的问题之一.

- 在 1933 年的著名论文 [70] 中, Leray 通过假设 $\mathcal{F}_i = 0$, 构造了 (0.5) 具有有限 Dirichlet 积分性质的解 (D-解), 并且满足 $(0.5)_4$, 其中对 $u_0 = 0$ 一致成立, 对一般的 u_0 在适当意义下成立.
- 在 20 世纪 60 年代, Finn 在 [35] 中和 Ladyzhenskaya 在 [67] 中表明解在无穷远处一致地满足条件 $(0.5)_4$, 并且通量 $\mathcal{F}_i = 0$ 和 a 的正则性条件可以被减弱, 只需要满足 $\sum_{i=1}^N |\mathcal{F}_i|$ 充分小和 $a \in W^{1/2,2}(\partial\Omega)$.
- 在 1973 年, Babenko [3] 证明了如果 (u, p) 是 (0.5) 的 D-解并且 $u_0 \neq 0$, 则 $(u - u_0, p)$ 在无穷远处表现为线性 Oseen 系统的解:

$$u(x) - u_0 = O(r^{-1}), \quad p(x) = O(r^{-2}).$$

当 $u_0 = 0$ 时, 解在无穷远处是否有某种速度的衰减性, 仍然是未知的.

- 在 2015 年, Korobkov-Pileckas-Russo [59] 考虑了二维区域, 在 $f \in H^1(\Omega)$ 和 $a \in H^{3/2}(\partial\Omega)$ 下仅假设通过边界 $\partial\Omega$ 的通量为零, 证明了 Leary 解在无穷远处一致收敛到零.

- 在 2018 年, Korobkov-Pileckas-Russo [60] 考虑了外域轴对称域下三维轴对称 Navier-Stokes 方程, 得到在无穷远处 $u \to u_0$ (这里 u_0 是平行于对称轴的常数向量), 此时对通量没有做任何假设.

通过假设边值小或者粘性大, 在有界区域中唯一性已经得到证明 (齐次边值见 P602, 非齐次边值见 P619, [40]). 但是对于无界区域, 除了 $u_0 \neq 0$ 的情况外, 目前几乎没有研究结果. Galdi 在其书 [40] 中评论: "也许广义解的唯一性是一个比存在性本身更复杂的问题, 事实上, 它代表了一个艰巨的问题, 我认为, 要解决这个问题, 就需要全新的思想和方法的贡献." "然而, 如果 $u_0 = 0$, 我们只能对大粘性和满足能量不等式的 D-解证明这一点. 还应该强调的是, 有几个基本问题仍然悬而未决. 例如, 对于给定的 f 和 a, 在边值大小没有限制或者说对于所有的粘性系数, 不知道是否存在满足能量不等式的解, 并且对应 $f = 0$ 的仅有 D-解是否是零解."

因此, 目前去看考虑全空间上的 Liouville 定理似乎是第一突破口, 之后进一步可以研究外域上 $(a = 0, u_0 = 0)$ 的唯一性.

致谢　本书得到科技部重点研发项目 (No.2023YFA1009200)、国家自然科学基金面上项目 (No.12071054)、大连市高层次人才创新计划 (Grant 2020RD09) 和 "中央高校基本科研业务费" 的资助. 感谢中国科学院数学与系统科学研究院的张立群研究员、北京大学的章志飞教授与我不断地交流与鼓励, 没有他们的支持, 我不会这么坚定. 感谢在此主题方面, 我的合作者们, Seregin、王玉昭、吴杰、李帅、汪涛、陈晓萌、郭正光、王莉莉、杨国旭等, 与他们的交流受益匪浅. 感谢李帅博士帮忙整理了第 1 章基础知识的部分内容; 博士生王莉莉帮忙整理了二维 Navier-Stokes 方程的部分内容并且把初稿的英文译成中文; 博士生陈晓萌整理了 Jia-Sverak 高维衰减的估计; 硕士生杨国旭整理了无穷远处趋于非零向量的内容等. 感谢李帅、陈晓萌、崔世坤、王莉莉、杨国旭等阅读了初稿并提了很多改进的建议.

王文栋

2024 年 6 月于大连

目　　录

第 1 章 基 础 知 识

1.1 模 型 推 导

在本节中, 我们从物理原理出发简要推导出 Navier-Stokes (NS) 方程, 主要参考 [8,69,101]. 该推导过程有利于我们理解方程中每个项的影响以及解的行为. 为了简化, 该推导基于以下假设:

(i) 连续性假设: 流体是连续的, 分子紧密在一起 (速度 u, 密度 ρ, 压力 p 均连续);

(ii) 温度的波动可以忽略不计;

(iii) 牛顿流体满足应力张量的本构定律;

(iv) 压力 p 和密度 ρ 满足状态方程.

这里牛顿流体包括水和空气; 非牛顿流体包括洗发水、血液和油, 它们由大分子组成. 我们将从 Euler 与 Lagrangian 两种角度去推导.

1.1.1 Euler 描述

连续性方程 (质量守恒). 我们首先考虑质量守恒方程. 在任意一个固定区域 D 中, 设 $u(x,t)$ 与 $\rho(x,t)$ 分别是流体的速度与密度, n 是该区域的单位外法向量, 我们有

$$\frac{\mathrm{d}}{\mathrm{d}t} \int_D \rho(x,t)\mathrm{d}V = \int_D \frac{\partial \rho}{\partial t}\mathrm{d}V = -\int_{\partial D} \rho u \cdot n\mathrm{d}S.$$

上式左端表示 D 中总质量的变化率, 右端是由于通过边界 ∂D 的通量而获得的质量增量. 注意到区域 D 是任意的, 从而利用散度定理, 可以得到

$$\frac{\partial \rho}{\partial t} + \nabla \cdot (\rho u) = 0. \tag{1.1}$$

动量守恒. 根据牛顿第二定律, 易知 $F\mathrm{d}t = \mathrm{d}(mv)$. 考虑动量的第 i 个分量. 在上面的讨论中, 用 ρu_i 代替 ρ, 我们得到

$$\int_{t_1}^{t_2} \int_D \frac{\partial}{\partial t}(\rho u)\mathrm{d}V\mathrm{d}t + \int_{t_1}^{t_2} \int_{\partial D} \rho uu \cdot n\mathrm{d}S = \int_{t_1}^{t_2} \int_{\partial D} (-p + \sigma)n\mathrm{d}S,$$

上式表明

$$\partial_t(\rho u) + \nabla \cdot (\rho u \otimes u) + \nabla p = \nabla \cdot \sigma, \tag{1.2}$$

其中应力张量 $\sigma = \mu(\nabla u + (\nabla u)^{\mathrm{T}}) + \lambda(\nabla \cdot u)\mathrm{Id}$, μ 与 λ 为正常数.

1.1.2 Lagrangian 描述

定义 1.1 给定 $a \in \mathbb{R}^n$, n 是空间维数. 当 $t > 0$ 时, 未知向量

$$X(t,a) = (X_1, X_2, \cdots, X_n)(t,a) : [0,\infty) \times \mathbb{R}^n \to \mathbb{R}^n$$

是粒子轨迹, 映射 $X(t,\cdot) : \mathbb{R}^n \to \mathbb{R}^n$, $a \mapsto X(t,a)$ 称为 Lagrangian 流映射.

定理 1.1 (Cauchy-Lipschitz 定理, 定理 A.3, [8]) 固定 $t_0 \in \mathbb{R}$, $y_0 \in \mathbb{R}^n$, $a > 0, b > 0$, 定义平行六面体 $R = \{(t,y) : t_0 - a \leqslant t \leqslant t_0 + a, |y - y_0| \leqslant b\}$, 我们考虑常微分方程

$$y'(t) = f(t, y(t)), \quad y(t_0) = y_0, \tag{1.3}$$

其中 f 在 R 上连续 (最大值 $M > 0$) 并且关于 y 是一致 Lipschitz 连续. 则 (1.3) 存在定义在 $[t_0 - T, t_0 + T]$ 上的唯一解 $y(t)$, 并且 $T = \min\left\{a, \dfrac{b}{M}\right\}$.

事实上, Euler 和 Lagrangian 描述之间的联系是粒子轨迹 X 在速度场 u 的积分曲线上运动, 这意味着它们服从常微分方程:

$$\partial_t X(t,a) = u(t, X(t,a)), \tag{1.4}$$

具有初始条件:

$$X(0,a) = a. \tag{1.5}$$

对任意固定的 a, 系统 (1.4)-(1.5) 是关于 t 的 ODE. 如果 $u \in C_t^0 Lip_x$, 由 Cauchy-Lipschitz 定理可知, 上述 ODE 存在一个解, 并且流映射 $X(\cdot, t) : \mathbb{R}^n \to \mathbb{R}^n$ 定义了一个 C^1 微分同胚. 当流映射是 C^1 微分同胚时, 我们定义其逆映射为

$$A(t,x) = (A_1, A_2, \cdots, A_n)(t,x) : [0,\infty) \times \mathbb{R}^n \to \mathbb{R}^n,$$

其满足

$$A(t, X(t,a)) = a, \quad X(t, A(t,x)) = x,$$

对任意的 $a, x \in \mathbb{R}^n$ 均成立. 我们记 $A = X^{-1}$, A 称为反向标签 (back-to-labels) 映射.

Lagrangian 流映射的梯度及其逆. 假设 $u \in C_t^0 Lip_x$, 则关于路径 $X(t,a)$ 的梯度满足

$$\partial_t \frac{\partial X_j}{\partial a_k}(t,a) = \frac{\partial u_j}{\partial x_i}(t, X(t,a)) \frac{\partial X_i}{\partial a_k}(t,a), \quad \frac{\partial X_j}{\partial a_k}(a,0) = \delta_{jk},$$

其中 δ_{jk} 表示单位矩阵的 Kronecker 符号. 由 Grönwall 不等式, 我们可以得到

$$\sup_{a \in \mathbb{R}^n} |\nabla_a X(t,a)| \leqslant \exp \left(\int_0^t \|\nabla u(s)\|_{L^\infty} \mathrm{d}s \right).$$

因为 $A = X^{-1}$ 满足 $x = X(t, A(t,x))$, 利用链式法则和 (1.4), 对其两边关于时间求微分, 我们有

$$\frac{\partial X_k}{\partial a_j}(t, A(t,x)) \partial_t A_j(t,x) = -\partial_t X_k(t, A(t,x)) = -u_k(t,x). \tag{1.6}$$

同样地, 关于 a 求微分, 有下式成立

$$\delta_{jk} = \frac{\partial A_i}{\partial x_k}(t, X(t,a)) \frac{\partial X_k}{\partial a_j}(t,a). \tag{1.7}$$

因此, 将 (1.6) 两端同时左乘以矩阵 $\nabla_x A$, 我们得到了一个由反向标签映射 A 满足的偏微分方程:

$$\partial_t A + u \cdot \nabla A = 0.$$

不可压缩性. 设 $V \subset \Omega$ 是流体中的一个体积, 记 $V(t) = X(t, V) = \{X(t,a) : a \in V\}$, 其中 $X(t, \cdot)$ 是由速度场 u 确定的流映射. 如果流映射 $X(t, \cdot)$ 是体积保持不变的, 即对任意的 $V \subset \Omega$ 和 $t \in \mathbb{R}$, $|V| = |V(t)|$ 成立 ($|A|$ 表示集合 A 的 Lebesgue 测度), 则称速度场 u 是不可压缩的.

关于不可压缩性的主要结果表述如下:

引理 1.1 设 $u \in C_t Lip_x([-T, T] \times \Omega)$, 则以下结果是等价的:

(i) u 在 $|V| = |V(t)|$ 的意义上是不可压缩的;

(ii) u 是散度自由的, 即 $\nabla \cdot u = 0$ 对几乎处处的 (t, x);

(iii) $J(t,a) = 1$, 并且 $J(t,a) = \left| \dfrac{\partial X(t,a)}{\partial a} \right| = \det(\nabla_a X)(t,a)$.

为了证明上述等价性引理, 我们引入变量变换公式:

$$\int_{V(t)} f(x) \mathrm{d}x = \int_V f(X(t,a)) \det(\nabla_a X)(t,a) \mathrm{d}a = \int_V f(X(t,a)) J(t,a) \mathrm{d}a.$$

与映射 $a \mapsto X(t,a)$ 相关的雅可比 $\nabla_a X$ 的行列式, 可具体表示为

$$J(t,a) = \det(\nabla_a X)(t,a) = \sum_{i_1,\cdots,i_n=1}^{n} \varepsilon_{i_1,\cdots,i_n} \frac{\partial X_{i_1}}{\partial a_1}(t,a) \cdots \frac{\partial X_{i_n}}{\partial a_n}(t,a),$$

其中 $\varepsilon_{i_1,\cdots,i_n}$ 表示标准的 Levi-Civita 符号 (其等于 sgn (σ), 这里对所有的 $j = 1,2,\cdots,n$ 和某个排列 $\sigma \in S_n$, $i_j = \sigma(j)$; 其他情况下等于 0). 不难证明 J 具有下述性质:

引理 1.2 假设速度场 u 具有 $C_t^0 Lip_x$ 的正则性, X 满足 (1.4)-(1.5), 并且 J 由 $|\nabla_a X|$ 给出, 则我们有

$$\partial_t J(t,a) = J(t,a)((\nabla \cdot u)(t,X(t,a))). \tag{1.8}$$

下面, 我们来证明等价性引理 1.1.

证明 (ii)$\Leftrightarrow$(iii). 根据 (1.5), 易知 $J(0,\cdot) = \det(\mathrm{Id}) = 1$. 直接求解方程 (1.8), 我们得到

$$J(t,a) = J(0,a) \exp\left(\int_0^t (\nabla \cdot u)(s,X(s,a))\mathrm{d}s\right).$$

上式表明 $J(t,a) \equiv 1$ 当且仅当 $\nabla \cdot u = 0$.

(i) $\Leftrightarrow$ (iii). 利用变量变换公式, 有

$$|V(t)| = \int_{V(t)} \mathrm{d}x = \int_V J(t,a)\mathrm{d}a.$$

我们可以看到, 对于所有的 V, 当且仅当 $J \equiv 1$, 体积都是保持不变的.

综上, 我们完成了引理的证明.

输运和对流导数. 给定一个标量函数 $f = f(t,x): \mathbb{R} \times \mathbb{R}^n \mapsto \mathbb{R}$, 考虑某个固定点 $x \in \mathbb{R}^n$. 在固定位置 x 处, f 关于时间 t 的瞬时变化率为 $\partial_t f$, 它描述了在固定点 x 处测量的变化, 这是 Euler 对时间导数的看法. 然而, 在流体力学中的许多情况下, 测量沿着流的变化率更加自然, 这是 Lagrangian 对时间导数的观点, 称为对流导数或者物质导数:

$$\partial_t(f(t,X(t,a))) = (D_t f)(t,X(t,a)).$$

假设所有涉及的函数均是 $C_{t,x}^1$ 的, 根据链式法则, 我们观察到

$$D_t f = \partial_t f + u \cdot \nabla f.$$

对流导数产生于理想流体中质量的运输. 下述定理可由引理 1.2 和链式法则得到. 它表明了如何计算流体输运的域 $V(t)$ 上 f 的平均值变化率.

定理 1.2 (输运定理) 设 $f : \mathbb{R} \times \mathbb{R}^n \mapsto \mathbb{R}$ 是一个 C^1 光滑函数, 假设速度场 u 定义的流映射 $X(\cdot, t)$ 也是 C^1 的. 设 $V(t)$ 是流映射下体积 V 的前推 (pushforward), 则

$$\frac{\mathrm{d}}{\mathrm{d}t}\left(\int_{V(t)} f(t,x)\mathrm{d}x\right) = \int_{V(t)} (\partial_t f + \nabla \cdot (fu))(t,x)\mathrm{d}x. \tag{1.9}$$

证明

$$\frac{\mathrm{d}}{\mathrm{d}t}\left(\int_{V(t)} f(t,x)\mathrm{d}x\right) = \frac{\mathrm{d}}{\mathrm{d}t}\left(\int_V f(t, X(t,a))J(t,a)\mathrm{d}a\right)$$

$$= \int_V (D_t f)(t, X(t,a))J(t,a)\mathrm{d}a + \int_V f(t, X(t,a))\partial_t J(t,a)\mathrm{d}a$$

$$= \int_V (\partial_t f + u \cdot \nabla f + (\nabla \cdot u)f)(t, X(t,a))J(t,a)\mathrm{d}a$$

$$= \int_V (\partial_t f + \nabla \cdot (uf))(t, X(t,a))J(t,a)\mathrm{d}a$$

$$= \int_{V(t)} (\partial_t f + \nabla \cdot (uf))(t,x)\mathrm{d}x.$$

综上, 我们完成了定理的证明.

质量守恒. 接下来, 我们开始推导流体动力学方程组. 首先要考虑的物理原理是质量守恒, 即假设在与流体一起运动的体积元素中质量既不增加也不减少.

众所周知, 设 $V \subset \Omega$ 是流体中的一个体积, 则该体积元素的质量可由密度 ρ 表示为

$$m(t, V) = \int_V \rho(t,x)\mathrm{d}x.$$

假设 1.1 (质量守恒) 在我们建模的流体中, 假设以下守恒定律成立:

$$\frac{\mathrm{d}}{\mathrm{d}t}m(t, V(t)) = 0, \tag{1.10}$$

其中 $V(t) = X(t, V) = \{X(t,a) : a \in V\}$.

在下文中, 可以看出质量守恒等价于 ρ 的偏微分方程.

定理 1.3 假设 (1.10) 等价于积分守恒定律: 对任意的 $V \subset \Omega$,

$$\int_{V(t)} (\partial_t \rho + \nabla \cdot (u\rho))(t,x)\mathrm{d}x = 0, \tag{1.11}$$

并且 $\partial_t \rho$, $\nabla \cdot (u\rho)$ 都是连续的. 积分等式 (1.11) 等价于质量守恒方程

$$\partial_t \rho + \nabla \cdot (u\rho) = 0, \tag{1.12}$$

对几乎处处的 $(t, x) \in \mathbb{R} \times \Omega$ 成立.

证明　由定理 1.2, 我们可以得到

$$0 = \frac{\mathrm{d}}{\mathrm{d}t} m(t, V(t)) = \frac{\mathrm{d}}{\mathrm{d}t} \left(\int_{V(t)} \rho(t,x)\mathrm{d}x \right) = \int_{V(t)} (\partial_t \rho + \nabla \cdot (u\rho))(t,x)\mathrm{d}x.$$

当 f 连续时, 定理 1.2 的最后一部分表明

$$\lim_{\varepsilon \to 0} \frac{1}{|B_\varepsilon|} \int_{B_\varepsilon(x)} f(y)\mathrm{d}y = f(x).$$

从而, 我们完成了引理的证明.

事实上, 结合 (1.12) 和不可压缩性, 我们得出

$$0 = \partial_t \rho + u \cdot \nabla \rho + \rho(\nabla \cdot u) = D_t \rho.$$

注意到 $\partial_t(f(t, X(t,a))) = (D_t f)(t, X(t,a))$, 上式表明

$$\frac{\mathrm{d}}{\mathrm{d}t} \left(\rho(t, X(t,a)) \right) = 0.$$

因此, 我们得到下述等式

$$\rho(t, X(t,a)) = \rho_0(a), \tag{1.13}$$

或者

$$\rho(t, x) = \rho_0(A(t,x)), \tag{1.14}$$

其中 $\rho_0(x) = \rho(0,x)$ 是初始质量密度.

此外, 如果对所有的 $x \in \Omega$, $\rho_0(x) = \rho_0$, ρ_0 是一个常数, 我们称初始密度是**匀质的**. 则对所有的 $x \in \Omega$ 和所有的 $t \geqslant 0$, 由 (1.13) 我们得到 $\rho(t, x) = \rho_0$. 否则, 如果 $\rho_0(x)$ 不恒为常数, 则称为**非匀质的**.

动量守恒. 对于连续材料 (如流体), 作用在材料元素上的力有两种类型: 一种类型是 "体积力", 其作用在体积上, 例如重力; 另一种类型是 "牵引力", 其由于材料层之间的内力而产生, 因此作用在流体元素的边界上.

根据 Cauchy 定理, 存在一个对称矩阵 $\sigma(t, x)$, 称为 Cauchy 应力张量, 使得在任意给定的时间, 牵引力由垂直于边界的外法向量 $\sigma(t,x)n(t,x)$ 给出.

因此, 根据牛顿第二定律, 我们有

$$F = \frac{\mathrm{d}}{\mathrm{d}t}(mv).$$

如果没有体积力, 那么给定流体元素 $V(t)$ 上的动量守恒由下式给出:

$$\frac{\mathrm{d}}{\mathrm{d}t}\left(\int_{V(t)} \rho u(t,x)\mathrm{d}x\right) = \int_{\partial V(t)} \sigma(t,x)n(t,x)\mathrm{d}S(x), \tag{1.15}$$

其中 $\mathrm{d}S$ 是与 ∂V 相关的表面测度, 且 n 是单位外法向量. 由 (1.9), (1.15) 的左端可表示为

$$LHS = \int_{V(t)} \partial_t(\rho u) + \nabla \cdot (\rho u \otimes u)\mathrm{d}x.$$

另外, 注意到 $RHS = \int_{V(t)} \nabla \cdot \sigma \mathrm{d}V$. 因此, 我们有

$$\partial_t(\rho u) + \nabla(\rho u \otimes u) = \nabla \cdot \sigma, \tag{1.16}$$

其中 σ 是对称应力.

一个理想的不可压缩方程.

假设 1.2 在 Euler 方程的理想流体中, Cauchy 应力张量由下式给出:

$$\sigma(t,x) = -p(t,x) \cdot \mathrm{Id}, \tag{1.17}$$

其中 $p(t,x)$ 是一个标量场, Id 是单位矩阵.

在 Euler 方程中, 应力张量被假定为应力乘以单位: $\sigma(t,x) = -p(t,x) \cdot \mathrm{Id}$, 因此流体的两个相邻区域之间的所有力都垂直于分隔于它们的边界. 这意味着在 Euler 方程中, 流体层可以在不受任何力的情况下相互滑动 (因此, 所有剪切流和所有的涡流都是稳态解).

如果考虑粘性的影响, 需要在 Euler 方程中增加粘性项来描述应力张量的作用. 此时, 应力张量写成粘性贡献和压力贡献两部分之和:

$$\sigma = -p \cdot \mathrm{Id} + \sigma_{visc}. \tag{1.18}$$

σ_{visc} 取决于所考虑的材料类型. 然而, 对于牛顿流体, 我们假设 σ_{visc} 线性依赖于 ∇u, 并且 σ_{visc} 在旋转下是不变的. 其描述如下.

假设 1.3 我们假设流体是牛顿流体, 则对于一些常数参数 λ, $\mu > 0$, 剪切应力张量满足

$$\sigma_{visc} = \lambda(\nabla \cdot u) \cdot \mathrm{Id} + \mu(\nabla u + (\nabla u)^{\mathrm{T}}).$$

特别地, 当流体不可压缩时, 我们有

$$\sigma_{visc} = \mu(\nabla u + (\nabla u)^{\mathrm{T}}).$$

根据以上结果, 我们可以分别通过动量守恒和质量守恒得到下述方程:

$$
\begin{cases}
\partial_t \rho + \nabla \cdot (\rho u) = 0, \\
\partial_t (\rho u) + \nabla(\rho u \otimes u) = \nabla \cdot \sigma.
\end{cases}
\tag{1.19}
$$

流体不可压缩意味着 $\nabla \cdot u = 0$. 从而 (1.19) 表明

$$
\begin{cases}
\partial_t \rho + \nabla \cdot (\rho u) = 0, \quad \nabla \cdot u = 0, \\
\partial_t (\rho u) + \nabla(\rho u \otimes u) + \nabla p = \mu \Delta u,
\end{cases}
\tag{1.20}
$$

上式表示非匀质的 Navier-Stokes 方程.

当 $\rho \equiv \rho_0$, ρ_0 是一个常数, 并且 $\nabla \cdot u = 0$, 则 (1.19) 第一个方程表明

$$
\nabla \cdot u = 0.
$$

(1.19) 第二个方程表明

$$
\partial_t u + u \cdot \nabla u = -\frac{1}{\rho_0} \nabla p + \frac{1}{\rho_0} \mu \Delta u,
$$

该式为匀质 Navier-Stokes 方程.

综上, 我们得到

$$
\begin{cases}
\partial_t u + u \cdot \nabla u - \mu \Delta u + \nabla p = 0, \\
\nabla \cdot u = 0.
\end{cases}
\tag{1.21}
$$

当 $\mu = 0$ 时, 系统为 Euler 方程; 当 $\mu > 0$ 时, 系统为 Navier-Stokes 方程.

1.2 稳态 Stokes 方程的基本解

在这一小节里, 我们研究稳态 Stokes 方程的基本解, 主要参考文献 [40] 中的第 IV 章.

1.2.1 Fourier 变换法

回顾 Laplace 方程的基本解 E 如下:

$$
E(x) =
\begin{cases}
-\dfrac{1}{2\pi} \log |x|, & n = 2, \\[2mm]
\dfrac{1}{n(n-2)\omega_n} |x|^{2-n}, & n \geqslant 3.
\end{cases}
$$

这里 ω_n 表示 n 维空间中单位球面的体积. 特别地, $u(x) = E * f(x)$ 在 $\mathbb{R}$ 上满足方程: $-\Delta u = f$.

考虑双调和函数 Φ, 其满足

$$\Delta^2 \Phi = \delta_0, \tag{1.22}$$

其中 δ_0 是定义在原点处的狄拉克 delta 函数. 显然

$$-\Delta E = \delta_0, \quad -\Delta \Phi = E. \tag{1.23}$$

易知, 在径向对称 $E(x) = E(|x|) = E(r)$ 的假设下, 有

$$\Delta = \partial_{rr} + \frac{n-1}{r} \partial_r.$$

从而, 我们可以得到

$$\partial_r(r^{n-1}\Phi') = r^{n-1}\Delta\Phi = -r^{n-1}E.$$

根据 $E\left(\hat{E} = \dfrac{1}{|\zeta|^2}\right)$ 的定义, 我们可知 Φ 具有下述表示形式:

$$\Phi(x) = \begin{cases} \dfrac{1}{8\pi}|x|^2 \log|x|, & n = 2, \\[3mm] -\dfrac{1}{2n(n-2)\omega_n}\log|x| = -\dfrac{1}{8\pi^2}\log|x|, & n = 4, \\[3mm] -\dfrac{1}{2n(n-2)(4-n)\omega_n}|x|^{4-n}, & n \geqslant 3 \text{ 且 } n \neq 4, \end{cases}$$

这里我们用到了

$$\omega_n = |B_1| = \frac{\pi^{n/2}}{\Gamma\left(1 + \dfrac{n}{2}\right)}.$$

接下来, 我们给出 Stokes 系统基本解的定义. Lorentz 张量 U_{ij} 和 P_j 称为 Stokes 系统的基本解, 如果对每一个固定的 j, 有

$$-\Delta U_{ij} + \partial_i P_j = \delta_{ij}\delta_0, \quad \partial_i U_{ij} = 0, \tag{1.24}$$

并且对于某个在无穷远处有适当衰减的函数 $f = (f_1, f_2, \cdots, f_n)$, Stokes 系统的解由下式给出:

$$v_i = U_{ij} * f_j, \quad p = P_j * f_j.$$

为了求出 U_{ij} 和 P_j, 我们考虑 Fourier 变换. 注意到在 Fourier 变换下, ∂_j 对应于 $\sqrt{-1}\zeta_j$ 和 δ_0 对应于 1, 系统 (1.24) 可写成

$$|\zeta|^2 \hat{U}_{ij} + \sqrt{-1}\zeta_i \hat{P}_j = \delta_{ij}, \quad \sqrt{-1}\zeta_i \hat{U}_{ij} = 0.$$

对上述第一个方程两边同时乘以 ζ_i, 然后关于 i 求和, 我们得到

$$\hat{P}_j = -\sqrt{-1}\zeta_j |\zeta|^{-2}. \tag{1.25}$$

从而我们有

$$\hat{U}_{ij} = \delta_{ij}|\zeta|^{-2} - \zeta_i \zeta_j |\zeta|^{-4}. \tag{1.26}$$

注意到 (1.23) 和 (1.22), 我们发现

$$\hat{E} = |\zeta|^{-2}, \quad \hat{\Phi} = |\zeta|^{-4}.$$

则 (1.25) 和 (1.26) 表明

$$U_{ij} = \delta_{ij}E + \partial_{ij}\Phi, \quad P_j = -\partial_j E.$$

代入 E 和 Φ 的表达式, 可以得到

$$U_{ij}(x) = \frac{1}{2}\delta_{ij}E(x) + \frac{1}{2n\omega_n}\frac{x_i x_j}{|x|^n}, \quad P_j(x) = \frac{1}{n\omega_n}\frac{x_j}{|x|^n}.$$

1.2.2   构造法求三维基本解及其应用

考虑由下述关系式定义的二阶对称张量场 U 和向量场 q:

$$U_{ij}(x-y) = \left(\delta_{ij}\Delta - \frac{\partial^2}{\partial y_i \partial y_j}\right)\Phi(|x-y|),$$

$$q_j(x-y) = -\frac{\partial}{\partial y_j}\Delta\Phi(|x-y|),$$

其中 $\Phi(t)$ 是定义在 $\mathbb{R}$ 上的任意函数, 并且 $t \neq 0$ 时是光滑的. 则

$$\Delta U_{ij}(x-y) + \frac{\partial}{\partial x_i}q_j(x-y) = \delta_{ij}\Delta^2\Phi(|x-y|),$$

$$\frac{\partial}{\partial x_i}U_{ij}(x-y) = 0.$$

现在选择 Φ 作为双调和方程的基本解. 因此, 对于 $n=3$,

$$\Phi(|x-y|) = -\frac{|x-y|}{8\pi},$$

并且相应的场 U 和 q 变成 (Lorentz, 1896, [82])

$$U_{ij}(x-y) = -\frac{1}{8\pi}\left(\frac{\delta_{ij}}{|x-y|} + \frac{(x_i-y_i)(x_j-y_j)}{|x-y|^3}\right),$$

$$q_j(x-y) = \frac{1}{4\pi}\frac{(x_j-y_j)}{|x-y|^3}.$$

因此, 对 $x \neq y$, 我们有

$$\Delta U_{ij}(x-y) + \frac{\partial}{\partial x_i}q_j(x-y) = 0,$$

$$\frac{\partial}{\partial x_i}U_{ij}(x-y) = 0,$$

其满足

$$D^\alpha U(x) = O(|x|^{-1-|\alpha|}), \quad D^\alpha q(x) = O(|x|^{-2-|\alpha|}), \quad |\alpha| \geqslant 0,$$

则

$$u(x) = \int_{\mathbb{R}^3} U(x-y) \cdot \vec{f}(y)\mathrm{d}y,$$

$$\pi(x) = -\int_{\mathbb{R}^3} q(x-y) \cdot \vec{f}(y)\mathrm{d}y,$$

是当 $g = 0$ 于 $\mathbb{R}^3$ 时, (1.27) 的解. 即

$$(\text{SS}) \begin{cases} \Delta v = \nabla p + \vec{f}, & \text{于 } \mathbb{R}^3, \\ \nabla \cdot v = g, & \text{于 } \mathbb{R}^3. \end{cases} \tag{1.27}$$

更一般地, 下述结论成立.

定理 1.4(定理 IV.2.2, [40], P244) 给定

$$f \in D_0^{-1,q}(\mathbb{R}^n), \quad g \in L^q(\mathbb{R}^n), \quad 1 < q < \infty, n \geqslant 2,$$

则 (1.27) 至少存在一个 q-广义解 $v \in D_0^{1,q}$. 另外, 用 p 表示与 v 相关的压力场, 我们有

$$\|\nabla v\|_q + \|p\|_q \leqslant c(\|f\|_{-1,q} + \|g\|_q).$$

接下来, 我们将导出 Stokes 问题的解的几个有用的表示公式. 为此, 我们回顾一下与 v, p 相关的 Cauchy 应力张量 $T \equiv \{T_{ij} = T_{ij}(v, p)\}$, 由下式给出:

$$T_{ij} = -p\delta_{ij} + 2D_{ij},$$

其中

$$D_{ij} = D_{ij}(v) = \frac{1}{2}\left(\frac{\partial v_i}{\partial x_j} + \frac{\partial v_j}{\partial x_i}\right)$$

是伸缩张量. 如果 u, π 分别是充分正则的向量场和标量场, 并且假设 Ω 是 C^1 类的有界区域, 我们可以通过分部积分得到下述等式:

$$\int_\Omega \nabla \cdot T(v, p) \cdot u = -\int_\Omega T(v, p) : \nabla u + \int_{\partial\Omega} u \cdot T(v, p) \cdot n$$

和

$$\int_\Omega \nabla \cdot T(u, \pi) \cdot v = -\int_\Omega T(u, \pi) : \nabla v + \int_{\partial\Omega} v \cdot T(u, \pi) \cdot n,$$

其中 n 是 $\partial\Omega$ 的单位外法向量. 取 v 和 u 是螺线管型的, 由 T 的对称性我们有

$$\int_\Omega T(v, p) : \nabla u = \int_\Omega T(u, \pi) : \nabla v.$$

因此, 利用上述关系和下面的恒等式:

$$\nabla \cdot T(v, p) = -\nabla p + \Delta v,$$

我们得到

$$\int_\Omega [(\Delta v - \nabla p) \cdot u - (\Delta u - \nabla\pi) \cdot v] = \int_{\partial\Omega} [u \cdot T(v, p) - v \cdot T(u, \pi)] \cdot n. \quad (1.28)$$

关系式 (1.28) 是 Stokes 系统的格林公式. 通过利用标准的方法, 很容易从 (1.28) 推导出 v 和 p 的表达式 (Odqvist, 1930, [86]). 事实上, 对于固定的 j 和 $x \in \Omega$, 我们选取

$$u(y) = (U_{1,j}, \cdots, U_{3,j}), \quad \pi(y) = q_j(x - y).$$

设 $\Omega_\epsilon = \Omega - B_\epsilon(x)$ 和 $f = \Delta v - \nabla p$, 从而我们有

$$\int_{\Omega_\epsilon} f(y) \cdot u_j(x - y)\mathrm{d}y$$

$$= \int_{\partial\Omega} [u_j(x - y) \cdot T(v, p)(y) - v(y) \cdot T(u_j, q_j)(x - y)] \cdot n\mathrm{d}\sigma_y$$

$$- \int_{\partial B_\epsilon(x)} [u_j(x - y) \cdot T(v, p)(y) - v(y) \cdot T(u_j, q_j)(x - y)] \cdot n\mathrm{d}\sigma_y.$$

显然

$$\lim_{\epsilon \to 0} \int_{\Omega_\epsilon} f(y) \cdot u_j(x - y)\mathrm{d}y = \int_{\Omega} f(y) \cdot u_j(x - y)\mathrm{d}y,$$

$$\lim_{\epsilon \to 0} \int_{\partial B_\epsilon(x)} [u_j(x - y) \cdot T(v, p)(y)] \cdot n\mathrm{d}\sigma_y = 0.$$

另外, 由于

$$T_{k\ell}(u_j, q_j) = -\frac{1}{\omega_n} \frac{(x_k - y_k)(x_\ell - y_\ell)(x_j - y_j)}{|x - y|^{n+2}},$$

通过简单的计算可以看出

$$\int_{\partial B_\epsilon(x)} [v(y) \cdot T(u_j, q_j)(x - y)] \cdot n\mathrm{d}\sigma_y = v_j(x).$$

对所有的 $x \in \Omega$, 我们最后推导出 v_j, $j = 1, 2, 3$, 具有下述的表示:

$$v_j(x) = \int_{\Omega} U_{ij}(x - y)f_i(y)$$

$$- \int_{\partial\Omega} [U_{ij}(x - y)T_{i\ell}(v, p)(y) - v_i(y)T_{i\ell}(u_j, q_j)(x - y)]n_\ell(y)\mathrm{d}\sigma_y. \quad (1.29)$$

为了给出压力 p 的类似表示, 我们注意到对于足够光滑的函数 f (如 Hölder 连续), 其体积势

$$W_j(x) = \int_{\Omega} U_{ij}(x - y)f_i(y)\mathrm{d}y,$$

$$S(x) = -\int_{\Omega} q_j(x - y)f_i(y)\mathrm{d}y$$

分别至少是 $C^2(\Omega)$ 和 $C^1(\Omega)$ 的 (参见 IV.7 章, [40]). 另外, 其满足 (参见练习 IV.8.1, [40])

$$\Delta W(x) - \nabla S(x) = f(x), \quad x \in \Omega.$$

接下来, 由 (1.29) 可以看出

$$\frac{\partial p}{\partial x_j} + f_j$$

$$= \Delta v_j = \Delta W_j + \int_{\partial\Omega} [v_i(y)\Delta T_{i\ell}(u_j, q_j)(x-y) - \Delta U_{ij}(x-y)T_{i\ell}(v, p)(y)]n_\ell(y),$$

这表明

$$\frac{\partial p}{\partial x_j} = \frac{\partial S}{\partial x_j} + \int_{\partial\Omega} [v_i(y)\Delta T_{i\ell}(u_j, q_j)(x-y) + \frac{\partial q_i}{\partial x_j}T_{i\ell}(v, p)(y)]n_\ell(y).$$

注意到 q_j 是调和的 (当 $x \neq y$ 时), 我们有

$$\Delta T_{i\ell}(u_j, q_j) = -2\frac{\partial^2 q_j}{\partial x_i \partial x_\ell}.$$

利用关系式 $\dfrac{\partial q_j}{\partial x_\ell} = \dfrac{\partial q_\ell}{\partial x_j}$, 可以得到

$$p(x) = -\int_\Omega q_i(x-y)f_i(y)\mathrm{d}y$$

$$+ \int_{\partial\Omega} \Big[q_i(x-y)T_{i\ell}(v, p)(y) - 2v_i(y)\frac{\partial q_\ell(x-y)}{\partial x_i} \Big] n_\ell(y). \quad (1.30)$$

恒等式 (1.30) 给出了压力的表示公式.

公式 (1.29) 和 (1.30) 可以很容易地推广到任意阶的导数. 事实上, 对于任意的多重指标 α, 有

$$\Delta(D^\alpha v) - \nabla(D^\alpha p) = D^\alpha f,$$

进一步, 对所有的 $x \in \Omega$, 可以得到

$$D^\alpha v_j(x) = \int_\Omega U_{ij}(x-y)D^\alpha f_i(y)$$

$$- \int_{\partial\Omega} [U_{ij}(x-y)T_{i\ell}(D^\alpha v, D^\alpha p)(y)$$

$$-D^\alpha v_i(y)T_{i\ell}(u_j,q_j)(x-y)]n_\ell(y)\sigma_y \tag{1.31}$$

和

$$D^\alpha p(x) = -\int_\Omega q_i(x-y)D^\alpha f_i(y)\mathrm{d}y$$

$$+\int_{\partial\Omega}\Big[q_i(x-y)T_{i\ell}(D^\alpha v,D^\alpha p)(y)-2D^\alpha v_i(y)\frac{\partial q_\ell(x-y)}{\partial x_i}\Big]n_\ell(y).$$

$$\tag{1.32}$$

1.3 点态收敛定理

这一小节致力于证明点态收敛定理, 主要参考 [40] 的第 II 章内容.

设 $\delta(\Omega)$ 是区域 Ω 的直径, 即

$$\delta(\Omega)=\sup_{x,y\in\Omega}|x-y|.$$

如果对某个 $\rho\in(0,\infty)$, 有 $\Omega^c\subset B_\rho$ 且坐标原点在 Ω^c 中, 我们记

$$\Omega_r=\Omega\cap B_r,\quad r>\rho,$$
$$\Omega^r=\Omega-\bar\Omega_r,\quad r>\rho,$$
$$\Omega_{r,R}=\Omega_R-\bar\Omega_r,\quad \rho<r<R.$$

设 ω_n 表示 n 维单位球的测度, 则

$$\omega_n=\frac{2\pi^{n/2}}{n\Gamma(n/2)},$$

其中 Γ 是通常的 Γ 函数.

定义 1.2(齐次 Sobolev 空间) 对于 $m\in N$ 和 $q\geqslant 1$, 定义

$$D^{m,q}(\Omega)=\{u\in L^1_{loc}(\Omega):D^\ell u\in L^q(\Omega),|\ell|=m\}.$$

引理 1.3(引理 II.6.3, [40], P86) 设 $\Omega\subseteq\mathbb{R}^n$ $(n\geqslant 2)$ 是一个外域, 并设

$$u\in D^{1,q}(\Omega),\quad 1\leqslant q<n,$$

则存在唯一的 $u_0\in\mathbb{R}$ 使得对所有的 $R>\delta(\Omega^c)$, 我们有

$$\int_{S^{n-1}}|u(R,\omega)-u_0|^q\mathrm{d}\omega\leqslant\gamma_0 R^{q-n}\int_{\Omega^R}|\nabla u|^q\mathrm{d}x,$$

其中, 当 $q>1$ 时 $\gamma_0=[(q-1)/(n-q)]^{q-1}$, 当 $q=1$ 时 $\gamma_0=1$.

证明　对于 $r > R > \delta(\Omega^c)$ 和 $q > 1$, 我们有

$$\int_R^r \int_{S^{n-1}} \left|\frac{\partial u}{\partial \rho}\right|^q \rho^{n-1} \mathrm{d}\rho \mathrm{d}S$$

$$= \int_{S^{n-1}} \left[\int_R^r \left|\frac{\partial u}{\partial \rho}\right|^q \rho^{n-1} \mathrm{d}\rho\right] \mathrm{d}S$$

$$\geqslant \int_{S^{n-1}} \left[\frac{\left|\int_R^r \frac{\partial u}{\partial \rho} \mathrm{d}\rho\right|^q}{\left(\int_R^r \rho^{\frac{1-n}{q-1}} \mathrm{d}\rho\right)^{q-1}}\right] \mathrm{d}S$$

$$= \gamma_0 R^{n-q} \int_{S^{n-1}} |u(r) - u(R)|^q \mathrm{d}S.$$

由 Wirtinger 不等式, 可知

$$\int_R^r \rho^{n-q-1} \left(\int_{S^{n-1}} |\nabla^* u|^q \mathrm{d}S\right) \mathrm{d}\rho$$

$$\geqslant C_1 \int_R^r \left(\int_{S^{n-1}} |u - \bar{u}|^q \mathrm{d}S\right) \rho^{n-q-1} \mathrm{d}\rho,$$

其中

$$\bar{f} = (n\omega_n)^{-1} \int_{S^{n-1}} f \mathrm{d}S.$$

设

$$D_r(R) = \int_{B_r \setminus B_R} |\nabla u|^q \mathrm{d}x,$$

注意到 $|\nabla u|^2 = r^{-2}|\nabla^* u|^2 + |\partial_r u|^2$, 我们有

$$D_r(R) \geqslant \gamma_0 R^{n-q} \int_{S^{n-1}} |u(r) - u(R)|^q \mathrm{d}S$$

$$+ C_1 \int_R^r \left(\int_{S^{n-1}} |u - \bar{u}|^q \mathrm{d}S\right) \rho^{n-q-1} \mathrm{d}\rho. \tag{1.33}$$

令 $R, r \to \infty$, 我们推断 u (强) 收敛于某个函数 u^* 于 $L^q(S^{n-1})$. 设 $u_0 = \bar{u}^*$ 和 $w = u - u_0$, 则

$$\lim_{|x| \to \infty} \int_{S^{n-1}} w \mathrm{d}S = 0.$$

另外, 存在一个序列 $r_m \to \infty$ 使得

$$\lim_{m\to\infty} \int_{S^{n-1}} |w(r_m) - \bar{w}(r_m)|^q \mathrm{d}S = 0.$$

因此

$$\lim_{m\to\infty} \int_{S^{n-1}} |w(r_m)|^q \mathrm{d}S = 0.$$

在 (1.33) 中令 $r \to \infty$, 我们就得到了要证的结果.

定理 1.5(定理 II.6.1, [40], P88) 设 $\Omega \subseteq \mathbb{R}^n$ $(n \geqslant 2)$ 是一个外域, 并设

$$u \in D^{1,q}(\Omega), \quad 1 \leqslant q < n,$$

则存在上面定义的唯一的 $u_0 \in \mathbb{R}$, 使得对所有的 $x_0 \in \mathbb{R}^n$ 和 $w = u - u_0$, 我们有

$$\left(\int_{\Omega^R(x_0)} \left| \frac{w(x)}{x - x_0} \right|^q \mathrm{d}x \right)^{1/q} \leqslant \frac{q}{n-q} \left(\int_{\Omega^R(x_0)} |\nabla u|^q \mathrm{d}x \right)^{1/q},$$

其中

$$\Omega^a(x_0) \equiv \Omega - B_a(x_0), \quad B_a(x_0) \supset \Omega^c.$$

如果 $|x_0| = \alpha R$ 对于 $\alpha \geqslant \alpha_0 > 1$, 我们得到

$$\left(\int_{\Omega^R} \left| \frac{w(x)}{x - x_0} \right|^q \mathrm{d}x \right)^{1/q} \leqslant c(n, q, \alpha_0) \left(\int_{\Omega^R} |\nabla u|^q \mathrm{d}x \right)^{1/q}.$$

此外, 如果 Ω 是局部 Lipschitz 的, 则有

$$w \in L^s(\Omega), \quad s = \frac{nq}{n-q},$$

并且对某个与 u 无关的 γ_1, 有下式成立:

$$\|w\|_s \leqslant \gamma_1 |w|_{1,q}.$$

证明 对于 $g = \dfrac{x - x_0}{|x - x_0|^q}$ 和 $\nabla \cdot g = \dfrac{n-q}{|x-x_0|^q}$, 易知

$$\nabla \cdot (g|u|^q) = |u|^q \nabla \cdot g + g \cdot \nabla |u|^q,$$

关于上式在 $\Omega^{R,r}(x_0) = B_r(x_0) \setminus B_R(x_0)$ 上积分, 我们有

$$(n-q) \int_{\Omega^{R,r}(x_0)} \left| \frac{w(x)}{x - x_0} \right| \mathrm{d}x$$

$$\leqslant \int_{\partial B_R(x_0)} g \cdot n|w|^q \mathrm{d}S(\leqslant 0) + r^{1-q} \int_{\partial B_r(x_0)} |w|^q \mathrm{d}S + q \int_{\Omega^{R,r}(x_0)} |g||w|^{q-1}|\nabla w|.$$

由引理 1.3 可知

$$(n-q)\int_{\Omega^{R,r}(x_0)} \left| \frac{w(x)}{x-x_0} \right| \mathrm{d}x \leqslant C_1 \int_{B_r^c(x_0)} |\nabla w|^q \mathrm{d}x + q \int_{\Omega^{R,r}(x_0)} |g||w|^{q-1}|\nabla w|.$$

考虑 $\nabla w \in L^q(\mathbb{R}^n)$. 设当 $|x| \leqslant r$ 时 $\psi_r(x) = 1$, $|x| > 2r$ 时 $\psi_r(x) = 0$. 根据 Sobolev 嵌入有

$$\|w\psi_r\|_{L^s(\mathbb{R}^n)} \leqslant c \left(\|\nabla w\|_q + \|w|x|^{-1}\|_{L^q(B_{2r}\setminus B_r)} \right),$$

其中 $s = \dfrac{nq}{n-q}$. 利用上述结果, 我们得到

$$\|w\psi_r\|_{L^s(\mathbb{R}^n)} \leqslant c \left(\|\nabla w\|_{L^q(\mathbb{R}^n)} + \|\nabla w\|_{L^q(B_r^c)} \right).$$

定理 1.6(定理 II.7.4, [40], P104) 设 Ω 是 $\mathbb{R}^n(n \geqslant 2)$ 中的局部 Lipschitz 外域, 则每一个 $u \in D^{m,q}(\Omega)$ 可以在半范数 $|\cdot|_{m,q}$ 意义下由 $C_0^\infty(\Omega)$ 中的函数逼近.

证明 略.

定理 1.7(定理 II.9.1, [40], P117) 设 $\Omega \subset \mathbb{R}^n(n \geqslant 2)$ 是一个外域, 另外设

$$u \in D^{1,r} \cap D^{1,q}, \quad r \geqslant 1, \quad q > n. \tag{1.34}$$

那么, 如果 $r < n$, 则存在 $u_0 \in \mathbb{R}$ 使得

$$\lim_{|x| \to \infty} |u(x) - u_0| = 0. \tag{1.35}$$

如果上述条件被替换成以下条件, 同样的结论成立: 存在 $u_0 \in \mathbb{R}$ 使得

$$u - u_0 \in L^s \cap D^{1,q}, \quad s \geqslant 1, \quad q > n.$$

另外, 在 (1.34) 中 $r = n$ 的假设下, 我们发现

$$\lim_{|x| \to +\infty} \frac{|u(x)|}{(\log|x|)^{\frac{n-1}{n}}} = 0. \tag{1.36}$$

最后, 如果

$$u \in D^{1,q}(\Omega), \quad q > n,$$

我们有

$$\lim_{|x| \to +\infty} \frac{|u(x)|}{|x|^{\frac{q-n}{q}}} = 0. \tag{1.37}$$

证明 I. 估计 (1.35). 对于 $Dv \in L^q(\mathbb{R}^n)$ 且 $q > n$, 利用 Sobolev 不等式可以得到

$$|v(x)| \leqslant C\left(\|v\|_{L^1(B_1(x))} + \|\nabla v\|_{L^q(B_1(x))}\right).$$

设 $v = u - u_0$, 则由定理 1.5, 我们有

$$u - u_0 \in L^{\frac{nr}{n-r}}(\mathbb{R}^n)$$

和

$$\lim_{|x|\to\infty} |v(x)| = 0.$$

对于 $u - u_0 \in L^s \cap D^{1,q}$ 的情况与上述证明相同. 从而(1.35)成立.

II. 估计 (1.37). 接下来, 我们考虑 $q > n$ 的情况. 取 R 充分大使得 $\exp\sqrt{\ln R} > 4\delta(\Omega^c)$ 且记

$$u^1 = (1 - \psi_R)u,$$

其中, 当 $|x| \leqslant \frac{1}{2}$ 时 $\psi = 1$, 且当 $|x| > 1$ 时 $\psi = 0$, 令

$$\psi_R(x) = \psi\left(\frac{\ln\ln|x|}{\ln\ln R}\right).$$

记

$$\Omega^\rho = \Omega - B_\rho, \quad \rho = \exp\sqrt{\ln R},$$

利用 ψ_R 的性质, 对于充分大的 R 有

$$\|\nabla u^1\|_{L^q(\Omega^\rho)} \leqslant \|\nabla u\|_{L^q(\Omega^\rho)} + C(\ln\ln R)^{-1}.$$

因为 $u^1 \in D^{1,q}(\Omega^\rho)$, 且 u^1 在边界 $\partial\Omega^\rho$ 上为零, 则存在一个序列 $\{u_s\}_{s\in\mathbb{N}} \subset C_0^\infty$ 使得

$$u_s \to u^1, \quad \text{于} \quad D^{1,q},$$

对固定的 $s, s' \in \mathbb{N}$, 利用格林公式 (引理 II.9.1, [40]), 注意到

$$w(x) = \frac{1}{n\omega_n}\int_A \frac{\partial w(y)}{\partial y_i}\frac{x_i - y_i}{|x-y|^n}\mathrm{d}y - \frac{1}{n\omega_n}\int_{\partial A} w(y)\frac{x_i - y_i}{|x-y|^n}n_i(y)\mathrm{d}S_y \quad (1.38)$$

和

$$\mathrm{supp}(w) \subset \Omega^{\rho}, \quad w(x) = h(x)|x|^{-\gamma}, \quad h(x) = u_s(x) - u_{s'}(x),$$

则

$$|h(x)||x|^{-\gamma} \leqslant \int_{\Omega^{\rho}} |\nabla h(y)||y|^{-\gamma}|x-y|^{1-n}\mathrm{d}y + \gamma \int_{\Omega^{\rho}} |h(y)||y|^{-1-\gamma}|x-y|^{1-n}\mathrm{d}y.$$

利用 Hölder 不等式和定理 1.5 ($x_0 = 0$), 则有

$$|h(x)||x|^{-\gamma} \leqslant C\|\nabla h\|_{L^q(\Omega^{\rho})} \left(\int_{\mathbb{R}^n} |y|^{-\gamma q'}|x-y|^{(1-n)q'}\mathrm{d}y \right)^{\frac{1}{q'}},$$

其中 $q' = \dfrac{q}{q-1}$ 和 $C = C(n,q)$. 取 $\gamma \in \left(1 - \dfrac{n}{q}, n - \dfrac{n}{q}\right)$, 因为 $q > n$, 我们可以通过 Riesz 位势 (引理 II.9.2, [40]) 来估计 $\mathbb{R}^n$ 上的积分, 从而推导出

$$|h(x)||x|^{-\gamma} \leqslant C\|\nabla h\|_{L^q(\Omega^{\rho})}|x|^{-\gamma+\frac{q-n}{q}}.$$

回顾函数 h 的定义, 并让 $s, s' \to +\infty$, 从后一个不等式中我们得到, 对所有的 $x \in \Omega^{\rho}$, 有

$$|u^1(x)| \leqslant C\|\nabla u^1\|_{L^q(\Omega^{\rho})}|x|^{\frac{q-n}{q}}.$$

根据 ψ_R 的性质, 可以得到: 对所有的 $x \in \Omega^{\rho}$,

$$|u(x)| \leqslant C(\|\nabla u\|_{L^q(\Omega^{\rho})} + (\ln\ln R)^{-1})|x|^{\frac{q-n}{q}}.$$

III. 估计 (1.36). 最后, 我们来考虑 $q = n$ 的情况. 设 $x \in \Omega$, $|x| = R$ 且 $R > 2\delta(\Omega^c)$ 充分大. 因为

$$u \in W^{1,q}(\Omega_{\frac{R}{2},2R}) \cap W^{1,n}(\Omega_{\frac{R}{2},2R}),$$

由稠密性定理, 当 $A = \Omega_{\frac{R}{2},2R}$ 和 $w(y) = \dfrac{u(y)}{(\log|y|)^{\frac{n-1}{n}}}$ 时, 足以证明 (1.38) 等式成立. 那么对所有的 $x \in \Omega$ 和 $|x| = R$,

$$\frac{|u(x)|}{(\log|x|)^{\frac{n-1}{n}}} \leqslant C(n)(I_1 + I_2 + I_3 + I_4 + I_5 + I_6),$$

其中

$$I_1 = \int_{\Omega_{\frac{R}{2},2R}-B_1(x)} |\nabla u(y)|[(\log|y|)^{\frac{1}{n}}|x-y|]^{1-n}\mathrm{d}y,$$

$$I_2 = \int_{B_1(x)} |\nabla u(y)|[(\log|y|)^{\frac{1}{n}}|x-y|]^{1-n}\mathrm{d}y,$$

$$I_3 = \int_{\Omega_{\frac{R}{2},2R}-B_1(x)} |u(y)||y|^{-1}(\log|y|)^{\frac{1}{n}-2}|x-y|^{1-n}\mathrm{d}y,$$

$$I_4 = \int_{B_1(x)} |u(y)||y|^{-1}(\log|y|)^{\frac{1}{n}-2}|x-y|^{1-n}\mathrm{d}y,$$

$$I_5 = \int_{\partial B_{\frac{R}{2}}} |u(y)|(\log|y|)^{\frac{1}{n}-1}|x-y|^{-1}\mathrm{d}S_y,$$

$$I_6 = \int_{\partial B_{2R}} |u(y)|(\log|y|)^{\frac{1}{n}-1}|x-y|^{-1}\mathrm{d}S_y.$$

记

$$\mathcal{I}(x) = \left(\int_{\Omega_{\frac{R}{2},2R}-B_1(x)} \frac{1}{|x-y|^n\log|y|}\mathrm{d}y\right)^{\frac{n-1}{n}}.$$

由 Hölder 不等式, 可知

$$I_1 \leqslant \mathcal{I}(x)\|\nabla u\|_{L^n(\Omega_{\frac{R}{2},2R})},$$

$$I_2 \leqslant C(\log R)^{\frac{1-n}{n}}\|\nabla u\|_{L^n(B_1(x))},$$

$$I_3 \leqslant \mathcal{I}(x)\left(\int_{\Omega_{\frac{R}{2},2R}} \frac{|u(y)|^n}{(|y|\log|y|)^n}\mathrm{d}y\right)^{\frac{1}{n}},$$

$$I_4 \leqslant C(\log R)^{\frac{1-2n}{n}}\left(\int_{B_1(x)} \frac{|u(y)|^q}{|y|^q}\mathrm{d}y\right)^{\frac{1}{q}}.$$

另外, 由于

$$|x-y| \geqslant \begin{cases} \dfrac{1}{2}R, & \text{当}y \in \partial B_{\frac{1}{2}R}, \\[2mm] R, & \text{当}y \in \partial B_{2R}, \end{cases}$$

我们有

$$I_5 + I_6$$

$$\leqslant C(\log R)^{\frac{1}{n}-1}\left\{\left(\int_{S^{n-1}}|u\left(\frac{1}{2}R,\omega\right)|^n\mathrm{d}\omega\right)^{\frac{1}{n}} + \left(\int_{S^{n-1}}|u(2R,\omega)|^n\mathrm{d}\omega\right)^{\frac{1}{n}}\right\}.$$

由 Riesz 位势, 可知

$$\mathcal{I}(x) \leqslant C + C(\log|x|)^{-1}.$$

再由 [40] 中的练习 II.6.3, 对于给定的 $\varepsilon > 0$, 存在一个充分大的 $\bar{R}$ 使得对所有的 $R > \bar{R}$, 我们有

$$\int_{S^{n-1}}|u\left(\frac{1}{2}R,\omega\right)|^n\mathrm{d}\omega + \int_{S^{n-1}}|u(2R,\omega)|^n\mathrm{d}\omega \leqslant C\varepsilon(\log R)^{n-1}$$

和

$$\int_{\Omega_{\frac{1}{2}R,2R}}\frac{|u(y)|^n}{(|y|\log|y|)^n}\mathrm{d}y \leqslant C\varepsilon\int_{\frac{1}{2}R}^{2R}(r\log r)^{-1}\mathrm{d}r \leqslant C\varepsilon.$$

另外, 根据 (1.37), 我们发现

$$\int_{B_1(x)}\frac{|u(y)|^q}{|y|^q}\mathrm{d}y \leqslant CR^{-n}.$$

则

$$\|\nabla u\|_{L^n(\Omega_{\frac{1}{2}R,2R})} + \|\nabla u\|_{L^q(B_1(x))} = o(1), \qquad R \to +\infty,$$

这表明

$$\sum_{i=1}^{6} I_i = o(1).$$

即(1.36)成立.

综上, 我们完成了证明.

1.4 Bogovskii 映射

我们将介绍 Bogovskii 映射, 主要参考 [40] 中的第 Ⅲ 章. 对于一个有界区域 $\Omega \subset \mathbb{R}^n$, 记

$$L_0^q(\Omega) = \left\{f \in L^q(\Omega) : \int_\Omega f = 0\right\}.$$

定义 1.3(Bogovskii 映射) 设 Ω 是 $\mathbb{R}^n (2 \leqslant n < +\infty)$ 中的一个有界的 Lipschitz 区域, 并设 $1 < q < \infty$. 则存在一个线性映射

$$\text{Bog} : L_0^q(\Omega) \to W_0^{1,q}(\Omega; \mathbb{R}^n),$$

使得对任意的 $f \in L_0^q(\Omega)$ 和一个向量场 $w = \text{Bog} f$ 满足

$$w \in W_0^{1,q}(\Omega)^n, \quad \nabla \cdot w = f, \quad \|\nabla w\|_{L^q(\Omega)} \leqslant C_{Bog}(\Omega, q)\|f\|_{L^q(\Omega)},$$

其中常数 C_{Bog} 不依赖于 f.

注 1.1 常数 C_{Bog} 依赖于区域 Ω 的几何形状, 这表明

$$C_{Bog}(\Omega, q) = C_{Bog}(R\Omega, q),$$

其中 $R\Omega = \{Rx : x \in \Omega\}$.

我们首先证明了 Bogovskii 映射在简单区域上的存在性.

定义 1.4 一个有界域 Ω 被称为关于点 x 的星形区域, 如果存在 $\bar{x} \in \Omega$ 和单位球上的一个连续正函数 h, 使得

$$\Omega = \left\{ x \in \mathbb{R}^n : |x - \bar{x}| < h\left(\frac{x - \bar{x}}{|x - \bar{x}|}\right) \right\}.$$

引理 1.4(引理 III. 3.1, [40]) 设 $\Omega \subset \mathbb{R}^n$ 是关于 $B_R(x_0)$ $(\bar{B}_R(x_0) \subset \Omega)$ 上每一个点的星形区域. 则对任意的 $f \in L^q(\Omega)$ 满足 $\int_\Omega f = 0$ 和 $q \in (1, \infty)$, 系统

$$\begin{cases} \nabla \cdot w = f, \\ w(t) \in W_0^{1,q}(\Omega) \end{cases} \tag{1.39}$$

至少有一个解 w 满足下述估计:

$$\|w\|_{\dot{W}^{1,q}(\Omega)} \leqslant C\|f\|_{L^q(\Omega)},$$

这里常数 $C \leqslant C_0 \left[\dfrac{\delta(\Omega)}{R}\right]^n \left(1 + \dfrac{\delta(\Omega)}{R}\right)$ 且 $C_0 = C_0(n, q)$.

引理 1.4 的证明. 不失一般性, 设 Ω 是关于球 $B = B_1(0)(\bar{B} \subset \Omega)$ 上任意点的星形区域. 首先假设 $f \in C_0^\infty(\Omega)$. 取 $\phi \in C_0^\infty(B)$ 满足 $\int_\Omega \phi = 1$. 通过 Bogovskii 公式定义 $w(x,t)$:

$$w(x) = \int_\Omega f(y) N(x, y) \mathrm{d}y, \tag{1.40}$$

其中

$$N(x,y) = \frac{x-y}{|x-y|^n} \int_{|x-y|}^{\infty} \phi\left(y + r\frac{x-y}{|x-y|}\right) r^{n-1} \mathrm{d}r.$$

显然, $w(x)$ 由 $f(x)$ 定义, 下面我们验证这即是所求函数.

I($w(x)$ 的光滑性). 在 (1.40) 中 $r = \eta + |x-y|$ 的坐标变换下, 我们知道

$$w(x) = \int_{\Omega} f(y) \frac{x-y}{|x-y|^n} \int_0^{\infty} \phi\left(x + \eta\frac{x-y}{|x-y|}\right) (|x-y| + \eta)^{n-1} \mathrm{d}\eta \mathrm{d}y.$$

那么令 $y = x - z$, 我们有

$$w(x) = (-1)^n \int_{\Omega'} f(x-z) \frac{z}{|z|^n} \int_0^{\infty} \phi\left(x + \eta\frac{z}{|z|}\right) (|z| + \eta)^{n-1} \mathrm{d}\eta \mathrm{d}z,$$

这表明 $w(x) \in C^{\infty}(\mathbb{R}^n)$, 因为 $f, \phi \in C^{\infty}(\mathbb{R}^n)$.

II($w(x) \in C_0^{\infty}(\Omega)$). 在 (1.40) 中 $r = \zeta|x-y|$ 的坐标变换下, 可知

$$w(x) = \int_{\Omega} f(y)(x-y) \int_1^{\infty} \phi(y + \zeta(x-y))\zeta^{n-1} \mathrm{d}\zeta \mathrm{d}y,$$

这表明 $w(x)$ 在 Ω 中具有紧支集. 事实上, 记

$$E = \left\{ z \in \Omega : z = \lambda z_1 + (1-\lambda)z_2, z_1 \in \mathrm{supp}(f), z_2 \in \bar{B}, \lambda \in [0,1] \right\}.$$

因为 Ω 是关于 B 的星形区域. 那么对所有的 $x \in \Omega - E$, $y \in \mathrm{supp}(F)$ 和 $\zeta \geqslant 1$,

$$\phi(y + \zeta(x-y)) = 0,$$

否则, $y + \zeta(x-y) = \bar{y} \in B_1$, 即 $x = \frac{1}{\zeta}\bar{y} + \left(1 - \frac{1}{\zeta}\right) y \in E$. 则可知 $w \in C_0^{\infty}(\Omega)$.

III($\nabla \cdot w = f$ 的可解性). 接下来, 我们计算 $\partial_j w_i(x)$. 用具有足够小的半径 ε 的球 $B_\varepsilon(x)$ 包含点 $x \in \Omega$, 然后分部积分, 我们有

$$\partial_j w_i(x)$$

$$= \lim_{\varepsilon \to 0} \left(\int_{B_\varepsilon^c(x)} f(y)\partial_j N_i(x,y)\mathrm{d}y + \int_{\partial B_\varepsilon(x)} f(y)\frac{x_j - y_j}{|x-y|} N_i(x,y)\mathrm{d}\sigma_y \right). \qquad (1.41)$$

根据极限的定义, 可知

$$\lim_{\varepsilon \to 0} \int_{\partial B_\varepsilon(x)} f(y)\frac{x_j - y_j}{|x-y|} N_i(x,y)\mathrm{d}\sigma_y = f(x) \int_{\Omega} \frac{(x_i - y_i)(x_j - y_j)}{|x-y|^2} \phi(y)\mathrm{d}y.$$

通过直接的计算, 我们有

$$\partial_j N_i(x,y) = \partial_j \left[(x_j - y_i) \int_1^\infty \phi(y + r(x-y)) r^{n-1} \mathrm{d}r \right]$$

$$= \delta_{ij} \int_1^\infty \phi(y + r(x-y)) r^{n-1} \mathrm{d}r$$

$$+ (x_i - y_i) \int_1^\infty (\partial_j \phi)(y + r(x-y)) r^n \mathrm{d}r.$$

从而, 利用 (1.41), 可以得到

$$\nabla \cdot w = \int_\Omega f(y) n \int_1^\infty \phi(y + r(x-y)) r^{n-1} \mathrm{d}r \mathrm{d}y$$

$$+ \sum_{i=1}^n \int_\Omega f(y)(x_i - y_i) \int_1^\infty \partial_i \phi(y + r(x-y)) r^n \mathrm{d}r \mathrm{d}y$$

$$+ \sum_{i=1}^n f(x) \int_\Omega \frac{(x_i - y_i)(x_i - y_i)}{|x-y|^2} \phi(y) \mathrm{d}y$$

$$= \int_\Omega f(y) \int_1^\infty \left(n r^{n-1} \phi(y + r(x-y)) + r^n \frac{\mathrm{d}}{\mathrm{d}r} \phi(y + r(x-y)) \right) \mathrm{d}y$$

$$+ \sum_{i=1}^n f(x) \int_\Omega \frac{(x_i - y_i)(x_i - y_i)}{|x-y|^2} \phi(y) \mathrm{d}y.$$

注意到对于 $r = \infty$ 有

$$\phi(y + r(x-y)) = 0, \quad \text{且} \int_\Omega \phi(y) = 1,$$

我们有

$$\nabla \cdot w = -\phi(x) \int_\Omega f(y) \mathrm{d}y + f(y).$$

因为 $\displaystyle\int_\Omega f(y) = 0$, 可知

$$\nabla \cdot w(x) = f(x), \quad x \in \Omega.$$

IV(∇w 的估计). 注意到 $\partial_j N_i$ 有下述表示:

$$\partial_j N_i(x,y) = \partial_j \left[(x_i - y_i) \int_1^\infty \phi(y + r(x-y)) r^{n-1} \mathrm{d}r \right]$$

$$= \delta_{ij} \int_1^\infty \phi(y + r(x - y)) r^{n-1} \mathrm{d}r$$

$$+ (x_i - y_i) \int_1^\infty \partial_j \phi(y + r(x - y)) r^n \mathrm{d}r$$

$$= \frac{\delta_{ij}}{|x - y|^n} \int_0^\infty \phi\left(x + r\frac{x - y}{|x - y|}\right) (|x - y| + r)^{n-1} \mathrm{d}r$$

$$+ \frac{x_i - y_i}{|x - y|^{n+1}} \int_0^\infty \partial_j \phi\left(x + r\frac{x - y}{|x - y|}\right) (|x - y| + r)^n \mathrm{d}r.$$

我们对 $\partial_j N_i(x, y)$ 作如下分解:

$$\partial_j N_i(x, y) = K_{ij}(x, x - y) + G_{ij}(x, y),$$

其中

$$K_{ij}(x, x - y) = \frac{\delta_{ij}}{|x - y|^n} \int_0^\infty \phi\left(x + r\frac{x - y}{|x - y|}\right) r^{n-1} \mathrm{d}r$$

$$+ \frac{x_i - y_i}{|x - y|^{n+1}} \int_0^\infty \partial_j \phi\left(x + r\frac{x - y}{|x - y|}\right) r^n \mathrm{d}r$$

$$\equiv \frac{k_{ij}(x, x - y)}{|x - y|^n}$$

和

$$|G_{ij}(x, y)| \leqslant C\delta(\Omega)^{n-1} |x - y|^{1-n}, \quad x, y \in \Omega. \tag{1.42}$$

我们简单地计算 (1.42). 记 $s \in [0, n - 2] \cap \mathbb{Z}$, G_{ij} 的第一部分可重写为

$$\frac{\delta_{ij}}{|x - y|^n} \int_0^\infty \phi\left(x + r\frac{x - y}{|x - y|}\right) |x - y|^{n-1-s} r^s \mathrm{d}r$$

$$= \frac{\delta_{ij}}{|x - y|^{1+s}} \int_0^\infty \phi\left(x + r\frac{x - y}{|x - y|}\right) r^s \mathrm{d}r.$$

设 $r = t|x - y|$, 我们有

$$\frac{\delta_{ij}}{|x - y|^{1+s}} \int_0^\infty \phi\left(x + r\frac{x - y}{|x - y|}\right) r^s \mathrm{d}r = \delta_{ij} \int_0^\infty \phi(x + t(x - y)) t^s \mathrm{d}t.$$

注意到 $\mathrm{supp}(\phi) \subset B$, 可知 $t \leqslant \dfrac{\delta(\Omega)}{|x - y|}$. 否则, $x + t(x - y) \notin \Omega$. 从而我们有

$$\delta_{ij} \int_0^\infty \phi(x + t(x - y)) t^s \mathrm{d}t \leqslant \int_0^{\frac{\delta(\Omega)}{|x - y|}} \phi(x + t(x - y)) t^s \mathrm{d}t$$

$$\leqslant C(\phi, s)\frac{\delta(\Omega)^{s+1}}{|x-y|^{s+1}}.$$

由于 $x, y \in \Omega$, 可知 $\delta(\Omega) \geqslant |x-y|$, 我们有

$$G_{ij}(x,y) \leqslant C\frac{\delta(\Omega)^{n-1}}{|x-y|^{n-1}}.$$

利用 (1.41), 可以得到

$$\partial_j w_i(x) = \int_\Omega K_{ij}(x, x-y)f(y)\mathrm{d}y + \int_\Omega G_{ij}(x,y)f(y)\mathrm{d}y$$
$$+ f(x)\int_\Omega \frac{(x_i - y_i)(x_j - y_j)}{|x-y|^2}\phi(y)\mathrm{d}y$$
$$:= f_1(x) + f_2(x) + f_3(x).$$

显然, K_{ij} 满足 [40] 中 Calderón-Zygmund 定理的条件 (II.11.15)-(II.11.17), 那么由 Calderón-Zygmund 定理, 我们有

$$\|f_1\|_{L^q(\Omega)} \leqslant C\|f\|_{L^q(\Omega)}.$$

对于 $f_2(x)$, 我们记 $f_2(x) = G_{ij} * f(x)$. 由 Young 不等式, 我们有

$$\|f_2\|_{L^q(\Omega)} \leqslant C\|G_{ij}(x)\|_{L^1}\|f\|_{L^q(\Omega)}.$$

利用 (1.42), 可知

$$\|G_{ij}(x)\|_{L^1} \leqslant C\delta(\Omega)^{n-1}\int_\Omega |x-y|^{1-n}dx \leqslant C\delta(\Omega)^n,$$

这表明

$$\|f_2\|_{L^q(\Omega)} \leqslant C\delta(\Omega)^n\|f\|_{L^q(\Omega)}.$$

注意到 $\int_\Omega \phi = 1$, 我们有

$$\|f_3\|_{L^q(\Omega)} \leqslant \|f\|_{L^q(\Omega)}.$$

结合对 f_1, f_2 和 f_3 的估计, 可知

$$\|w\|_{\dot{W}^{1,q}(\Omega)} \leqslant C\|f\|_{L^q(\Omega)}. \tag{1.43}$$

V(f 的收敛). 因为我们选取的 $f \in C_0^\infty(\Omega)$, 为了完成证明, 我们必须证明 f 和 w 的收敛性. 设 $f \in L^q(\Omega)$, 存在 $L^q(\Omega)$ 中 f 的近似序列 $\{f_m\} \in C_c^\infty$. 记

$$f_m^* = f_m - \varphi\int_\Omega f_m, \quad m \in \mathbb{N},$$

满足

$$\varphi \in C_c^\infty(\Omega), \quad \int_\Omega \varphi = 1.$$

则我们发现

$$f_m^* \to f, \quad \mp L^q(\Omega), \quad \int_\Omega f_m^* = 0.$$

由 (1.43), 则存在一个解 $w_m \in C_c^\infty(\Omega)$ 使得

$$\|w_m\|_{\dot{W}^{1,q}(\Omega)} \leqslant C\|f_m^*\|_{L^q(\Omega)}.$$

由于

$$\|\nabla w_m - \nabla w_n\|_{L^q(\Omega)} = \left\|(f_m^* - f_n^*)\int_\Omega \frac{(x_i - y_i)(x_j - y_j)}{|x - y|^2}\phi(y)\mathrm{d}y\right\|_{L^q(\Omega)}$$
$$+ \left\|\int_\Omega (f_m^* - f_n^*)\partial_j N_i(x, y)\mathrm{d}y\right\|_{L^q(\Omega)}$$
$$\leqslant C\|f_m^* - f_n^*\|_{L^q(\Omega)},$$

可知 w_m 在 $\dot{W}^{1,q}(\Omega)$ 中收敛. 设

$$w_m \to w, \quad \mp \dot{W}^{1,q}(\Omega),$$

我们有

$$\nabla \cdot w = f$$

和

$$\|w\|_{\dot{W}^{1,q}(\Omega)} \leqslant C\|f\|_{L^q(\Omega)}. \tag{1.44}$$

注 1.2 如果函数 $f \in W_0^{m,q}$, 因为

$$N_\beta = (x - y)\int_1^\infty D^\beta \phi(y + r(x - y))r^{n-1}\mathrm{d}r$$

与 N 具有同样的性质, 则利用相同的方法可以得到对所有的 $f \in C_0^\infty(\Omega)$,

$$\|\nabla w\|_{W^{\ell,q}} \leqslant C\|f\|_{W^{\ell,q}}, \quad \ell = 0, 1, \cdots, m, \quad q \in (1, +\infty).$$

注 1.3 在一些应用中, 函数 f 依赖于参数 $t \in I$, 其中 I 是 $\mathbb{R}$ 中的一个区间. 如果 $f(t) \in C_0^\infty(\Omega)$, $t \in I$ 在 $W^{m,q}$-范数下关于 t 连续可微, 则

$$\|\nabla \partial_t w\|_{W^{\ell,q}} \leqslant C\|\partial_t f\|_{W^{\ell,q}}, \quad \ell = 0, 1, \cdots, m, \quad q \in (1, +\infty).$$

定理 1.8 设 Ω 是满足锥条件的一个有界区域 (或者 Ω 是一个 Lipschitz 区域). 给定 $f \in L^q(\Omega)$, $1 < q < +\infty$, 满足 (1.39), 则至少存在一个解 w 使得

$$\|\nabla w\|_{L^q(\Omega)} \leqslant C\|f\|_{L^q(\Omega)}.$$

此外, 常数 C 仅依赖于区域 Ω 的几何形状和空间维数.

定理 1.8 的证明.

第 I 步 (锥区域和 Lipschitz 域的关系). 由 [40] 的第 III 章或者 [101] 的第 2 章, 我们知道一个有界的 Lipschitz 域满足锥条件, 这表明

$$\Omega = \bigcup_{k=1}^{\ell} \Omega_k, \quad \ell \geqslant 1,$$

其中每一个 Ω_k 是关于某个开球 $B_k(\bar{B}_k \subset \Omega_k)$ 的星形区域.

第 II 步 (f 的分解). 设 $D_j = \bigcup_{k>j} \Omega_j$, $0 \leqslant j < \ell$, 每个 D_j 是连通的, 则 $E_j = \Omega_j \cap D_j$, $1 \leqslant j < \ell$, 是非空的. 定义

$$f_j = 1_{\Omega_j} g_{j-1} - \frac{1_{E_j}}{|E_j|} \int_{\Omega_j} g_{j-1},$$

$$g_j = 1_{D_j - \Omega_j} g_{j-1} + \frac{1_{E_j}}{|E_j|} \int_{\Omega_j} g_{j-1},$$

其中 1_E 是集合 E 的特征函数且 $g_0 = f$. 显然,

$$\text{supp} f_j \subset \bar{\Omega}_j, \quad \text{supp} g_j \subset \bar{D}_j, \quad g_{j-1} = f_j + g_j.$$

通过直接的计算, 可知

$$\int_{\Omega_1} f_1 = \int_{\Omega_1} \left(1_{\Omega_1} f - \frac{1_{E_1}}{|E_1|} \int_{\Omega_1} f\right) = \int_{\Omega_1} f - \int_{\Omega_1} f = 0$$

和

$$\int_{D_1} g_1 = \int_{D_1} \left(1_{D_1 - \Omega_1} f + \frac{1_{E_1}}{|E_1|} \int_{\Omega_1} f\right) = \int_{D_1 - \Omega_1} f + \int_{\Omega_1} f = 0,$$

这里用到了 $\Omega = \cup \Omega_k$ 和 $\int_{\Omega} f = 0$. 类似地,

$$\int_{\Omega_j} f_j = \int_{D_j} g_j = 0.$$

由 $f \in L^q(\Omega)$, 我们有

$$f_1 \in L^q(\Omega_1), \quad g_1 \in L^q(D_1).$$

这里, 我们利用估计

$$\int_{\Omega_1} \left| \frac{1_{E_1}}{|E_1|} \int_{\Omega_1} f \right|^q \leqslant C|\Omega_1|^{q-1}|E_1|^{-q+1} \int_{\Omega_1} |f|^q.$$

同样地,

$$f_j \in L^q(\Omega_j), \quad g_j \in L^q(D_j).$$

通过这种方式, 对 $0 \leqslant j < \ell$, 我们定义 f_j. 最后记 $f_\ell = g_\ell$. 则

$$f = \sum_{j=1}^{\ell} f_j.$$

第 III 步 (拼接). 对每一个 Ω_j, 注意到 $f_j \in L^q(\Omega_j)$ 且 $\int_{\Omega_j} f_j = 0$, 则存在 w_j 满足

$$\nabla \cdot w_j = f_j$$

和

$$\|\nabla w_j\|_{L^q(\Omega_j)} \leqslant C\|f_j\|_{L^q(\Omega_j)}.$$

故

$$w = \sum_{j=1}^{\ell} w_j.$$

这就是我们要求的函数. 证毕.

1.5 Stokes 估计

首先, 让我们介绍零边值条件下的全局 Stokes 估计.

定理 1.9(定理 2.13, [101]) 设 Ω 是 $\mathbb{R}^n(n \geqslant 2)$ 中的有界域, 且 $q \in (1, \infty)$. 对每一个 $f = (f_{ij}) \in L^q(\Omega)$, 下式存在唯一的 q-弱解 $v \in W_0^{1,q}(\Omega)$,

$$-\Delta v_j + \nabla_j p = \partial_i(f_{ij}), \quad \mathrm{div} v = 0, \tag{1.45}$$

满足

$$\|v\|_{W^{1,q}(\Omega)} + \|p - (p)_\Omega\|_{L^q(\Omega)} \leqslant C\|f\|_{L^q(\Omega)},$$

其中常数 C 仅依赖于 q 和 Ω. 对每一个 $g \in L^q(\Omega)$, 下式存在唯一的 q-弱解 $v \in W^{2,q} \cap W_0^{1,q}(\Omega)$,

$$-\Delta v + \nabla p = g, \quad \mathrm{div} v = 0, \tag{1.46}$$

满足

$$\|v\|_{W^{2,q}(\Omega)} + \|\nabla p\|_{L^q(\Omega)} \leqslant C\|g\|_{L^q(\Omega)},$$

其中常数 C 仅依赖于 q 和 Ω.

注 1.4　一个定义在 Ω 上的向量场 v 称为 (1.45) 的一个非常弱的解, 如果 $v \in L_{loc}^2(\Omega)$ 且 v 满足

$$\int_\Omega v \cdot \Delta \zeta = \langle f, \nabla \zeta \rangle, \quad \int_\Omega v \cdot \nabla \phi = 0,$$

对所有的 $\zeta \in C_c^\infty(\Omega)$ 且 $\nabla \cdot \zeta = 0$, 和所有的 $\phi \in C_c^\infty(\Omega)$. 一个非常弱的解 v 称为 (1.45) 的一个 q-弱解, 如果 $v \in W^{1,q}(\Omega)$. (1.46) 的 q-弱解的定义类似.

当速度仅在边界的一部分上为零, 压力的高阶导数估计亦可不依赖于压力的低阶导数. 我们回顾 Kang 在 [50] 中的定理如下:

定理 1.10(定理 3.8, [50]) 设 $\Omega \subset \mathbb{R}^n$ 是一个 C^{k+2} 类区域, k 是一个整数满足 $-1 \leqslant k < \infty$ 且 $1 < q < \infty$. 假设在弱意义下, $g \in W^{k,q}(\Omega_{r_0})$, $u \in W^{1,q}(\Omega_{r_0})$ 和满足 $\displaystyle\int_{\Omega_{r_0}} p = 0$ 的唯一压力 p 为下述 Stokes 系统的解:

$$\begin{cases} -\Delta u + \nabla p = g, & \text{于 } \Omega_{r_0}, \\ \nabla \cdot u = 0, & \text{于 } \Omega_{r_0}, \\ u = 0, & \text{于 } B_{r_0} \cap \partial\Omega. \end{cases} \tag{1.47}$$

设 r, s 是正数满足 $0 \leqslant r < s \leqslant r_0$. 则下述估计成立

$$\|u\|_{W^{k+2,q}(\Omega_r)} + \|p\|_{W^{k+1,q}(\Omega_r)} \leqslant C\left(\|g\|_{W^{k,q}(\Omega_{r_0})} + \|u\|_{L^1(\Omega_s)}\right),$$

其中 $C = C(k,n,q,r,s,\Omega)$ 和 $\Omega_r = \Omega \cap B_r$ 满足 $r \leqslant r_0$. 这里 r_0 与区域 Ω 中包含的球体的半径相同.

回顾具有零边值的 Stokes 系统:

$$
\begin{cases}
-\Delta u + \nabla p = f, & \text{于} \quad \Omega, \\
\nabla \cdot u = 0, & \text{于} \quad \Omega, \\
u = 0, & \text{于} \quad \partial\Omega.
\end{cases}
\tag{1.48}
$$

引理 1.5 假设 $f \in V'$ 且 $V = W_{0,\sigma}^{1,2}$ 于 (1.48), 则对所有的 $\zeta \in V$, 存在唯一的弱解 u 满足

$$
\int_\Omega -\Delta u \cdot \zeta = \langle f, \zeta \rangle.
$$

证明 由于对任意的 $\zeta \in V$, $\zeta \mapsto \langle f, \zeta \rangle$ 是一个线性泛函, 根据 Riesz 表示定理, 存在唯一的 $T(f) \in V$ 使得

$$
T(f)(\zeta) = \langle f, \zeta \rangle,
$$

这表明

$$
(T(f), \zeta)_V = \langle f, \zeta \rangle.
$$

上式左端可记如下:

$$
(u, v)_V = \int \nabla u : \nabla v, \qquad u, v \in V.
$$

对一般的外力也可证明.

1.5.1 Stokes 系统的内部估计

下面, 我们给出 Stokes 系统的内部估计, 参考 [101].

引理 1.6 设 $B_r \subset B_R \subset \mathbb{R}^n$, $n \geqslant 2$, 是 $0 < r < R$ 的同心球. 假设 $v \in L^1(B_R)$ 是 Stokes 系统(1.45)在 B_R 中的一个非常弱的解, 其中 $f_{ij} \in L^q(B_R)$, $1 < q < +\infty$. 则 $v \in W_{\text{loc}}^{1,q}(B_R)$ 且存在 $p \in L_{\text{loc}}^q(B_R)$ 使得

$$
\|\nabla v\|_{L^q(B_r)} + \inf_{a \in \mathbb{R}} \|p - a\|_{L^q(B_r)} \leqslant C\|f\|_{L^q(B_R)} + C\|v\|_{L^1(B_R)},
$$

这里 $C = C(r, R, q)$.

证明　设 η 是定义在 B_R 上的特征函数. 设

$$\tilde{v}_i = \partial_k(U_{ij} * (\eta f_{jk})), \quad \tilde{p} = \partial_k(P_j * (\eta f_{jk})),$$

其中 U_{ij} 和 P_j 是 Stokes 系统的基本解. 注意到 $\nabla \partial_k U_{ij}$ 是奇异积分算子和 $\partial_k P_j$ 是 Riesz 位势的核, 我们有

$$\|\tilde{v}\|_{L^q(B_R)} + \|\nabla\tilde{v}\|_{L^q(B_R)} + \|\tilde{p}\|_{L^q(B_R)} \leqslant C\|f\|_{L^q(B_R)}.$$

设 $u = v - \tilde{v}$. 显然 u 是下述 Stokes 系统在 B_R 上的一个非常弱的解:

$$-\Delta u + \nabla\pi = 0, \quad \nabla \cdot u = 0.$$

对 u 进行磨光, 然后考虑 $u^\varepsilon = u * \phi_\varepsilon$. 设 $\xi = \dfrac{1}{3}(R-r)$ 并且 u 在 $B_{R-\xi}$ 上在分部意义下满足齐次 Stokes 系统. 则 $\omega^\varepsilon = \nabla \times u^\varepsilon$ 是弱调和的, 我们在 $B_{R-2\xi}$ 上利用调和函数的平均值性质, 可知

$$\omega_{ij}^\varepsilon(x) = \int_{B_{R-\xi}} \phi_\delta(x-y)\omega_{ij}^\varepsilon(y)\mathrm{d}y$$

$$= \int_{B_{R-\xi}} \partial_i\phi_\delta(x-y)u_j^\varepsilon(y)\mathrm{d}y - \int_{B_{R-\xi}} \partial_j\phi_\delta(x-y)u_i^\varepsilon(y)\mathrm{d}y.$$

因为 ϕ_δ 是光滑函数, 我们有

$$\|\omega_{ij}^\varepsilon(x)\|_{L^\infty(B_{R-2\xi})} \leqslant C\|u^\varepsilon\|_{L^1(B_{R-\xi})} \leqslant C\|u\|_{L^1(B_R)},$$

这表明

$$\|\omega(x)\|_{L^q(B_{R-2\xi})} \leqslant C(R,\xi)\|u\|_{L^1(B_R)}.$$

根据 ∇u 的内部估计, 可知

$$\|\nabla u\|_{L^q(B_r)} \leqslant C\|\nabla \cdot u\|_{L^q(B_R)} + C\|\nabla \times u\|_{L^q(B_R)} + C\|u\|_{L^1(B_R)}.$$

则

$$\|\nabla u\|_{L^q(B_{R-2\xi})} \leqslant C\|u\|_{L^1(B_R)} \leqslant C\|\tilde{v}\|_{L^1(B_R)} + C\|v\|_{L^1(B_R)}.$$

利用 Hölder 不等式和 $v \in L^1(B_R)$, 我们有

$$\|u\|_{W^{1,q}(B_r)} \leqslant C\|f\|_{L^q(B_R)} + C\|v\|_{L^1(B_R)},$$

其中 C 依赖于 r, R 和 q.

接下来, 我们考虑压力. 注意到

$$\nabla \pi^\varepsilon = \Delta u^\varepsilon,$$

利用梯度函数的可解性 (参见 [101] 引理 1.2), 可知存在一个函数 $\pi^\varepsilon \in W_{loc}^{1,1}$, 并且

$$\int \pi^\varepsilon \nabla \cdot \zeta = \int \nabla u^\varepsilon : \nabla \zeta, \quad \zeta \in W_0^{1,q'}(B_r).$$

则

$$\inf_a \|\pi^\varepsilon - a\|_{L^q(B_r)} \leqslant C \sup_{\zeta \in W_0^{1,q'}(B_r), \|\zeta\|_{W^{1,q'}(B_r)} = 1} \int \pi^\varepsilon \nabla \cdot \zeta \leqslant C \|\nabla u^\varepsilon\|_{L^q(B_r)}.$$

证毕.

1.5.2 Stokes 系统的全局估计

在本节中, 我们证明引理 1.9, 参考 [40] 中的第 IV 章. 首先, 我们开始研究下述问题:

$$\begin{cases} -\Delta W + \nabla S = 0, & \mathbb{R}_+^n, \\ \nabla \cdot W = 0, & \mathbb{R}_+^n, \\ W = \Phi, & \Sigma = \{x \in \mathbb{R}^n : x_n = 0\}. \end{cases} \tag{1.49}$$

假设 $\Phi \in C^m(\Sigma)$ 对某个 $m \geqslant 1$, $\Phi = O(\log |\xi|)$ 当 $|\xi| \to +\infty$ 和 $D^\alpha \xi \in C(\Sigma)$, $1 \leqslant |\alpha| \leqslant m$. 则由 Odqvist (1930, [86]) 知, 在半空间上存在下述 Stokes 双层势 (double-layer potentials):

$$W_j(x) = 2 \int_\Sigma \Phi_i(y) \left(-\delta_{ik} q_j(x-y) + \frac{\partial U_{ij}(x-y)}{\partial y_k} + \frac{\partial U_{kj}(x-y)}{\partial y_i} \right) n_k \mathrm{d}S_y,$$

$$S(x) = -4 \int_\Sigma \Phi_i(y) \frac{\partial q_k(x-y)}{\partial y_i} n_k \mathrm{d}S_y,$$

这里, $n = -e_n$ 是 Σ 的外法向量, U_{ij}, q_j 是 Stokes 系统的基本解. 记 $x' = (x_1, x_2, \cdots, x_{n-1})$, 并设

$$K_{ij}(x'-y', x_n) = \frac{2}{\omega_n} \frac{x_n(x_i-y_i)(x_j-y_j)}{(|x'-y'|^2 + x_n^2)^{\frac{n}{2}+1}}, \quad y_n = 0,$$

$$k(x'-y', x_n) = \frac{4}{n\omega_n} \frac{x_n}{(|x'-y'|^2 + x_n^2)^{\frac{n}{2}}}, \quad y_n = 0.$$

则 W_j 和 S 可以重新写为

$$W_j(x) = \int_\Sigma K_{ij}(x'-y', x_n)\Phi_i(y')\mathrm{d}y',$$

$$S(x) = -D_i \int_\Sigma k(x'-y', x_n)\Phi_i(y')\mathrm{d}y'. \tag{1.50}$$

注意到

$$\Delta W_j(x) = -2 \int_\Sigma \Phi_i(y)\left(\frac{\partial^2 q_j(x-y)}{\partial y_k \partial x_i} + \frac{\partial^2 q_j(x-y)}{\partial x_k \partial y_i}\right) n_k \mathrm{d}S_y$$

和

$$\frac{\partial W_j(x)}{\partial x_j} = -2 \int_\Sigma \Phi_n(y)\frac{\partial q_j(x-y)}{\partial x_j}\mathrm{d}S_y,$$

结合

$$\frac{\partial q_i}{\partial x_j} = \frac{\partial q_j}{\partial x_i}, \quad \frac{\partial q_i}{\partial y_j} = \frac{\partial q_j}{\partial y_i}, \quad \frac{\partial q_i}{\partial x_j} = -\frac{\partial q_i}{\partial y_j}, \quad \frac{\partial q_i}{\partial x_i} = \frac{\partial q_i}{\partial y_i} = 0, \quad x \neq y,$$

易知 W_j 和 S 是 Stokes 系统 (1.49) 的基本解.

接下来, 我们断言对所有的 $x' \in \mathbb{R}^{n-1}$, 有

$$\lim_{x_n \to 0} W(x', x_n) = \Phi(x'). \tag{1.51}$$

由 Φ 的连续性, 对固定的 $\xi \in \mathbb{R}^{n-1}$, 我们可取以 ξ 为中心的 $n-1$ 维球 C_ε 使得

$$\sup_{y \in C_\varepsilon} |\Phi(\xi) - \Phi(y)| < \varepsilon.$$

另一方面, 直接的计算表明

(i) $\displaystyle\int_{C_\varepsilon} K_{ij}(\xi-y', x_n)\mathrm{d}y' = \delta_{ij} + o(1), x_n \to 0;$

(ii) $\displaystyle\int_{\Sigma - C_\varepsilon} K_{ij}(\xi-y', x_n)\Phi_i(y')\mathrm{d}y' = o(1), x_n \to 0;$

(iii) $\displaystyle\int_\Sigma |K_{ij}(\xi-y', x_n)|\mathrm{d}y' \leqslant C,$

这里, 常数 C 不依赖于 x_n 和 ξ.

接下来, 我们利用 (i), (ii) 和 (iii) 来证明 (1.51).

$$W_j(\xi, x_n) - \Phi_j(\xi) = \int_{C_\varepsilon} K_{ij}(\xi - y', x_n)\Phi_i(y')\mathrm{d}y' - \Phi_j(\xi)$$

$$+ \int_{\Sigma - C_\varepsilon} K_{ij}(\xi - y', x_n)\Phi_i(y')\mathrm{d}y'$$

$$= \int_{C_\varepsilon} K_{ij}(\xi - y', x_n)[\Phi_i(y') - \Phi_i(\xi)]\mathrm{d}y' + o(1).$$

利用 Φ 的连续性和 (iii), 我们有

$$\limsup_{x_n \to 0} |W(\xi, x_n) - \Phi(\xi)| \leqslant C\varepsilon.$$

由 ε 的任意性, 可知断言成立.

引理 1.7(引理 IV.3.1, [40]) 设 $\Phi \in C^m(\Sigma)$, $m > 1$ 满足 $\Phi(\xi) = O(\log|\xi|)$ 当 $|\xi| \to +\infty$ 和 $D^\alpha\Phi \in C(\Sigma)$, $1 \leqslant |\alpha| \leqslant m$. 则由 (1.50) 定义的函数 W 和 S 在 $\mathbb{R}^n_+$ 上均是 C^∞ 的, 并且满足 (1.49) 和 (1.51). 另外, 如果对于某个整数 $k \in [0, m]$ $\Phi \in D^{k,q}(\Sigma)$ 以及对 $1 < q < +\infty$, $\sum_{|\alpha|=k}\langle\langle D^\alpha\Phi\rangle\rangle_{1-\frac{1}{q},q}$ 是有限的, 则 $\|\nabla^{k+1}W\|_{L^q(\mathbb{R}^n_+)}$ 和 $\|\nabla^k S\|_{L^q(\mathbb{R}^n_+)}$ 均是有限的, 且满足

$$\|\nabla^{k+1}W\|_{L^q(\mathbb{R}^n_+)} + \|\nabla^k S\|_{L^q(\mathbb{R}^n_+)} \leqslant C \sum_{|\alpha|=k} \langle\langle D^\alpha\Phi\rangle\rangle_{1-\frac{1}{q},q}.$$

证明 接下来, 我们给出 W 和 S 的一些 L^q 估计. 例如, 当 $n = 3$ 时, 对于 $|\alpha| \leqslant m$, 由 W 和 S 的定义可知

$$D'^\alpha W_j(x) = \int_\Sigma K_{ij}(x' - y', x_n)D'^\alpha\Phi_i(y')\mathrm{d}y'$$

和

$$D'^\alpha S(x) = -D_i \int_\Sigma k(x' - y', x_n)D'^\alpha\Phi_i(y')\mathrm{d}y'.$$

这里, D' 表示前 $n-1$ 个方向的导数. 显然, 由 K_{ij} 和 k 的表达式可知 $K_{ij}(x', x_n)$ 和 $k(x', x_n)$ 对于 $x_3 > 0$ 是 C^∞ 的. 另外, 在半球 $\{|x|^2 = 1; x_3 > 0\}$ 上, K_{ij} 和 k 的任意阶导数都是有界的. 因为

$$K_{ij}(x', x_3) = \frac{3}{2\pi}\frac{\dfrac{x_i}{|x|}\dfrac{x_j}{|x|}\dfrac{x_3}{|x|}}{|x|^2} = \frac{\Omega_{ij}\left(\dfrac{x'}{|x|}, \dfrac{x_3}{|x|}\right)}{|x|^2},$$

$$k(x', x_3) = \frac{1}{\pi} \frac{\frac{x_3}{|x|}}{|x|^2} = \frac{\omega\left(\frac{x'}{|x|}, \frac{x_3}{|x|}\right)}{|x|^2}$$

和

$$\Omega_{ij}(x', 0) = \omega(x', 0) = 0, \qquad x' \neq 0,$$

由 [40] 中的定理 II.11.6, 如果 $D^\alpha\Phi \in L^p(\Sigma)$ 和 $\langle\langle D^\alpha\Phi\rangle\rangle_{1-\frac{1}{q}, q}$ 的范数有限, 我们有

$$\nabla D'^\alpha W, D'^\alpha S \in L^q(\mathbb{R}^3_+)$$

和

$$\|\nabla D'^\alpha W\|_{L^q(\mathbb{R}^3_+)} + \|D'^\alpha S\|_{L^q(\mathbb{R}^3_+)} \leqslant C\langle\langle D^\alpha\Phi\rangle\rangle_{1-\frac{1}{q}, q}. \tag{1.52}$$

下面我们计算 $|\alpha| = 1$ 时的情形. 因为 W 是 (1.49) 的解, 从而 $\nabla \cdot W = 0$. 则

$$\|D_3^2 W_3\|_{L^q(\mathbb{R}^3_+)} \leqslant \|D_3 D_1 W_1\|_{L^q(\mathbb{R}^3_+)} + \|D_3 D_2 W_2\|_{L^q(\mathbb{R}^3_+)}. \tag{1.53}$$

由 (1.52) 可知

$$\|D_3^2 W_3\|_{L^q(\mathbb{R}^3_+)} \leqslant 2C\langle\langle \nabla\Phi\rangle\rangle_{1-\frac{1}{q}, q}.$$

$D_3^2 W$ 剩余部分可以利用下述系统估计. 记

$$W' = (W_1, w_2), \quad \nabla' = \left(\frac{\partial}{\partial x_1}, \frac{\partial}{\partial x_2}\right),$$

$$\Delta' = \frac{\partial^2}{\partial x_1 \partial x_1} + \frac{\partial^2}{\partial x_2 \partial x_2},$$

则

$$\Delta W_3 = D_3 S,$$

$$D_3^2 W' = -\Delta' W' + \nabla' S.$$

利用 (1.52) 和 (1.53), 可知

$$\|D_3^2 W'\|_{L^q(\mathbb{R}^3_+)} + \|D_3 S\|_{L^q(\mathbb{R}^3_+)} \leqslant 8C\langle\langle \nabla\Phi\rangle\rangle_{1-\frac{1}{q}, q}.$$

结合 (1.52) 和 (1.53), 我们有

$$\|\nabla^2 W\|_{L^q(\mathbb{R}^3_+)} + \|\nabla S\|_{L^q(\mathbb{R}^3_+)} \leqslant C\langle\langle \nabla\Phi\rangle\rangle_{1-\frac{1}{q}, q}.$$

一般来说, 如果 $|\alpha| > 1$, 利用与 $0 \leqslant k \leqslant m$ 时同样的论述, 可知

$$\|\nabla^{k+1} W\|_{L^q(\mathbb{R}^3_+)} + \|\nabla^k S\|_{L^q(\mathbb{R}^3_+)} \leqslant C \sum_{|\alpha|=k} \langle\langle D^\alpha\Phi\rangle\rangle_{1-\frac{1}{q}, q}.$$

综上, 我们完成了证明.

引理 1.8　设 $\Sigma = \{x \in \mathbb{R}^n : x_n = 0\}$. 对每一个

$$f \in W^{m,q}(\mathbb{R}_+^n), \quad g \in D^{m+1,q}(\mathbb{R}_+^n), \quad m \geqslant 0, 1 < q < +\infty,$$

存在函数 (v, p) 且

$$v \in W^{m+2,q}(C), \quad p \in W^{m+1,q}(C),$$

对所有的开立方体 $C \subset \mathbb{R}_+^n$, 满足下述齐次 Stokes 系统

$$\Delta v - \nabla p = f, \quad \nabla \cdot v = g, \quad 于 \ \mathbb{R}_+^n;$$
$$v = 0, \quad 于 \ \Sigma.$$

另外, 对所有的 $\ell \in [0, m]$, 我们有以下估计成立:

$$\|\nabla^{\ell+2} v\|_{L^q(\mathbb{R}_+^n)} + \|\nabla^{\ell+1} p\|_{L^q(\mathbb{R}_+^n)} \leqslant C(n, q) \left(\|\nabla^\ell f\|_{L^q(\mathbb{R}_+^n)} + \|\nabla^{\ell+1} g\|_{L^q(\mathbb{R}_+^n)} \right).$$

证明　将非齐次 Stokes 系统分解为

$$\Delta W = \nabla S, \quad \nabla \cdot W = 0, \quad 于 \ \mathbb{R}_+^n;$$
$$W = v^*, \quad 于 \ \Sigma$$

和

$$\Delta w = \nabla s + f, \quad \nabla \cdot w = g, \quad 于 \ \mathbb{R}_+^n;$$
$$w = 0, \quad 于 \ \Sigma.$$

假设 $f, g \in C_0^\infty(\overline{\mathbb{R}_+^n})$. 对于第二个系统, 考虑 $f = f_r$ 和 $g = g_r$, 在 $\mathbb{R}^n$ 上存在非齐次 Stokes 系统的解 (w_1, s_1), 其满足

$$\Delta w_1 + \nabla s_1 = f_r, \quad \nabla \cdot w_1 = g_r. \tag{1.54}$$

这里, 函数 f_r 和 g_r 是第二个系统中函数 f 和 g 在全空间中的延拓. 由 Stokes 系统的全局估计, 可知

$$\|\nabla^{\ell+2} w_1\|_{L^q(\mathbb{R}_+^n)} + \|\nabla^{\ell+1} s_1\|_{L^q(\mathbb{R}_+^n)}$$
$$\leqslant C(n, q) \left(\|\nabla^\ell f_r\|_{L^q(\mathbb{R}^n)} + \|\nabla^{\ell+1} g_r\|_{L^q(\mathbb{R}^n)} \right)$$
$$\leqslant C(n, q) \left(\|\nabla^\ell f\|_{L^q(\mathbb{R}_+^n)} + \|\nabla^{\ell+1} g\|_{L^q(\mathbb{R}_+^n)} \right). \tag{1.55}$$

接下来, 我们将说明 $v_* = -w_1|_\Sigma$ 满足引理 1.7 的假设. 根据 (1.54) 和 Stokes 系统的解的增长估计, 可知 $v_* \in C^\infty(\Sigma)$, $v_*(\xi) = O(\log |\xi|)$ 且满足 $D^\alpha v_* \in C^0(\Sigma)$. 注意到 w_1 的基本解表示, 我们有

$$D^\alpha v_*(x') = O(|x'|^{-n+1}), \qquad |x'| \to +\infty.$$

因为 $D^\alpha v_* \in C^0(\Sigma)$, 可知 (对 $n = 3$)

$$\int_{\mathbb{R}^2} |D^\alpha v_*(x')|^q \mathrm{d}x' = \int_{B_1} |D^\alpha v_*(x')|^q \mathrm{d}x' + \int_{\mathbb{R}^2 - B_1} |D^\alpha v_*(x')|^q \mathrm{d}x'$$

$$\leqslant C + C \int_{\mathbb{R}^2 - B_1} |x'|^{-2q} \mathrm{d}x'$$

$$\leqslant C + C \int_1^\infty r^{1-2q} \mathrm{d}r \leqslant C,$$

这表明 $D^\alpha v_* \in L^q(\Sigma)$. 另一方面, 由迹定理, 对所有的 $|\alpha| > 0$,

$$\langle\langle D^\alpha \nabla w_1 \rangle\rangle_{1-\frac{1}{q},q} \leqslant C \|\nabla D^\alpha w_1\|_{L^q(\mathbb{R}^n_+)}.$$

由 (1.55) 可知

$$\langle\langle D^\alpha \nabla w_1 \rangle\rangle_{1-\frac{1}{q},q} \leqslant C(n,q) \left(\|\nabla^\alpha f\|_{L^q(\mathbb{R}^n_+)} + \|\nabla^{\alpha+1} g\|_{L^q(\mathbb{R}^n_+)} \right),$$

从而

$$\langle\langle D^\alpha \nabla w_1 \rangle\rangle_{1-\frac{1}{q},q} < +\infty.$$

根据引理 1.7, 我们有

$$\|\nabla^{\ell+1} W\|_{L^q(\mathbb{R}^3_+)} + \|\nabla^\ell S\|_{L^q(\mathbb{R}^3_+)} \leqslant C \sum_{|\alpha|=\ell} \langle\langle D^\alpha \Phi \rangle\rangle_{1-\frac{1}{q},q}$$

$$\leqslant C \left(\|\nabla^\ell f\|_{L^q(\mathbb{R}^n_+)} + \|\nabla^{\ell+1} g\|_{L^q(\mathbb{R}^n_+)} \right). \qquad (1.56)$$

结合 (1.56) 和 (1.55), 并且注意到 $v = W + w_1$, 我们完成了证明.

下述定理可由引理 1.7 和引理 1.8 直接得到.

定理 1.11(定理 IV.3.2, [40]) 设 $\Sigma = \{x \in \mathbb{R}^n : x_n = 0\}$. 对任意的

$$f \in W^{m,q}(\mathbb{R}^n_+), \quad g \in W^{m+1,q}(\mathbb{R}^n_+)$$

和

$$\Phi \in W^{m+1,q}(\Sigma), \qquad \sum_{|\alpha|=m+1} \langle\langle D^\alpha \Phi \rangle\rangle_{1-\frac{1}{q},q} < \infty,$$

$$m \geqslant 0, \ 1 < q < \infty, \ n \geqslant 2,$$

使得对所有的开立方体 $C \subset \mathbb{R}^n_+$, 存在 $v \in W^{m+2,q}(C), p \in W^{m+1,q}(C)$ 满足下述非齐次 Stokes 系统:

$$\Delta v - \nabla p = f, \quad \nabla \cdot v = g, \quad \text{于 } \mathbb{R}^n_+;$$
$$v = \Phi, \quad \text{于 } \Sigma.$$

另外, 对所有的 $\ell \in [0, m]$,

$$\|\nabla^{\ell+2}v\|_{L^q(\mathbb{R}^n_+)} + \|\nabla^{\ell+1}p\|_{L^q(\mathbb{R}^n_+)}$$
$$\leqslant C\left(\|\nabla^\ell f\|_{L^q(\mathbb{R}^n_+)} + \|\nabla^{\ell+1}g\|_{L^q(\mathbb{R}^n_+)} + \sum_{|\alpha|=\ell+1} \langle\langle D^\alpha \Phi\rangle\rangle_{1-\frac{1}{q},q}\right).$$

接下来, 我们给出一般区域的边界附近的估计.

引理 1.9(定理 IV 5.1, [40]) 设 Ω 是 $\mathbb{R}^n$, $n \geqslant 2$ 中的任意区域, 其一部分边界 σ 是 C^{m+2} 的, $m > 0$. 设 Ω' 是 Ω 的任意子区域, 且 $\partial\Omega' \cap \partial\Omega = \sigma$. 进一步, 设

$$v \in W^{1,q}(\Omega'), \quad p \in L^q(\Omega'), \quad 1 < q < \infty,$$

使得

$$(\nabla v, \nabla \psi) = - <f, \psi> +(p, \nabla \cdot \psi), \quad \psi \in C_0^\infty(\Omega');$$
$$(v, \nabla \psi) = 0, \quad \psi \in C_0^\infty(\Omega');$$
$$v = v_*, \quad \text{于} \sigma.$$

则如果 $f \in W^{m,q}(\Omega')$ 和 $v_* \in W^{m+2-\frac{1}{q},q}(\sigma)$, 可知对任意的 Ω'', 有

$$v \in W^{m+2,q}(\Omega''), \quad p \in W^{m+1,q}(\Omega''),$$

满足

$$\Omega'' \subset \Omega', \quad \partial\Omega'' \cap \partial\Omega \text{ 是 } \sigma \text{ 的一个严格内部子区域.}$$

最后, 以下估计成立

$$\|v\|_{W^{m+2,q}(\Omega'')} + \|p\|_{W^{m+1,q}(\Omega'')}$$
$$\leqslant C(\|f\|_{W^{m,q}(\Omega')} + \|v_*\|_{L^{m+2-\frac{1}{q},q}(\sigma)} + \|v\|_{W^{1,q}(\Omega')} + \|p\|_{L^q(\Omega')}),$$

其中 $C = C(m, n, q, \Omega', \Omega'')$.

证明　不失一般性, 我们可以用以下方式旋转原点在 $x_0 \in \sigma$ 处的坐标系, 即用 $\zeta = \zeta(x_1, x_2, \cdots, x_{n-1})$ 表示 σ 的函数且 $\nabla\zeta(0) = 0$. 接下来, 我们用 Ω' 表示 Ω 的任意有界子区域, 且 $\sigma = \partial\Omega \cap \partial\Omega'$. 考虑下述函数

$$v \in W^{2,q}(\Omega'), \quad p \in W^{1,q}(\Omega'), \quad 1 < q < \infty,$$

其对应于函数 $f \in L^q(\Omega')$ 和 $v_* \in W^{2-\frac{1}{q},q}(\sigma)$, 在 Ω' 上满足 Stokes 问题. 如果我们将正 x_n-轴引入 Ω 的内部, 对于足够小的 $d > 0$,

$$\mathcal{C} = \{x \in \Omega : |x'| < d; \zeta < x_n < \zeta + 2d\},$$

包含在 Ω' 中. 设 $\phi \in C^\infty(\mathbb{R}^n)$, 满足 $\phi = 0$ 于 $\Omega - \mathcal{C}$ 和 $\phi = 1$ 于 $\bar{\mathcal{C}}'$, 其中

$$\mathcal{C}' = \{x \in \Omega : |x'| < \delta; \zeta < x_n < \zeta + 2\delta, \delta < d\}.$$

如果我们利用变量代换:

$$y_i' = x_i', \quad y_n = x_n - \zeta,$$

函数 v, p, f, v_* 和 ϕ 变换为 $\hat{v}, \hat{p}, \hat{f}, \hat{v}_*, \hat{\phi}$. 另外, $\mathcal{C}$ 和 $\mathcal{C}'$ 被转换为

$$\hat{\mathcal{C}} = \{y \in \mathbb{R}^n : |y'| < d; 0 < y_n < 2d\}$$

和

$$\hat{\mathcal{C}}' = \{y \in \mathbb{R}^n : |y'| < \delta; 0 < y_n < 2\delta\}.$$

记 $u = \hat{v}\hat{\phi}$ 和 $\pi = \hat{p}\hat{\phi}$, 将 $\hat{\mathcal{C}}$ 之外的区域进行零延拓, 注意到

$$\partial_{x_i} f = \partial_{y_i}\hat{f} - \partial_{y_n}\hat{f}\partial_{x_i}\zeta, \quad i = 1, 2, \cdots, n-1$$

和

$$\partial_{x_n} f = \partial_{y_n}\hat{f},$$

我们有

$$-\Delta u + \nabla\pi = F, \quad \nabla \cdot u = g, \quad \text{于} \mathbb{R}_+^n;$$
$$u = \Phi, \quad \text{于} \Sigma = \mathbb{R}^{n-1} \times \{0\}.$$

这里

$$F_i = \hat{f}_i\hat{\phi} + D_j(b_{ji}\pi) + D_j(a_{jk}D_k u_i) + \alpha_i\hat{p} + \beta\hat{v}_i + \gamma_j D_j\hat{v}_i,$$

$$g = D_j(c_{ji}u_i) + \eta_i\hat{v}_i,$$
$$\Phi = \hat{v}_{*i}\hat{\phi}.$$

其中 $a_{jk}, b_{jk}, c_{jk}, \alpha_j, \beta, \gamma_j$ 和 η_j 在 $\hat{\mathcal{C}}$ 的闭包中是连续可微的. 我们发现 a_{jk}, b_{jk}, c_{jk} 以 $A|\nabla\zeta|$ 为上界, 它在 0 处消失. 其中 A 是与 $d, \alpha_j, \beta, \gamma_j$ 无关的常数, 且 η_j 在 $\hat{\mathcal{C}}$ 外等于零. 根据 F, g 的定义, 可知

$$\|F\|_{L^q(\mathbb{R}^n_+)}$$
$$\leqslant C\left(\|\hat{f}\|_{L^q(\hat{\mathcal{C}})} + \|\hat{p}\|_{L^q(\hat{\mathcal{C}})} + \|\hat{v}\|_{W^{1,q}(\hat{\mathcal{C}})} + a\|D^2u\|_{L^q(\mathbb{R}^n_+)} + b\|\nabla\pi\|_{L^q(\mathbb{R}^n_+)}\right) \quad (1.57)$$

和

$$\|g\|_{W^{1,q}(\mathbb{R}^n_+)} \leqslant C\left(\|\hat{v}\|_{W^{1,q}(\hat{\mathcal{C}})} + c\|D^2u\|_{L^q(\mathbb{R}^n_+)}\right), \quad (1.58)$$

其中 C 与 d 无关, 且

$$a = \max_{jk}\max_{\hat{\mathcal{C}}} a_{jk}, \quad b = \max_{jk}\max_{\hat{\mathcal{C}}} b_{jk}, \quad c = \max_{jk}\max_{\hat{\mathcal{C}}} c_{jk}.$$

此外

$$\Phi \in W^{1,q}(\Sigma), \quad \langle\langle\nabla\Phi\rangle\rangle_{1-\frac{1}{q},q} < \infty,$$

和 $D^2u \in L^q(\mathbb{R}^n_+)$. 根据定理 1.11, 有

$$\|D^2u\|_{L^q(\mathbb{R}^n_+)} + \|\nabla\pi\|_{L^q(\mathbb{R}^n_+)}$$
$$\leqslant C\|F\|_{L^q(\mathbb{R}^n_+)} + C\|\nabla g\|_{L^q(\mathbb{R}^n_+)} + C\langle\langle\nabla\Phi\rangle\rangle_{1-\frac{1}{q},q}. \quad (1.59)$$

通过 $\hat{f}, \hat{v}, \hat{p}$ 的变换, 可知

$$\|\hat{f}\|_{L^q(\hat{\mathcal{C}})} + \|\hat{v}\|_{W^{1,q}(\hat{\mathcal{C}})} + \|\hat{p}\|_{L^q(\hat{\mathcal{C}})} \leqslant C\left(\|f\|_{L^q(\mathcal{C})} + \|v\|_{W^{1,q}(\mathcal{C})} + \|p\|_{L^q(\mathcal{C})}\right) \quad (1.60)$$

和

$$\langle\langle\nabla\Phi\rangle\rangle_{1-\frac{1}{q},q} \leqslant C\|\hat{\phi}\hat{v}_*\|_{W^{2-\frac{1}{q},q}(\Sigma)} \leqslant C\|v_*\|_{W^{2-\frac{1}{q},q}(\sigma)}, \quad (1.61)$$

其中, 常数 C 与 d 无关. 结合 (1.57)-(1.61), 我们有

$$(1 - C_1(a+c))\|D^2u\|_{L^q(\mathbb{R}^n_+)} + (1 - C_2 b)\|\nabla\pi\|_{L^q(\mathbb{R}^n_+)}$$

$$\leqslant C \left(\|f\|_{L^q(\mathcal{C})} + \|v\|_{W^{1,q}(\mathcal{C})} + \|p\|_{L^q(\mathcal{C})} + \|v_*\|_{W^{2-\frac{1}{q},q}(\sigma)} \right).$$

这里, 常数 C_1, C_2 和 C 与 d, f, v, p 和 Φ 无关. 因为 $\nabla\zeta(0) = 0$, 我们有

$$a_{jk}(0) = b_{jk}(0) = c_{jk}(0) = 0.$$

由 a_{jk}, b_{jk} 和 c_{jk} 的连续性, 我们可取 d 充分小使得

$$1 - C_1(a + c) \geqslant \frac{1}{2}, \quad 1 - C_2 b \geqslant \frac{1}{2}.$$

从而有

$$\|u\|_{W^{2,q}(\mathbb{R}^n_+)} + \|p\|_{W^{1,q}(\mathbb{R}^n_+)}$$
$$\leqslant C \left(\|f\|_{L^q(\mathcal{C})} + \|v\|_{W^{1,q}(\mathcal{C})} + \|p\|_{L^q(\mathcal{C})} + \|v_*\|_{W^{2-\frac{1}{q},q}(\sigma)} \right).$$

根据 ϕ 的定义, 可知

$$\|v\|_{W^{2,q}(\mathcal{C}')} + \|p\|_{W^{1,q}(\mathcal{C}')} \leqslant C \left(\|f\|_{L^q(\mathcal{C})} + \|v\|_{W^{1,q}(\mathcal{C})} + \|p\|_{L^q(\mathcal{C})} + \|v_*\|_{W^{2-\frac{1}{q},q}(\sigma)} \right).$$

现在很容易将上述估计推广到以下情况:

$$v \in W^{m+2,q}(\Omega'), \quad p \in W^{m+1,q}(\Omega'), \quad m > 0.$$

通过使用定理 1.11 的一般形式以及类似的归纳论证. 相应的边值或外力假设如下:

$$f \in W^{m,q}(\Omega'), \quad v_* \in W^{m+2-\frac{1}{q},q}(\sigma).$$

证毕.

定理 1.9 的证明. 对于(1.46), 通过用有限的开球覆盖 $\bar{\Omega}$, 利用引理 1.5, 引理 1.6 与引理 1.9, 我们推导出

$$v \in W^{2,q}(\Omega), \quad p \in W^{1,q}(\Omega)$$

和

$$\|\nabla^2 v\|_{L^q(\Omega)} + \|\nabla p\|_{L^q(\Omega)} \leqslant C \left(\|f\|_{L^q(\Omega)} + \|v\|_{W^{1,q}(\Omega)} + \|p\|_{L^q(\Omega)} \right).$$

注意到

$$\|\nabla v\|_{L^q(\Omega)} \leqslant C \|v\|_{L^q(\Omega)}^{\frac{1}{2}} \|\nabla^2 v\|_{L^q(\Omega)}^{\frac{1}{2}},$$

利用 Young 不等式, 我们有

$$\|\nabla^2 v\|_{L^q(\Omega)} + \|\nabla p\|_{L^q(\Omega)} \leqslant C\left(\|f\|_{L^q(\Omega)} + \|v\|_{L^q(\Omega)} + \|p\|_{L^q(\Omega)}\right). \qquad (1.62)$$

接下来, 我们断言

$$\|v\|_{L^q(\Omega)} + \|p\|_{L^q(\Omega)} \leqslant C\|f\|_{L^q(\Omega)}.$$

否则, 存在一个序列 (v_k, p_k) 使得

$$v_k \in W^{2,q}(\Omega), \quad p_k \in W^{1,q}(\Omega)$$

和

$$\|v_k\|_{L^q(\Omega)} + \|p_k\|_{L^q(\Omega)} = 1, \quad \text{对所有的} \ k \in \mathbb{N},$$

当 $\|f_k\|_{L^q(\Omega)} \to 0$. 由 (1.62), 我们知道 $\|\nabla^2 v_k\|_{L^q(\Omega)} + \|\nabla p_k\|_{L^q(\Omega)}$ 关于 k 是一致有界的, 且存在一个序列使得

$$v_k \rightharpoonup v, \quad \text{于} W^{2,q}(\Omega); \quad p_k \rightharpoonup p, \quad \text{于} W^{1,q}(\Omega).$$

通过 Sobolev 空间的紧嵌入, 可知

$$v_k \to v, \quad \text{于} L^q; \quad p_k \to p, \quad \text{于} L^q(\Omega).$$

从而有

$$\|v\|_{L^q(\Omega)} + \|p\|_{L^q(\Omega)} = 1.$$

此与在 $f = 0$ 的条件下 Stokes 系统的唯一解 $u = 0$ 矛盾.

对于系统(1.45), 代替定理 1.11, 可利用 [40] 中定理 IV.3.3 进行类似的估计. 证毕.

1.5.3　无压力的 Stokes 估计

在本节中, 我们证明定理 1.10. 其中关键是要证明下述引理.

引理 1.10　设 u 是 Stokes 系统 (1.47) $(g = 0)$ 的一个弱解. 则对任意的 r_1, r_2 且 $0 \leqslant r_1 < r_2 \leqslant r_0$, 有下述估计成立:

$$\int_{B_{\Omega_{r_1}}} |p|^2 \leqslant \frac{C}{(r_2 - r_1)^2} \int_{\Omega_{r_2}} |u|^2.$$

证明 设 η 是 $\Omega_{r_2} - \Omega_{r_1}$ 上的截断函数, $\eta = 1$ 于 Ω_{r_1}, $\eta = 0$ 于 Ω_a 之外, 其中 $a = \dfrac{r_1 + r_2}{2}$. 且满足 $|\nabla \eta| \leqslant C(r_2 - r_1)^{-1}$. 由 Bogovskii 映射的存在性引理 1.4 可知, 存在 $w \in W_0^{1,2}(\Omega_a)$ 使得

$$\nabla \cdot w = p\eta^2 - (p\eta^2)_a$$

和

$$\int_{\Omega_a} |\nabla w|^2 \mathrm{d}x \leqslant C \int_{\Omega_a} |p\eta^2 - (p\eta^2)_a|^2 \mathrm{d}x, \tag{1.63}$$

其中

$$(p\eta^2)_a = |\Omega_a|^{-1} \int_{\Omega_a} p\eta^2.$$

因为 $\displaystyle\int_{\Omega_{r_0}} p = 0$, 我们得到

$$
\begin{aligned}
\int_{\Omega_{r_0}} |p|^2 \eta^2 &= \int_{\Omega_{r_0}} p(p\eta^2 - (p\eta^2)_a) = \int_{\Omega_{r_0}} p \nabla \cdot w \\
&= -\int_{\Omega_{r_2}} \nabla p \cdot w = \int_{\Omega_{r_2}} -\Delta u \cdot w \\
&= \int_{\Omega_{r_2}} \nabla u \cdot \nabla w \\
&\leqslant \|\nabla u\|_{L^2(\Omega_{r_2})} \|\nabla w\|_{L^2(\Omega_{r_2})}.
\end{aligned}
$$

利用 (1.63) 和 Young 不等式, 可知

$$\int_{\Omega_{r_0}} |p|^2 \eta^2 \leqslant C\varepsilon \int_{\Omega_{r_0}} |p\eta^2 - (p\eta^2)_a|^2 dx + C\|\nabla u\|_{L^2(\Omega_{r_2})}^2.$$

取 $C\varepsilon \leqslant \dfrac{1}{2}$, 我们有

$$\int_{\Omega_{r_1}} |p|^2 \leqslant C \int_{\Omega_a} |\nabla u|^2.$$

现在将 (1.47) 与 $u\zeta^2$ 相乘, 其中 ζ 是一个在 Ω_{r_2} 外消失, 在 Ω_a 上为 1 的合适的截断函数, 然后分部积分, 可以得到

$$\int_{\Omega_{r_2}} |\nabla u|^2 \zeta^2 \leqslant C \int_{\Omega_{r_2}} |u|^2 |\nabla \zeta|^2 + C \int_{\Omega_{r_2} - \Omega_a} |p\zeta|^2.$$

从而

$$\int_{\Omega_{r_1}} |p|^2 \leqslant C \int_{\Omega_{r_2}} |u|^2 |\nabla \zeta|^2 + C \int_{\Omega_{r_2} - \Omega_a} |p\zeta|^2$$

$$\leqslant C(r_2 - r_1)^{-2} \int_{\Omega_{r_2}} |u|^2 + C \int_{\Omega_{r_2} - \Omega_{r_1}} |p|^2,$$

这表明

$$\int_{\Omega_{r_1}} |p|^2 \leqslant C(r_2 - r_1)^{-2} \int_{\Omega_{r_2}} |u|^2 + \theta \int_{\Omega_{r_2}} |p|^2,$$

其中 $\theta = \dfrac{C}{C+1} < 1$. 通过经典的迭代论证 [41], 我们完成了证明.

引理 1.10 的证明是基于上述引理 $k = -1$ 的情况. 其他情况的详细证明可以参考 [50].

第 2 章 三维全空间 Liouville 型定理

2.1 Galdi 的消失性定理

众所周知, (0.1) 的弱解属于 $W_{loc}^{1,2}(\mathbb{R}^3)$ 实际上是光滑的. 这里我们叙述 Galdi [40] 中所述的结果.

定理 2.1 (Galdi, 定理 X.5.1, [40]) 设 $u(x)$ 是满足 (0.3) 的 (0.1) 的弱解, 且 $p(x)$ 是相应的压力, 则存在 $p_1 \in \mathbb{R}$ 使得

$$\lim_{|x|\to\infty} [|\nabla^\alpha u(x)| + |\nabla^\alpha(p(x) - p_1)|] = 0,$$

对所有的多重指标 $\alpha = (\alpha_1, \alpha_2, \alpha_3) \in [N \cup \{0\}]^3$ 是一致成立的.

为了研究解的无穷远处的行为, 证明上述定理, 我们需要刻画解的局部表示, 再取逼近, 这里主要参考 Galdi [40] 书里的第 V 章.

2.1.1 局部 Stokes 流的基本解

设 $\psi(t)$ 是 $\mathbb{R}$ 中的一个 C^∞ 函数, 满足: 当 $|t| \leqslant \dfrac{1}{2}$ 时, $\psi(t)$ 等于 1, 且当 $|t| \geqslant 1$ 时, $\psi(t)$ 等于 0. 记

$$\psi_R(x - y) = \psi\left(\frac{x - y}{R}\right), \quad R > 0,$$

易知

$$\psi_R(x - y) = \begin{cases} 1, & |x - y| \leqslant R/2, \\ 0, & |x - y| > R. \end{cases} \tag{2.1}$$

让我们局部地引入 Stokes 方程的基本解, 其作用与 Laplace 方程的基本解相同. 考虑由下述关系定义的二阶对称张量场 $U^{(R)}$ 和向量场 $q^{(R)}$,

$$U_{ij}^{(R)}(x - y) = \left(\delta_{ij}\Delta - \frac{\partial^2}{\partial y_i \partial y_j}\right)[\psi_R(x - y)\Phi(|x - y|)],$$

$$q_j^{(R)}(x - y) = -\frac{\partial}{\partial y_j}\Delta[\psi_R(x - y)\Phi(|x - y|)],$$

其中 Φ 是定义在 $\mathbb{R}$ 上的任意函数, 满足 $t \neq 0$ 时是光滑的. 则

$$\Delta U_{ij}^{(R)}(x-y) + \frac{\partial}{\partial x_i} q_j^{(R)}(x-y) = \delta_{ij} \Delta^2 [\psi_R(x-y)\Phi(|x-y|)] = H_{ij}^{(R)}(x-y),$$

$$\frac{\partial}{\partial x_i} U_{ij}^{(R)}(x-y) = 0,$$

现在选 Φ 作为双调和函数的基本解. 因此, 对于 $n = 3$,

$$\Phi(|x-y|) = -\frac{|x-y|}{8\pi}.$$

如果 $R \to \infty$, 此时没有 ψ_R, 相应的场 U 和 q 变为 (Lorentz, 1896, [82])

$$U_{ij}(x-y) = -\frac{1}{8\pi}\left[\frac{\delta_{ij}}{|x-y|} + \frac{(x_i-y_i)(x_j-y_j)}{|x-y|^3}\right],$$

$$q_j(x-y) = \frac{1}{4\pi}\frac{(x_j-y_j)}{|x-y|^3}.$$

因此, 对于 $x \neq y$, 我们有

$$\Delta U_{ij}(x-y) + \frac{\partial}{\partial x_i} q_j(x-y) = 0,$$

$$\frac{\partial}{\partial x_i} U_{ij}(x-y) = 0,$$

对 $|\alpha| \geqslant 0$ 满足

$$D^\alpha U(x) = O(|x|^{-n-|\alpha|+2}) = O(|x|^{-1-|\alpha|}),$$

$$D^\alpha q(x) = O(|x|^{-2-|\alpha|}) = O(|x|^{-2-|\alpha|}).$$

但是对这里的 ψ_R, 我们有

$$U_{ij}^{(R)}(x-y) = U_{ij}(x-y), \quad q_j^{(R)}(x-y) = q_j(x-y), \quad \text{如果} \ |x-y| \leqslant R/2;$$

$$U_{ij}^{(R)}(x-y) = q_j^{(R)}(x-y) = 0, \quad \text{如果} \ |x-y| \geqslant R,$$

满足

$$D^\alpha U^{(R)}(x) = O(|x|^{-1-|\alpha|}), \quad D^\alpha q^{(R)}(x) = O(|x|^{-2-|\alpha|}), \quad |\alpha| \geqslant 0,$$

$$D^\alpha H_{ij}^{(R)}(x-y) = O(|x-y|^{-3-|\alpha|}).$$

令

$$u(y) = u_j^{(R)}(x - y) = (U_{1j}^{(R)}(x - y), \cdots, U_{3j}^{(R)}(x - y)),$$

$$\pi(y) = q_j^{(R)}(x - y),$$

则其是下述方程在 $\mathbb{R}^3$ 中当 $g = 0$ 时的一个解, 并且 $f_j = H_{ij}^{(R)}(x - y)$, 即

$$(\text{SS}) \begin{cases} \Delta v = \nabla p + \vec{f}_j, & \text{于 } \mathbb{R}^3, \\ \nabla \cdot v = g, & \text{于 } \mathbb{R}^3. \end{cases} \tag{2.2}$$

2.1.2 局部 Stokes 流的解公式

回顾第 1 章,

$$\int_{\Omega} [(\Delta v - \nabla p) \cdot u - (\Delta u - \nabla \pi) \cdot v] = \int_{\partial \Omega} [u \cdot T(v, p) - v \cdot T(u, \pi)] \cdot n, \tag{2.3}$$

这里与流 v, p 相关的 Cauchy 应力张量 $T \equiv \{T_{ij} = T_{ij}(v, p)\}$ 由下式给出:

$$T_{ij} = -p\delta_{ij} + 2D_{ij},$$

其中

$$D_{ij} = D_{ij}(v) = \frac{1}{2}\left(\frac{\partial v_i}{\partial x_j} + \frac{\partial v_j}{\partial x_i}\right).$$

利用标准论证, 很容易从 (2.3) 推导出关于 v 和 p 的表示公式 (Odqvist, 1930, [86]). 事实上, 对固定的 j 和 $x \in \Omega$, 我们选取

$$u(y) = (U_{1,j}^{(R)}, \cdots, U_{3,j}^{(R)}), \quad \pi(y) = q_j(x - y)^{(R)}.$$

设 $\Omega_\epsilon = \Omega - B_\epsilon(x)$ 和 $f = \Delta v - \nabla p$, 则我们有

$$\int_{\Omega_\epsilon} f(y) \cdot u_j(x - y)\mathrm{d}y$$

$$= \int_{\Omega_\epsilon} H_{ij}^{(R)}(x - y) \cdot v_i(y)\mathrm{d}y$$

$$+ \int_{\partial \Omega} [u_j(x - y) \cdot T(v, p)(y) - v(y) \cdot T(u_j, q_j)(x - y)] \cdot n\mathrm{d}\sigma_y$$

$$+ \int_{\partial B_\epsilon(x)} [u_j(x - y) \cdot T(v, p)(y) - v(y) \cdot T(u_j, q_j)(x - y)] \cdot n\mathrm{d}\sigma_y.$$

显然

$$\lim_{\epsilon \to 0} \int_{\Omega_\epsilon} f(y) \cdot u_j(x-y) \mathrm{d}y = \int_\Omega f(y) \cdot u_j(x-y) \mathrm{d}y,$$

$$\lim_{\epsilon \to 0} \int_{\partial B_\epsilon(x)} [u_j(x-y) \cdot T(v,p)(y)] \cdot n \mathrm{d}\sigma_y = 0.$$

此外, 由于

$$T_{k\ell}(u_j, q_j) = \frac{1}{\omega_3} \frac{(x_k - y_k)(x_\ell - y_\ell)(x_j - y_j)}{|x-y|^5}, \quad \text{当 } y \to x,$$

通过一个简单的计算可以看出

$$\int_{\partial B_\epsilon(x)} [v(y) \cdot T(u_j, q_j)(x-y)] \cdot n \mathrm{d}\sigma_y = -v_j(x).$$

对所有的 $x \in \Omega$, 我们最后推导出关于 v_j, $j = 1, 2, 3$, 的下述表示公式:

$$v_j(x) = \int_\Omega U_{ij}^{(R)}(x-y) f_i(y) \mathrm{d}y - \int_\Omega H_{ij}^{(R)}(x-y) \cdot v_i(y) \mathrm{d}y$$

$$- \int_{\partial\Omega} [U_{ij}^{(R)}(x-y) T_{i\ell}(v,p)(y) - v_i(y) T_{i\ell}(u_j^{(R)}, q_j^{(R)})(x-y)] n_\ell(y) \sigma_y. \quad (2.4)$$

另外, 注意到对于任何的多重指标 α,

$$\Delta(D^\alpha v) - \nabla(D^\alpha p) = D^\alpha f,$$

对所有的 $x \in \Omega$, 易知

$$D^\alpha v_j(x) = \int_\Omega U_{ij}^{(R)}(x-y) D^\alpha f_i(y) \mathrm{d}y - \int_{\partial\Omega} [U_{ij}^{(R)}(x-y) T_{i\ell}(D^\alpha v, D^\alpha p)(y)$$

$$- D^\alpha v_i(y) T_{i\ell}(u_j^{(R)}, q_j^{(R)})(x-y)] n_\ell(y) \sigma_y$$

$$- \int_\Omega H_{ij}^{(R)}(x-y) D^\alpha v_i(y) \mathrm{d}y. \quad (2.5)$$

2.1.3　速度收敛性的证明

如果我们取 $d = R$ 和 $\Omega = B_d(x)$, 那么我们得到

$$v_j(x) = \int_{B_d(x)} U_{ij}^{(d)}(x-y) f_i(y) \mathrm{d}y - \int_{B_d(x) \backslash B_{d/2}(x)} H_{ij}^{(d)}(x-y) \cdot v_i(y) \mathrm{d}y = I_1 + I_2.$$

注意到, 在 $B_d(x)$ 中有

$$|U_{ij}^{(d)}(x-y)| \leqslant \frac{C}{|x-y|}, \quad |H_{ij}^{(d)}(x-y)| \leqslant \frac{C}{|x-y|^3}.$$

对于 Navier-Stokes 方程的弱解 $f_i = v \cdot \nabla v_i$, 由 $\nabla v \in L^2(\mathbb{R}^3)$ 和

$$\lim_{|x| \to \infty} \int_{S^2} |v(x)| \mathrm{d}S_x = 0,$$

根据定理 1.5, 我们有

$$\|v - v_0\|_{L^6(\mathbb{R}^3)} \leqslant C\|\nabla u\|_{L^2(\mathbb{R}^3)}$$

和 $v_0 = 0$. 因此, 当 $|x| \to \infty$ 时有

$$I_1 \leqslant C \left\| \frac{v}{|x-y|} \right\|_{L^2(\mathbb{R}^3)} \|\nabla v\|_{L^2(B_d(x))} \to 0$$

和

$$I_2 \leqslant Cd^{-3} \|1\|_{L^{\frac{6}{5}}(B_d(x))} \|v\|_{L^6(B_d(x))} \to 0.$$

即

$$\lim_{|x| \to \infty} |v(x)| = 0.$$

另外, 根据 Stokes 估计可知 $v \cdot \nabla v,\ \Delta v \in L^s(\mathbb{R}^3)$ 且 $s \in \left[\dfrac{3}{2}, 2 \right]$. 类似地, 我们有

$$Dv_j(x) = \int_{B_d(x)} U_{ij}^{(d)}(x-y) D(v \cdot \nabla v_i(y)) \mathrm{d}y$$

$$- \int_{B_d(x) \setminus B_{d/2}(x)} H_{ij}^{(d)}(x-y) \cdot Dv_i(y) \mathrm{d}y = I_1' + I_2',$$

直接的估计可得

$$I_1' \leqslant C \left\| \frac{Dv}{|x-y|} \right\|_{L^2(\mathbb{R}^3)} \|\nabla v\|_{L^2(B_d(x))} + C \left\| \frac{v}{|x-y|} \right\|_{L^2(\mathbb{R}^3)} \|\nabla^2 v\|_{L^2(B_d(x))} \to 0$$

和

$$I_2' \leqslant Cd^{-3}\|1\|_{L^{\frac{6}{5}}(B_d(x))}\|\nabla v\|_{L^6(B_d(x))} \to 0.$$

此外, 注意到

$$\lim_{|x|\to\infty} |D^\alpha v(x)| = 0.$$

再由 $\nabla p \in L^2(\mathbb{R}^3)$ 和 $\nabla^2 p \in L^2(\mathbb{R}^3)$, 存在一个常数 p_1 使得

$$\lim_{|x|\to\infty} |p(x) - p_1| = 0.$$

另外, 有

$$\lim_{|x|\to\infty} |D^\alpha p(x)| = 0.$$

证毕.

注 2.1 条件

$$\lim_{|x|\to\infty} \int_{S^2} |v(x)| \mathrm{d}S_x = 0$$

不是必须的. 此时, 我们有

$$\|v - v_0\|_{L^6(\mathbb{R}^3)} \leqslant C\|\nabla u\|_{L^2(\mathbb{R}^3)},$$

且对于 $w = v - v_0$,

$$\begin{aligned}
I_1 \leqslant\ & C\left\|\frac{w}{|x-y|}\right\|_{L^2(\mathbb{R}^3)} \|\nabla w\|_{L^2(B_d(x))} \\
& + C|v_0| \left\|\frac{1}{|x-y|}\right\|_{L^2(B_d(x))} \|\nabla w\|_{L^2(B_d(x))} \to 0.
\end{aligned}$$

因此

$$\lim_{|x|\to\infty} |v(x) - v_0| = 0.$$

2.2 结 构 方 程

要证明 Liouville 定理, 一般来说, 可用的方程结构不多, 研究者一般从以下几点入手.

(i) 速度方程和基本能量估计:

$$-\Delta u + u \cdot \nabla u = -\nabla p.$$

通常做法: 在上式两端乘以 ϕu 然后积分. 假设 $u \in L^{\frac{9}{2}}(\mathbb{R}^3)$ 可以得到 Liouville 定理, 参见 Galdi [40]; Chae-Wolf [20] 改进到 $\int_{\mathbb{R}^3} |u|^{\frac{9}{2}} \left\{ \ln\left(2 + \frac{1}{|u|}\right) \right\}^{-1} dx < \infty$; 更多可参见 Seregin-Wang [96], Tsai [100] 等的诸多推广结果.

(ii) 涡量方程: 令 $w = \nabla \times u$,

$$-\Delta w + u \cdot \nabla w = w \cdot \nabla u.$$

由于 $w \cdot \nabla u$ 的存在, 此结构几乎不起作用.

(iii) 涉及总压力 $Q = \frac{|u|^2}{2} + p$ 的一些方程:

$$-u \times \mathrm{curl}\, u = -\nabla\left(\frac{|u|^2}{2}\right) + u \cdot \nabla u = -\nabla Q + \triangle u, \tag{2.6}$$

$$\Delta Q - u \cdot \nabla Q = |w|^2, \tag{2.7}$$

$$\Delta(|u|^2/2) - u \cdot \nabla Q = |\nabla u|^2. \tag{2.8}$$

Chae [14] 中, 利用 (2.6) 在 $\Delta u \in L^{\frac{6}{5}}(\mathbb{R}^3)$ 的假设下证明了解是平凡的. 这时候可以利用极大值原理: $Q < 0$ 于 $\mathbb{R}^3$. 注意到 $\|\Delta u\|_{L^{\frac{6}{5}}(\mathbb{R}^3)}$ 和 $\|\nabla u\|_{L^2(\mathbb{R}^3)}$ 具有相同的伸缩性. 当 $\nabla\sqrt{-Q} \in L^2(\mathbb{R}^3)$ 时, Chae 在 [15] 中利用 (2.7) 证明了解是平凡的. 此时, $\|\nabla\sqrt{-Q}\|_{L^2(\mathbb{R}^3)}$ 和 $\|\nabla u\|_{L^2(\mathbb{R}^3)}$ 也具有相同的伸缩性. 这两个结果在伸缩性方面比较靠近 Galdi 或 Tsai 书的公开问题. 此外, Chae 在 [16] 中利用 (2.8) 也证明了一个新的结果. 详细的内容下面慢慢展开.

2.3 速度方程与 Bogovskii 映射定理

2.3.1 Galdi 的 $L^{\frac{9}{2}}$ 准则

定理 2.2 (Galdi, 1992, [40]) 在条件 (0.1), (0.2) 与 (0.3) 下, 另外假设 $u \in L^{\frac{9}{2}}(\mathbb{R}^3)$, 则 Liouville 定理成立.

定理 2.2 的证明. 事实上, 按照 [96] 中的想法, (0.2) 和 (0.3) 不是必须的. 给定 $R > 0$, 固定 ϱ 和 r 使得 $\dfrac{3R}{4} \leqslant \varrho < r \leqslant R$. 现在, 我们取一个截断函数 $\phi(x) \in C_0^\infty(B(R))$ 满足下述条件: $0 \leqslant \phi \leqslant 1$, 当 $x \in B(\varrho)$ 时 $\phi(x) = 1$, 当 $x \in B(r)^c$ 时 $\phi(x) = 0$, 且 $|\nabla\phi(x)| \leqslant C/(r - \varrho)$.

另外我们假设函数 $\phi(x) = \phi(|x|)$, 即它只取决于到原点的距离. 在这种情况下, 易知

$$\int_{B(r)\backslash B(2r/3)} \nabla\phi \cdot u\,\mathrm{d}x = 0.$$

则由引理 1.4(或者 [40] 中定理 III. 3.4) 的 Bogovskii 映射性质和伸缩性知, 对任意的 $1 < s < \infty$, 存在一个常数 $C_0(s)$ 和一个函数 $w \in W^{1,s}(B(r))$ 使得 $\mathrm{div}\,w = \nabla\phi \cdot u$ 于 $B(r)$, $w = 0$ 于 $\partial B(r) \cup \partial B(2r/3)$, 且

$$\int_{B(r)\backslash B(2r/3)} |\nabla w|^s\mathrm{d}x \leqslant C_0(s) \int_{B(r)\backslash B(2r/3)} |\nabla\phi \cdot u|^s\mathrm{d}x. \tag{2.9}$$

函数 w 在集合 $B(r) \backslash B(2r/3)$ 之外被延拓为零.

在 (0.1) 两边同时乘以 $(\phi u - w)$, 然后分部积分, 可以得到

$$\int_{B(r)} \phi|\nabla u|^2\mathrm{d}x$$
$$= -\int_{B(r)} \nabla u : (\nabla\phi \otimes u)\mathrm{d}x + \int_{B(r)} \nabla w : \nabla u\,\mathrm{d}x - \int_{B(r)} \nabla u : (\phi u \otimes u)\mathrm{d}x$$
$$+ \int_{B(r)} \nabla u : (u \otimes w)\mathrm{d}x = I_1 + \cdots + I_4. \tag{2.10}$$

显然, 因为 $R \geqslant r > \varrho \geqslant 3R/4 > R/2$, 有

$$|I_1| \leqslant C\frac{1}{r-\rho}\Big(\int_{B(r)} |\nabla u|^2\mathrm{d}x\Big)^{\frac{1}{2}}\Big(\int_{B(r)\backslash B(\varrho)} |u|^2\mathrm{d}x\Big)^{\frac{1}{2}}$$
$$\leqslant C\frac{1}{r-\rho}\Big(\int_{B(r)} |\nabla u|^2\mathrm{d}x\Big)^{\frac{1}{2}}\Big(\int_{B(R)\backslash B(R/2)} |u|^2\mathrm{d}x\Big)^{\frac{1}{2}}$$

和

$$|I_2| \leqslant C\Big(\int_{B(r)} |\nabla u|^2\mathrm{d}x\Big)^{\frac{1}{2}}\|\nabla w\|_{L_2(B(r)\backslash B(2r/3))}$$
$$\leqslant C\frac{1}{r-\rho}\|\nabla u\|_{L_2(B(r))}\|u\|_{L_2(B(R)\backslash B(R/2))}.$$

此外, (2.9) 中的非线性项可以进行如下处理:

$$I_3 + I_4 \leqslant C\frac{1}{r-\rho}\int_{B(R)\backslash B(R/2)}|u|^3\mathrm{d}x.$$

因此,

$$\int_{B(\rho)}|\nabla u|^2\mathrm{d}x \leqslant \frac{1}{2}\int_{B(r)}|\nabla u|^2\mathrm{d}x + C\frac{1}{|r-\rho|^2}\int_{B(R)\backslash B(R/2)}|u|^2\mathrm{d}x$$

$$+ C\frac{1}{r-\rho}\int_{B(R)\backslash B(R/2)}|u|^3\mathrm{d}x.$$

应用 [41] 中的 Giaquinta 迭代引理, 我们有

$$\int_{B(R/2)}|\nabla u|^2\mathrm{d}x \leqslant C\frac{1}{R^2}\int_{B(R)\backslash B(R/2)}|u|^2\mathrm{d}x + CR^{-1}\int_{B(R)\backslash B(R/2)}|u|^3\mathrm{d}x. \quad (2.11)$$

关键项为

$$R^{-1}\int_{B(R)\backslash B(R/2)}|u|^3\mathrm{d}x \leqslant C\|u\|_{L^{\frac{9}{2}}(B(R)\backslash B(R/2))}^3 \to 0,$$

当 $R \to \infty$.

注 2.2(定理 X.9.5, [40], P729) I_3, I_4 两项是通过 Stokes 估计得到 (Caldron-Zygmund 估计). 推广到分数次方程的结果, 见 Wang-Xie [110], Yang [113] 等.

2.3.2 Chae-Wolf 的 Log 改进结果

定理 2.3(Chae-Wolf, 2016, [20]) 在条件 (0.1) 和 (0.2) 下, 假设

$$\int_{\mathbb{R}^3}|u|^{\frac{9}{2}}\left\{\ln\left(2+\frac{1}{|u|}\right)\right\}^{-1}\mathrm{d}x < \infty,$$

则 Liouville 定理成立.

为了证明上述的定理, 我们先给出如下的定义与引理.

定义 2.1 设 $\phi \in C^2(\mathbb{R})$ 是一个 N-函数, 即 ϕ 是一个偶函数使得 $\phi(0) = 0$ 和

$$\lim_{t\to 0}\phi'(t) = 0, \quad \lim_{t\to\infty}\phi'(t) = 0.$$

对于 $1 < p_0 \leqslant p_1 < \infty$, 如果对任意的 $t \geqslant 0$,

$$(p_0 - 1)\phi'(t) \leqslant t\phi''(t) \leqslant (p_1 - 1)\phi'(t)$$

成立, 则我们称 ϕ 是 $N(p_0, p_1)$ 类的. 显然, 我们有

$$\phi(t) \leqslant t\phi'(t) \leqslant p_1\phi(t).$$

对于 $q > 1$, 设

$$\phi_q(t) = \int_0^t \frac{\xi^{q-1}}{\ln\left(\frac{1}{\xi} + 2\right)} \mathrm{d}\xi,$$

则 $\phi_q \in N(q, q + \ln^{-1} 2)$, 且

$$\phi_q(t) \sim t\phi_q'(t) = \frac{t^q}{\ln\left(\frac{1}{t} + 2\right)},$$

因此

$$\int_{\mathbb{R}^3} |u|^{\frac{9}{2}} \left\{ \ln\left(2 + \frac{1}{|u|}\right) \right\}^{-1} \mathrm{d}x < \infty,$$

即

$$\int_{\mathbb{R}^3} \phi_{\frac{9}{2}}(|u|) \mathrm{d}x < \infty,$$

对于全空间上的积分, 我们还有下述的衰减估计.

引理 2.1　设 $f \in L^1(\mathbb{R}^3)$. 则对任意的 $\varepsilon > 0$, 存在 $R > \varepsilon^{-1}$ 使得

$$\int_{B_R \setminus B_{R/2}} |f| \mathrm{d}x \leqslant \frac{\varepsilon}{\ln R}.$$

事实上, 如果上述结论不对, 对任意的 $k \in \mathbb{N}$ 和 $2^k \geqslant \varepsilon^{-1}$, 可知

$$\int_{B_{2^k} \setminus B_{2^{k-1}}} |f| \mathrm{d}x \geqslant \frac{\varepsilon}{k \ln 2},$$

其求和是有限的.

定理 2.3 的证明.　根据能量估计 (2.11), 为了证明当 $R_k \to \infty$ 时, 下式成立

$$\int_{B(R_k)} |\nabla u|^2 \mathrm{d}x \to 0.$$

只需证明

$$R^{-1} \int_{B(R) \setminus B(R/2)} |u|^3 \mathrm{d}x \to 0, \quad R \to \infty,$$

令

$$\phi_q(t) = \int_0^t \frac{\xi^{q-1}}{\ln\left(\frac{1}{\xi} + 2\right)} \mathrm{d}\xi,$$

则

$$\int_{\mathbb{R}^3} \phi_{\frac{9}{2}}(|u|)\mathrm{d}x < \infty.$$

这表明

$$\ln R \int_{B_R \setminus B_{R/2}} \frac{|u|^{\frac{9}{2}}}{\ln\left(\dfrac{1}{|u|} + 2\right)} \mathrm{d}x \leqslant C\varepsilon.$$

则利用 $\phi_{\frac{3}{2}}$ 的凸性和 Jensen 不等式, 可知

$$\phi_{\frac{3}{2}}\left(\frac{1}{|B_R \setminus B_{R/2}|} \int_{B_R \setminus B_{R/2}} R^2|u|^3 \mathrm{d}x\right)$$

$$\leqslant \frac{1}{|B_R \setminus B_{R/2}|} \int_{B_R \setminus B_{R/2}} \phi_{\frac{3}{2}}(R^2|u|^3)\mathrm{d}x$$

$$\leqslant \int_{B_R \setminus B_{R/2}} \frac{|u|^{\frac{9}{2}}}{\ln\left(\dfrac{1}{R^2|u|^3} + 2\right)} \mathrm{d}x = \int_{A_1} + \int_{A_2} = I_1 + I_2,$$

其中

$$A_1 = \{x \in B_R \setminus B_{R/2}; R^2|u|^3 \leqslant \varepsilon\},$$
$$A_2 = \{x \in B_R \setminus B_{R/2}; R^2|u|^3 > \varepsilon\}.$$

首先, 对于 I_1,

$$\int_{A_1} \frac{|u|^{\frac{9}{2}}}{\ln\left(\dfrac{1}{R^2|u|^3} + 2\right)} \mathrm{d}x \leqslant \varepsilon^{\frac{3}{2}},$$

另外, 对于 I_2,

$$\ln \frac{1}{|u|} + 2 \leqslant C\left(\ln \frac{1}{|u|^3} + 2\right) \leqslant C\left(\ln \frac{1}{\varepsilon R^{-2}} + 2\right) \leqslant C\ln R.$$

则

$$\int_{A_2} \frac{|u|^{\frac{9}{2}}}{\ln\left(\dfrac{1}{R^2|u|^3} + 2\right)} \mathrm{d}x \leqslant C\int_{A_2} |u|^{\frac{9}{2}}\mathrm{d}x \leqslant C\ln R \int_{A_2} \frac{|u|^{\frac{9}{2}}}{\ln\left(\dfrac{1}{|u|} + 2\right)} \mathrm{d}x \leqslant C\varepsilon,$$

这表明

$$\phi_{\frac{3}{2}}\left(\frac{1}{|B_R \setminus B_{R/2}|}\int_{B_R \setminus B_{R/2}} R^2 |u|^3 \mathrm{d}x\right) \to 0.$$

证毕.

2.3.3　排除 $\dot{L}^{\frac{9}{2},\infty}(\mathbb{R}^3)$ 空间

为了改进 Galdi 或者 Chae-Wolf 的结果, 通过一个新的 Caccioppoli 不等式, 我们将证明环上的 Morrey 范数蕴含 Liouville 定理成立, 参考 [96].

首先, 定义

$$M_{\gamma,q,\ell}(R) := R^{\gamma - \frac{3}{q}} \|u\|_{L^{q,\ell}(B_R \setminus B_{R/2})},$$

其中 $B(R) = B(0,R)$.

我们的结果如下:

定理 2.4(Seregin-Wang, 2020, [96])　设 u 和 p 是 (0.1) 的光滑解.

(i) 对于 $q > 3$, $3 \leqslant \ell \leqslant \infty$ (或者 $q = \ell = 3$), $\gamma = \dfrac{2}{3}$, 假设

$$\liminf_{R \to \infty} M_{\frac{2}{3},q,\ell}(R) < \infty, \tag{2.12}$$

则

$$D(u) := \int_{\mathbb{R}^3} |\nabla u|^2 \mathrm{d}x \leqslant c(q,\ell) \liminf_{R \to \infty} M_{\frac{2}{3},q,\ell}^3(R). \tag{2.13}$$

另外, 如果

$$\liminf_{R \to \infty} M_{\frac{2}{3},q,\ell}^3(R) \leqslant \delta D(u), \tag{2.14}$$

对某个 $0 < \delta < 1/c(q,\ell)$, 则 $u \equiv 0$.

(ii) 对于 $q = \dfrac{12}{5}$, $1 \leqslant \ell \leqslant \infty$, $\gamma > \dfrac{1}{3} + \dfrac{1}{q}$, 假设

$$\liminf_{R \to \infty} M_{\gamma,q,\ell}(R) < \infty \tag{2.15}$$

成立, 则 $u \equiv 0$.

注 2.3　上述定理蕴含下列条件之一推出 Liouville 定理成立.

(1) $\|u\|_{L^{\frac{9}{2},\infty}(B(R) \setminus B(R/2))} \to 0$, 或者

$$u \in \dot{L}^{\frac{9}{2},\infty}(\mathbb{R}^3) = [C_0^\infty(\mathbb{R}^3)]^{L^{\frac{9}{2},\infty}(\mathbb{R}^3)};$$

(2) 对于 $q > 3$,

$$\liminf_{R \to \infty} R^{\frac{2}{3} - \frac{3}{q}} \|u\|_{L^{q,\infty}(B_R \setminus B_{R/2})} = 0;$$

(3)

$$\liminf_{R \to \infty} R^{-\frac{1}{3}} \|u\|_{L^3(B_R \setminus B_{R/2})} = 0;$$

(4) $12/5 < q < 3$, $\gamma > \dfrac{1}{3} + \dfrac{1}{q}$,

$$\liminf_{R \to \infty} R^{\gamma - \frac{3}{q}} \|u\|_{L^{q,\infty}(B_R \setminus B_{R/2})} = 0.$$

注 2.4 将空间 $L^{\frac{9}{2}} \log(\mathbb{R}^3)$ 写为

$$L^{\frac{9}{2}} \log(\mathbb{R}^3) := \left\{ u : \int_{\mathbb{R}^3} |u|^{\frac{9}{2}} \left\{ \ln(2 + \frac{1}{|u|}) \right\}^{-1} \mathrm{d}x < \infty \right\},$$

则

$$v = |x|^{-\frac{2}{3}} [\ln \ln(|x| + e)]^{-\delta} \notin L^{\frac{9}{2}} \log(\mathbb{R}^3), \quad 0 < \delta \leqslant \frac{2}{9}.$$

然而, 如果 $u \leqslant \dfrac{C}{|x|^{\frac{2}{3}} [\ln \ln(|x| + e)]^\delta}$ 和任意的 $\delta > 0$, 我们有

$$R^{-\frac{1}{3}} \|u\|_{L^3(B_R \setminus B_{R/2})} \to 0, \quad \text{当 } R \to \infty.$$

因此存在满足情况 (ii) 的例子, 不包含在 Chae-Wolf [20] 的结果中. 另外, 当 $u \in L^{\frac{9}{2}} \log(\mathbb{R}^3)$, 我们有

$$\lim_{R \to \infty} (\ln R) \int_{B_R \setminus B_{R/2}} \frac{|u|^{\frac{9}{2}}}{\ln \left(2 + \dfrac{1}{|u|} \right)} \mathrm{d}x = 0,$$

(参见 [20] 中的引理 2.3). 然后通过辅助凸单调函数和 Jensen 不等式的类似论证 (参见定理 1.1, P5550, [20]), 可知

$$\liminf_{R \to \infty} R^{-1} \left(\int_{B_R \setminus B_{R/2}} |u|^3 \mathrm{d}x \right) = 0.$$

因此, 情况 (ii) 是 Chae-Wolf 的结果的改进. 更多关于 Morrey 空间的结果见 Chamorro-Jarrin-Lemarie-Rieusset[24], Jarrín [47], Jarrin [48], Li-Su [76], Ding-Wu [30] 等.

命题 2.1　设 u 和 p 是 (0.1) 的光滑函数. 则下述 Caccioppoli 型不等式成立: 如果 $q > 3$ 和 $1 \leqslant \ell \leqslant \infty$, 则

$$\int_{B(R/2)} |\nabla u|^2 \mathrm{d}x \leqslant CR^{-2} \int_{B(R)\backslash B(R/2)} |u|^2 \mathrm{d}x + CR^{2-\frac{9}{q}} \|u\|^3_{L^{q,\ell}(B(R)\backslash B(R/2))}. \quad (2.16)$$

如果 $0 < \delta \leqslant 1$, $3 > q > \dfrac{6(3-\delta)}{6-\delta}$, 则

$$\int_{B(R/2)} |\nabla u|^2 \mathrm{d}x \leqslant \frac{C}{R^2} \int_{B(R)\backslash B(R/2)} |u|^2 \mathrm{d}x$$

$$+ C(\delta) \left(\|u\|^{3-\delta}_{L^{q,\infty} 2(B(R)\backslash B(R/2))} R^{2-\frac{9-3\delta}{q}-\frac{\delta}{2}} \right)^{\frac{2}{2-\delta}}. \quad (2.17)$$

证明　给定 $R > 0$, 固定 ϱ 和 r 使得 $3R/4 \leqslant \varrho < r \leqslant R$. 现在, 我们取一个截断函数 $\phi(x) \in C_0^\infty(B(R))$ 满足下述条件: $0 \leqslant \phi \leqslant 1$, 当 $x \in B(\varrho)$ 时 $\phi(x) = 1$, 当 $x \in B(r)^c$ 时 $\phi(x) = 0$, 且 $|\nabla \phi(x)| \leqslant c/(r-\varrho)$.

我们另外假设函数 $\phi(x) = \phi(|x|)$, 即它只取决于到原点的距离. 在这种情况下, 易知

$$\int_{B(r)\backslash B(2r/3)} \nabla \phi \cdot u \mathrm{d}x = 0.$$

则由引理 1.4, 对任意的 $1 < s < \infty$, 存在一个常数 $C_0(s)$ 和一个函数 $w \in W^{1,s}(B(r))$ 使得 $\mathrm{div} w = \nabla \phi \cdot u$ 于 $B(r)$, $w = 0$ 于 $\partial B(r) \cup \partial B(2r/3)$, 且

$$\int_{B(r)\backslash B(2r/3)} |\nabla w|^s \mathrm{d}x \leqslant C_0(s) \int_{B(r)\backslash B(2r/3)} |\nabla \phi \cdot u|^s \mathrm{d}x.$$

函数 w 在集合 $B(r) \backslash B(2r/3)$ 之外被延拓为零. 另外因为 u 是光滑的, 实际上它也是光滑的.

根据 Marcinkiewicz 插值定理, 对任意的 $1 < q < \infty$ 和 $1 \leqslant \ell \leqslant \infty$, 我们发现

$$\|\nabla w\|_{L^{q,\ell}(B(r)\backslash B(2r/3))} \leqslant C_0(q) \|\nabla \phi \cdot u\|_{L^{q,\ell}(B(r)\backslash B(2r/3))}.$$

在 (0.1) 两端同时乘以 $(\phi u - w)$, 然后分部积分可以得到

$$\int_{B(r)} \phi |\nabla u|^2 \mathrm{d}x = -\int_{B(r)} \nabla u : (\nabla \phi \otimes u) \mathrm{d}x + \int_{B(r)} \nabla w : \nabla u \mathrm{d}x$$

$$- \int_{B(r)} \nabla u : (\phi u \otimes u) \mathrm{d}x + \int_{B(r)} \nabla u : (u \otimes w) \mathrm{d}x$$

$$= I_1 + \cdots + I_4.$$

显然, 由于 $R \geqslant r > \varrho \geqslant 3R/4 > R/2$, 有

$$|I_1| \leqslant C \frac{1}{r-\rho} \Big(\int_{B(r)} |\nabla u|^2 \mathrm{d}x \Big)^{\frac{1}{2}} \Big(\int_{B(r) \backslash B(\varrho)} |u|^2 \mathrm{d}x \Big)^{\frac{1}{2}}$$

$$\leqslant C \frac{1}{r-\rho} \Big(\int_{B(r)} |\nabla u|^2 \mathrm{d}x \Big)^{\frac{1}{2}} \Big(\int_{B(R) \backslash B(R/2)} |u|^2 \mathrm{d}x \Big)^{\frac{1}{2}}$$

和

$$|I_2| \leqslant C \Big(\int_{B(r)} |\nabla u|^2 \mathrm{d}x \Big)^{\frac{1}{2}} \| \nabla w \|_{L_2(B(r) \backslash B(2r/3))}$$

$$\leqslant C \frac{1}{r-\rho} \| \nabla u \|_{L_2(B(r))} \| u \|_{L_2(B(R) \backslash B(R/2))}.$$

现在, 我们的目标是来证明 (2.16). 为此, 假设 $q > 3$ 和 $\ell \geqslant 3$, 让我们在 Lorentz 空间利用分部积分和 Hölder 不等式来估计 I_3. 事实上,

$$|I_3| = \frac{1}{2} \Big| \int_{B(r) \backslash B(\varrho)} u \cdot \nabla \phi |u|^2 \mathrm{d}x \Big|$$

$$\leqslant C \| u \cdot \nabla \phi \|_{L^{\frac{q}{q-2}, \frac{\ell}{\ell-2}} (B(r) \backslash B(\varrho))} \big\| |u|^2 \big\|_{L^{\frac{q}{2}, \frac{\ell}{2}} (B(r) \backslash B(\varrho))}$$

$$\leqslant C \frac{1}{r-\varrho} \| u \|_{L^{q,\ell}(B(R) \backslash B(R/2))}^3 \| 1 \|_{L^{\frac{q}{q-3}, \frac{\ell}{\ell-3}} (B(R) \backslash B(R/2))}$$

$$\leqslant C \frac{1}{r-\rho} \| u \|_{L^{q,\ell}(B(R) \backslash B(R/2))}^3 R^{3-\frac{9}{q}}.$$

如果我们使用具有合适指标的 w 的梯度的估计, 则可以类似的估计 I_4:

$$|I_4| = \Big| \int_{B(r) \backslash B(2r/3)} \nabla w : u \otimes u \mathrm{d}x \Big|$$

$$\leqslant C \| \nabla w \|_{L^{\frac{q}{q-2}, \frac{\ell}{\ell-2}} (B(r) \backslash B(2r/3))} \big\| |u|^2 \big\|_{L^{\frac{q}{2}, \frac{\ell}{2}} (B(r) \backslash B(2r/3)}$$

$$\leqslant C \| u \cdot \nabla \phi \|_{L^{\frac{q}{q-2}, \frac{\ell}{\ell-2}} (B(r) \backslash B(2r/3))} \| u \|_{L^{q,\ell}(B(r) \backslash B(2r/3))}^2$$

$$\leqslant \frac{C}{\tau - \rho} \| u \|_{L^{q,\ell}(B(R) \backslash B(R/2))}^3 R^{3-\frac{9}{q}}.$$

因此, 我们得到

$$\int_{B(\rho)} |\nabla u|^2 \mathrm{d}x \leqslant \frac{1}{2} \int_{B(r)} |\nabla u|^2 \mathrm{d}x + \frac{C}{(r-\rho)^2} \Big(\int_{B(R) \backslash B(R/2)} |u|^2 \mathrm{d}x \Big)$$

$$+ \frac{C}{r-\rho} \|u\|_{L^{q,\ell}(B(R)\backslash B(R/2))}^3 R^{3-\frac{9}{q}},$$

利用标准的迭代, 可以得到 (2.16).

现在, 让我们来证明这个命题的第二个不等式. 为此, 我们引入 $\bar{u} = u - [u]_{B(r)\backslash B(2r/3)}$, 其中 $[u]_\Omega$ 表示 u 在区域 Ω 上的均值. 利用分部积分, 我们发现

$$\begin{aligned}
I_3 &= -\frac{1}{2} \int_{B(r)} \phi u \cdot \nabla(|u|^2) \mathrm{d}x \\
&= -\frac{1}{2} \int_{B(r)} \phi u \cdot \nabla(|u|^2 - |[u]_{B(r)\backslash B(2r/3)}|^2) \mathrm{d}x \\
&= \frac{1}{2} \int_{B(r)\backslash B(\varrho)} (u \cdot \nabla\phi)(|u|^2 - |[u]_{B(r)\backslash B(2r/3)}|^2) \mathrm{d}x,
\end{aligned}$$

另外, 由 $2r/3 < 3R/4 \leqslant \varrho$, 有

$$|I_3| \leqslant \frac{C}{r-\varrho} \int_{B(r)\backslash B(2r/3)} |u||\bar{u}||u + [u]_{B(r)\backslash B(2r/3)}| \mathrm{d}x.$$

在我们对 q 和 δ 的假设下, 以下是正确的:

$$0 < \beta = 1 - \frac{3-\delta}{q} - \frac{\delta}{6} < 1.$$

因此, 在 Lorentz 空间运用 Hölder 不等式, 我们有

$$\begin{aligned}
|I_3| &\leqslant \frac{C}{r-\varrho} \int_{B(r)\backslash B(2r/3)} |u||\bar{u}|^{1-\delta}|\bar{u}|^\delta |u + [u]_{B(r)\backslash B(2r/3)}| \mathrm{d}x \\
&\leqslant \frac{C}{r-\varrho} \|u\|_{L^{q,\infty}(B(r)\backslash B(2r/3))} \||\bar{u}|^{(1-\delta)}\|_{L^{\frac{q}{1-\delta},\infty}(B(r)\backslash B(2r/3))} \||\bar{u}|^\delta\|_{L^{\frac{6}{\delta}}(B(r)\backslash B(2r/3))} \\
&\quad \times \|1\|_{L^{\frac{1}{\beta},\frac{6}{6-\delta}}(B(r)\backslash B(2r/3))} \|u + [u]_{B(r)\backslash B(2r/3)}\|_{L^{q,\infty}(B(r)\backslash B(2r/3))} \\
&\leqslant \frac{C}{r-\varrho} \|u\|_{L^{q,\infty}(B(r)\backslash B(R/2))} \|\bar{u}\|_{L^{q,\infty}(B(r)\backslash B(2r/3))}^{1-\delta} \|\bar{u}\|_{L^6(B(r)\backslash B(2r/3))}^\delta \\
&\quad \times R^{3\beta} \|u + [u]_{B(r)\backslash B(2r/3)}\|_{L^{q,\infty}(B(r)\backslash B(2r/3))}.
\end{aligned}$$

由 Gagliardo-Nireberg-Sobolev 不等式和

$$\|[u]_{B(r)\backslash B(2r/3)}\|_{L^{q,\infty}(B(r)\backslash B(2r/3))} \leqslant c\|u\|_{L^{q,\infty}(B(r)\backslash B(2r/3))},$$

我们可以将 $|I_3|$ 的估计转换为以下最终形式:

$$|I_3| \leqslant \frac{C}{r-\varrho} R^{3\beta} \|u\|_{L^{q,\infty}(B(r)\backslash B(R/2))}^{3-\delta} \|\nabla u\|_{L^2(B(r)\backslash B(2r/3))}^\delta$$

$$\leqslant \frac{C}{r-\varrho} R^{3\beta} \|u\|_{L^{q,\infty}(B(r)\backslash B(R/2))}^{3-\delta} \|\nabla u\|_{L^2(B(r)\backslash B(R/2))}^{\delta}$$

$$\leqslant \frac{1}{9} \int_{B(r)\backslash B(R/2)} |\nabla u|^2 dx + C(\delta)\Big(\frac{R^{3\beta}}{r-\varrho} \|u\|_{L^{q,\infty}(B(r)\backslash B(R/2))}^{3-\delta}\Big)^{\frac{2}{2-\delta}}.$$

接下来, 我们的目标是估计 I_4. 利用类似的论证, 我们有

$$|I_4| = \Big| \int_{B(r)\backslash B(2r/3)} (u\cdot\nabla u)\cdot w \mathrm{d}x \Big| = \Big| \int_{B(r)\backslash B(2r/3)} (u\cdot\nabla w)\cdot\bar{u}\mathrm{d}x \Big|$$

$$\leqslant \|\nabla w\|_{L^{q,\infty}(B(r)\backslash B(2r/3))} \|\bar{u}\|_{L^{q,\infty}(B(r)\backslash B(2r/3))}^{1-\delta} \|\bar{u}\|_{L^6(B(r)\backslash B(2r/3))}^{\delta}$$

$$\times R^{3\beta} \|u\|_{L^{q,\infty}(B(r)\backslash B(2r/3))}.$$

考虑到 w 梯度的界, 我们得出了与 I_3 情况下类似的估计. 因此, 结合 $I_1, \cdots, I_4$ 的估计, 可知

$$\int_{B(\varrho)} |\nabla u|^2 \mathrm{d}x \leqslant \frac{1}{2} \int_{B(r)} |\nabla u|^2 \mathrm{d}x + \frac{C}{(r-\rho)^2}\Big(\int_{B(R)\backslash B(R/2)} |u|^2 \mathrm{d}x\Big)$$

$$+ C(\delta)\Big(\frac{R^{3\beta}}{(r-\varrho)} \|u\|_{L^{q,\infty}(B(R)\backslash B(R/2))}^{3-\delta}\Big)^{\frac{2}{2-\delta}},$$

对任意的 $\frac{3}{4}R \leqslant \varrho < \tau \leqslant R$. 因此, 我们得到 (2.17).

现在我们证明定理 2.4. 我们先来证明陈述 (i). 易知, 对于 $2 < q < 6$, 下述估计成立:

$$R^{-2}\Big(\int_{B(R)\backslash B(R/2)} |u|^2 \mathrm{d}x\Big) \leqslant C(q)R^{1-\frac{6}{q}} \|u\|_{L^{q,\infty}(B(R)\backslash B(R/2))}^2$$

$$\leqslant C(q)R^{-\frac{1}{3}} M_{\frac{2}{3},q,\ell}^2(R).$$

注意到条件 (2.12), 可知 (2.13) 成立, 进一步有 (2.14) 成立.

下面我们的目标是来证明陈述 (ii). 在 (2.17) 右端的第一项运用 Hölder 不等式, 我们发现

$$\int_{B(R/2)} |\nabla u|^2 \mathrm{d}x \leqslant CR^{\frac{1}{3}-\frac{2}{q}} M_{\frac{1}{3}+\frac{1}{q},q,\infty}^2(R) + C(\delta)\Big(\|u\|_{L^{q,\infty}2(B(R)\backslash B(R/2))}^{3-\delta} R^{3\beta-1}\Big)^{\frac{2}{2-\delta}}$$

$$\leqslant CR^{\frac{1}{3}-\frac{2}{q}} M_{\frac{1}{3}+\frac{1}{q},q,\infty}^2(R) + C\Big(M_{\gamma,q,\infty}^{3-\delta}(R) R^{3\beta-1-(\gamma-\frac{3}{q})(3-\delta)}\Big)^{\frac{2}{2-\delta}}$$

$$= CR^{\frac{1}{3}-\frac{2}{q}}M^2_{\frac{1}{3}+\frac{1}{q},q,\infty}(R) + C\left(M^{3-\delta}_{\gamma,q,\infty}(R)R^{2-\frac{\delta}{2}-\gamma(3-\delta)}\right)^{\frac{2}{2-\delta}}.$$

$$(2.18)$$

现在, 固定 $q \in [12/5, 3]$. 然后我们可以发现 q_1 具有下述性质:

$$q > q_1 > \frac{12}{5}, \qquad \gamma > \frac{1}{3} + \frac{1}{q_1} > \frac{1}{3} + \frac{1}{q}.$$

给定 q_1, 存在 $\delta \in [0, 1]$ 使得

$$q_1 = \frac{6(3-\delta)}{6-\delta} < q.$$

值得注意的是,

$$a := 2 - \frac{\delta}{2} - \gamma(3-\delta) = 2 - \frac{3(3-q_1)}{6-q_1} - \gamma\left(3 - \frac{6(3-q_1)}{6-q_1}\right)$$

$$= \frac{3 + q_1 - 3q_1\gamma}{6-q_1}.$$

但是 $\gamma > \frac{1}{3} + \frac{1}{q_1}$, 因此

$$a = 3q_1\frac{\frac{1}{3} + \frac{1}{q_1} - \gamma}{6-q_1} < 0.$$

令 $R \to \infty$, 我们完成了定理的证明.

2.3.4 进一步有趣的问题

关于 $q = \frac{12}{5}$ 的更多改进和推广, 可以参考 [100] 及其中的参考文献.

对于 $12/5 \leqslant q \leqslant 3$, 在 $L > 1$ 不同尺度的环面上:

$$\liminf_{R \to \infty} R^{\frac{1}{3}-\frac{3}{q}}\|u\|_{L^q(B_{LR} \backslash B_R)} = 0,$$

通过证明 Bogovskii 映射的下述估计:

引理 2.2 设 $R > 0, 1 < L < \infty, A = B_{LR} \backslash B_R$ 或者 $A = B_L^+R \backslash B_R^+$ 是 $\mathbb{R}^3$ 中的一个环或者半环. 则存在一个线性 Bogovskii 映射 Bog, 将一个标量函数 $f \in L_0^q(A), 1 < q < \infty$, 映射到一个向量场 $v = \mathrm{Bog}f \in W_0^{1,q}(A)$ 且

$$\mathrm{div}v = f, \quad \|v\|_{L^q} \leqslant \frac{C_q}{(L-1)L^{1-1/q}}\|f\|_{L^q(A)},$$

常数 C_q 不依赖于 L 和 R.

注 2.5 如果 $u \in L^{\frac{9}{2}+}(\mathbb{R}^3)$, 能否证明唯一性? 目前仍是未知的. 难点: 非线性项相对于 D-积分是次临界的, 这类似于 NS 的正则性问题, 非线性项对于抛物型能量泛函是超临界的.

2.4 利用总压力的 Liouville 型定理

2.4.1 $\|\Delta u\|_{L^{\frac{6}{5}}(\mathbb{R}^3)} < \infty$

定理 2.5 (Chae, 2014, [14]) 在条件 (0.1), (0.2) 和 (0.3) 下, 假设 $\Delta u \in L^{\frac{6}{5}}(\mathbb{R}^3)$, 则 Liouville 定理成立.

更多临界空间的研究, 见 Chae-Yoneda [23] 等.

定理 2.5 的证明. 不失一般性, 我们假设 $\lim_{|x|\to\infty} |p(x)| = 0$, 并记

$$Q(x) = \frac{1}{2}|u(x)|^2 + p(x),$$

则

$$\lim_{|x|\to\infty} |Q(x)| = 0.$$

另外, Q 的方程是

$$\Delta Q - u \cdot \nabla Q = |w|^2,$$

并且由最大值原理可以假设在 $\mathbb{R}^3$ 中 $Q < 0$. 利用 Sard 定理与隐函数定理可以假设 $\partial([Q(x)+\epsilon]_-)$ 是 $\mathbb{R}^3$ 中的光滑平面 (除了零测度 $\nabla Q \neq 0$ 之外的 $\epsilon > 0$).

对任意的 $\delta > 0$, 由 (2.6) 可知

$$-u \times \text{curl}u = -\nabla\left(\frac{|u|^2}{2}\right) + u \cdot \nabla u = -\nabla Q + \Delta u,$$

则有

$$\begin{aligned}
0 = &-\int_{\mathbb{R}^3} [Q(x)+\varepsilon]_-^\delta u \cdot \nabla(Q+\varepsilon)dx \\
&+ \int_{\mathbb{R}^3} [Q(x)+\varepsilon]_-^\delta u \cdot \Delta u dx = I_1' + I_2'.
\end{aligned} \tag{2.19}$$

因此, 可以得到

$$0 = -\int_{\mathbb{R}^3} [Q(x)+\varepsilon]_-^\delta |\nabla u|^2 dx + \frac{1}{2}\int_{\mathbb{R}^3} [Q(x)+\varepsilon]_-^\delta \Delta|u|^2 dx.$$

注意到 $\Delta u \in L^{\frac{6}{5}}(\mathbb{R}^3)$. 令 $\delta \to 0$, 则利用控制收敛定理可知

$$\int_{D_-^\varepsilon} |\nabla u|^2 \mathrm{d}x = \frac{1}{2} \int_{D_-^\varepsilon} \Delta |u|^2 \mathrm{d}x,$$

对任意的 $\varepsilon > 0$. 另外, 对 $\varepsilon \to 0$, 我们有

$$\int_{\mathbb{R}^3} |\nabla u|^2 \mathrm{d}x = \frac{1}{2} \int_{\mathbb{R}^3} \Delta |u|^2 \mathrm{d}x,$$

这表明 u 的消失性质.

2.4.2　$\|\nabla\sqrt{-Q}\|_{L^2(\mathbb{R}^3)} < \infty$

定理 2.6 (Chae, 2020, [15])　在条件 (0.1), (0.2) 和 (0.3) 下, 假设 $\|\nabla\sqrt{-Q}\|_{L^2(\mathbb{R}^3)}$ $< \infty$. 则 Liouville 定理成立.

证明　设 $g(t) \in C(\mathbb{R}^+)$. 则对于 $0 < \lambda < \sup |Q(x)|$, 在 (2.7)

$$\Delta Q - u \cdot \nabla Q = |w|^2$$

的两端乘以 $\displaystyle\int_\lambda^{|Q|} g(s)\mathrm{d}s$, 在区域 $\{|Q(x)| > \lambda\}$ 上积分,

$$\int_{\{|Q(x)|>\lambda\}} |w|^2 \int_\lambda^{|Q|} g(s)\mathrm{d}s\mathrm{d}x = \int_{\{|Q(x)|>\lambda\}} \nabla \cdot \left(\nabla Q \int_\lambda^{|Q|} g(s)\mathrm{d}s \right) \mathrm{d}x$$

$$+ \int_{\{|Q(x)|>\lambda\}} |\nabla Q(x)|^2 g(|Q|)\mathrm{d}x - \int_{\{|Q(x)|>\lambda\}} u \cdot \nabla Q \left(\int_\lambda^{|Q|} g(s)\mathrm{d}s \right) \mathrm{d}x$$

$$= I_1 + I_2 + I_3,$$

其中

$$I_1 = \int_{\{|Q(x)|>\lambda\}} \nabla \cdot \left(\nabla Q \int_\lambda^{|Q|} g(s)\mathrm{d}s \right) \mathrm{d}x$$

$$= \int_{\{|Q(x)|=\lambda\}} \nu \cdot \left(\nabla Q \int_\lambda^{|Q|} g(s)\mathrm{d}s \right) \mathrm{d}S$$

$$= \int_{\{|Q(x)|=\lambda\}} |\nabla Q| \int_\lambda^{|Q|} g(s)\mathrm{d}s\mathrm{d}S = 0,$$

且由于散度为零蕴含 $I_3 = 0$. 因此, 我们有

$$\int_{\{|Q(x)|>\lambda\}} |w|^2 \int_\lambda^{|Q|} g(\tau)\mathrm{d}\tau\mathrm{d}x = \int_{\{|Q(x)|>\lambda\}} |\nabla Q(x)|^2 g(|Q|)\mathrm{d}x.$$

取 $g(\tau) = \dfrac{1}{\tau}$, 可知

$$\int_{\{|Q(x)|>\lambda\}} |w|^2 \log\left(\frac{|Q|}{\lambda}\right) \mathrm{d}x = \int_{\{|Q(x)|>\lambda\}} \frac{|\nabla Q(x)|^2}{|Q|} \mathrm{d}x,$$

如果 $\|\nabla\sqrt{-Q}\|_{L^2(\mathbb{R}^3)} < \infty$, 这表明

$$\int_{\mathbb{R}^3} |w|^2 \mathrm{d}x = \lim_{\lambda\to 0}\left((\log(\tfrac{1}{\lambda}))^{-1} \int_{\{|Q(x)|>\lambda\}} \frac{|\nabla Q(x)|^2}{|Q|} \mathrm{d}x \right) = 0.$$

注 2.6 设 $\phi(x)$ 是一个截断函数, 满足: 当 $x \in B_{R/2}$ 时 $\phi(x) = 1$; 当 $x \in B_R^c$ 时 $\phi(x) = 0$. 利用 (2.7), 我们有

$$\int_{\mathbb{R}^3} \Delta Q \phi \mathrm{d}x - \int_{\mathbb{R}^3} u \cdot \nabla Q \phi \mathrm{d}x = \int_{\mathbb{R}^3} |w|^2 \phi \mathrm{d}x.$$

显然, 当 $R \to \infty$ 时, 有

$$\int_{\mathbb{R}^3} \Delta Q \phi \mathrm{d}x \to 0.$$

关键是第二项. **以下情况什么时候会成立**:

$$I_2 = \int_{\mathbb{R}^3} u \cdot \nabla Q \phi \mathrm{d}x \to 0, \quad R \to \infty?$$

Chae 的观察:

$$I_2 = \int_{\{|Q(x)|>\lambda\}} u \cdot \nabla Q \mathrm{d}x \to 0, \quad \lambda \to 0,$$

然而, 此时坏项由第一项产生:

$$\int_{\{|Q(x)|>\lambda\}} \Delta Q \mathrm{d}x \to 0?$$

他的结果是如何调整这一项.

注 2.7 条件

$$\int_{\{|Q(x)|>\lambda\}} \frac{|\nabla Q(x)|^2}{|Q|} \mathrm{d}x = o\left(\log\left(\frac{1}{\lambda}\right)\right)$$

是足够的. 另外,

$$v \cdot \Delta v, \quad \Delta|v|^2, \quad \Delta Q, v \cdot \nabla Q \in L^1(\mathbb{R}^3)$$

是充分的.

2.4.3 $\dfrac{|u|^2}{|Q|} \in L^\infty(\mathbb{R}^3)$

定理 2.7 (Chae, 2020, [16]) 在条件 (0.1), (0.2) 和 (0.3) 下, 假设 $\dfrac{|u|^2}{|Q|} \in L^\infty(\mathbb{R}^3)$, 则 Liouville 定理成立.

证明　设 $g(t) \in C(\mathbb{R}^+)$. 则对于 $0 < \lambda < \sup |Q(x)|$,

$$\int_{\{|Q(x)|>\lambda\}} u \cdot \nabla Q f(|Q(x)|)\mathrm{d}x = 0.$$

因为

$$\int_{\{|Q(x)|>\lambda\}} u \cdot \nabla Q g(|Q(x)|)\mathrm{d}x = -\int_{\{|Q(x)|>\lambda\}} u \cdot \nabla \left(\int_\lambda^{|Q(x)|} g(s)\mathrm{d}s \right) \mathrm{d}x,$$

这表明

$$\int_{\{|Q(x)|>\lambda\}} \Delta Q \mathrm{d}x = \int_{\{|Q(x)|=\lambda\}} |\nabla Q|\mathrm{d}S = \int_{\{|Q(x)|>\lambda\}} |w|^2\mathrm{d}x, \qquad (2.20)$$

这里我们利用了

$$\Delta Q - u \cdot \nabla Q = |w|^2,$$

和 $Q < 0$ 时外法向量是 $\dfrac{\nabla Q}{|\nabla Q|}$. 由 (2.20) 可知

$$\int_{\{\frac{\lambda}{2}<|Q(x)|<\lambda\}} \frac{|\nabla Q(x)|^2}{|Q|}\mathrm{d}x = \int_{\lambda/2}^\lambda \frac{1}{s} \left(\int_{\{|Q|=s\}} |\nabla Q(x)|\mathrm{d}S \right) \mathrm{d}s$$

$$= \int_{\lambda/2}^\lambda \frac{1}{s} \left(\int_{\{|Q|>s\}} |w|^2\mathrm{d}x \right) \mathrm{d}s \leqslant \ln 2 \int_{\{|Q|>\frac{\lambda}{2}\}} |w|^2\mathrm{d}x,$$

则

$$\int_{\{e^{\frac{1}{2}}\lambda<|Q(x)|<e\lambda\}} \frac{|\nabla Q(x)|^2}{|Q|}\mathrm{d}x \leqslant \frac{1}{2} \int_{\{|Q|>e^{\frac{1}{2}}\lambda\}} |w|^2\mathrm{d}x.$$

因为

$$\Delta(|u|^2/2) - u \cdot \nabla Q = |\nabla u|^2,$$

设当 $s < \frac{1}{2}$ 时 $\eta(s) = 0$, 当 $s > 1$ 时 $\eta = 1$, 且 $\phi_\lambda(x) = \eta\left(\log\left(\frac{|Q(x)|}{\lambda}\right)\right)$. 上式两端同时乘以 ϕ_λ, 我们有

$$\int_{\mathbb{R}^3} |\nabla u|^2 \phi_\lambda = \frac{1}{2}\int_{\mathbb{R}^3} \frac{\nabla|u|^2 \cdot \nabla Q}{|Q|}\eta'\left(\log\left(\frac{|Q(x)|}{\lambda}\right)\right)\mathrm{d}x$$
$$+ \int_{\{|Q| > e^{\frac{1}{2}}\lambda\}} u \cdot \nabla Q \phi_\lambda \mathrm{d}x = I_1 + I_2,$$

并且显然 $I_2 = 0$. 对于 I_1, 可知

$$I_1 \leqslant 4\int_{\{e^{\frac{1}{2}}\lambda < |Q(x)| < e\lambda\}} \frac{|u|}{|Q|^{1/2}}\frac{|\nabla Q(x)|}{|Q|^{1/2}}|\nabla u|\mathrm{d}x$$

$$\leqslant 4\sup\left(\frac{|u|}{|Q|^{1/2}}\right)\left(\int_{\{|Q| > e^{\frac{1}{2}}\lambda\}} |w|^2 \mathrm{d}x\right)^{\frac{1}{2}}\left(\int_{\{e^{\frac{1}{2}}\lambda < |Q| < e\lambda\}} |\nabla u|^2 \mathrm{d}x\right)^{\frac{1}{2}}.$$

注意到对于非常小的 λ,

$$B_R \subset \{x : |Q| < e\lambda\},$$

因此

$$\int_{\{|Q| < e\lambda\}} |\nabla u|^2 \mathrm{d}x \to 0, \quad \lambda \to 0.$$

注 2.8(关于 Chae 的准则的注记) 设 $g(t) \in C(\mathbb{R}^+)$. 则对于 $0 < \lambda_1 < |Q(x)| < \lambda_2$,

$$\int_{\{\lambda_1 < |Q(x)| < \lambda_2\}} u \cdot \nabla Q g(|Q(x)|)\mathrm{d}x = 0,$$

由于

$$\int_{\{\lambda_1 < |Q(x)| < \lambda_2\}} u \cdot \nabla Q g(|Q(x)|)\mathrm{d}x$$
$$= \int_{\{\lambda_1 < |Q(x)|\}} u \cdot \nabla Q g(|Q(x)|)\mathrm{d}x - \int_{\{\lambda_2 < |Q(x)|\}} u \cdot \nabla Q g(|Q(x)|)\mathrm{d}x = 0,$$

这表明

$$\int_{\{\lambda_1 < |Q(x)| < \lambda_2\}} \Delta Q \mathrm{d}x = \int_{\{|Q(x)| = \lambda_1\}} |\nabla Q|\mathrm{d}S - \int_{\{|Q(x)| = \lambda_2\}} |\nabla Q|\mathrm{d}S$$

$$= \int_{\{\lambda_1 < |Q(x)| < \lambda_2\}} |w|^2 \mathrm{d}x > 0, \tag{2.21}$$

这里我们利用了

$$\Delta Q - u \cdot \nabla Q = |w|^2,$$

和当 $Q < 0$ 时外法向量是 $\dfrac{\nabla Q}{|\nabla Q|}$. 这表明

$$\lim_{\lambda \to 0} \int_{\{\lambda < |Q(x)|\}} \Delta Q \mathrm{d}x = \int_{\mathbb{R}^3} \Delta Q \mathrm{d}x,$$

但不幸的是, 它似乎很难得到

$$\lim_{R \to \infty} \int_{B_R} \Delta Q \mathrm{d}x = \int_{\mathbb{R}^3} \Delta Q \mathrm{d}x.$$

2.5   Seregin 的准则

在这一节里, 我们介绍 Seregin 的一个定理, 更多的结果或综述见 [92] 或 [95].

定理 2.8 (Seregin, 2016, [92]) 在条件 (0.1), (0.2) 和 (0.3) 下, 假设 $u \in BMO^{-1}(\mathbb{R}^3)$, 则 Liouville 定理成立.

定理 2.8 的证明 (Seregin 的方法). 因为 $u \in BMO^{-1}(\mathbb{R}^3)$, 存在反对称张量 $d \in \mathbb{R}^{3 \times 3}$ 和 $d \in BMO(\mathbb{R}^3)$ 使得 $u = \mathrm{div} d = d_{ij,j}$. 且

$$\Gamma(s) = \sup_{x_0 \in \mathbb{R}^3, R > 0} \left(\frac{1}{|B_R(x_0)|} \int_{B_R(x_0)} |d - d_{x_0, R}|^s \mathrm{d}x \right)^{\frac{1}{s}} < \infty,$$

对任意的 $s \in [1, \infty)$. 设 $\phi(x) \in C_0^\infty(B_R)$ 和 $0 \leqslant \phi \leqslant 1$ 满足

$$\phi(x) = \begin{cases} 1, & x \in B_\rho, \\ 0, & x \in B_\tau^c, \end{cases}$$

其中 $\dfrac{R}{2} \leqslant \rho < \tau \leqslant R$.

设 $\bar{u} = u - u_0$ 和 $\bar{d} = d - d_{x_0, R}$. 对于 $2 < s < \infty$, 存在一个常数 $C_0(s)$ 和一个函数 $w \in W_0^{1,s}(B_\tau)$ 使得 $\mathrm{div} w = \nabla \phi \cdot \bar{u}$ 和

$$\int_{B_\tau} |\nabla w|^t \mathrm{d}x \leqslant C_0(s) \int_{B_\tau} |\nabla \phi \cdot \bar{u}|^t \mathrm{d}x,$$

对 $t = 2, s$ 时成立.

在 (0.1) 的两端作用 $(\phi\bar{u} - w)$, 我们有

$$\int_{B_\tau} \phi|\nabla u|^2\mathrm{d}x$$

$$= -\int_{B_\tau} \nabla\phi \cdot \nabla u \cdot \bar{u}\mathrm{d}x + \int_{B_\tau} \nabla w \cdot \nabla u\mathrm{d}x$$

$$-\int_{B_\tau} u \cdot \nabla u \cdot \phi\bar{u}\mathrm{d}x + \int_{B_\tau} u \cdot \nabla u \cdot w\mathrm{d}x$$

$$= I_1 + \cdots + I_4.$$

显然,

$$|I_1| + |I_2| \leqslant C\frac{R^{\frac{3s-6}{2s}}}{\tau - \rho}\left(\int_{B_\tau} |\nabla u|^2\mathrm{d}x\right)^{\frac{1}{2}}\left(\int_{B_\tau} |\bar{u}|^s\mathrm{d}x\right)^{\frac{1}{s}}.$$

由 d 的反对称性质, 可知

$$|I_3| = \left|\int_{B_\tau} \bar{d}_{jm,m}\bar{u}_{i,j}\bar{u}_i\phi\mathrm{d}x\right| \leqslant \left|\int_{B_\tau} \bar{d}_{jm}\bar{u}_{i,j}\bar{u}_i\phi_m\mathrm{d}x\right|$$

$$\leqslant C\frac{R^{\frac{3s-6}{2s}}}{\tau - \rho}\left(\int_{B_\tau} |\nabla u|^2\mathrm{d}x\right)^{\frac{1}{2}}\left(\int_{B_\tau} |\bar{u}|^s\mathrm{d}x\right)^{\frac{1}{s}}.$$

类似地,

$$|I_4| = \left|\int_{B_\tau} \bar{d}_{jm,m}\bar{u}_{i,j}\bar{w}_i\mathrm{d}x\right| \leqslant \left|\int_{B_\tau} \bar{d}_{jm}\bar{u}_{i,j}\bar{w}_{i,m}\mathrm{d}x\right|$$

$$\leqslant C\frac{R^{\frac{3s-6}{2s}}}{\tau - \rho}\left(\int_{B_\tau} |\nabla u|^2\mathrm{d}x\right)^{\frac{1}{2}}\left(\int_{B_\tau} |\bar{u}|^s\mathrm{d}x\right)^{\frac{1}{s}}.$$

因此, 我们有

$$\int_{B_\rho} |\nabla u|^2 dx \leqslant \frac{1}{2}\left(\int_{B_\tau} |\nabla u|^2\mathrm{d}x\right) + C(s)\frac{R^{\frac{3s-6}{s}}}{(\tau - \rho)^2}\left(\int_{B_\tau} |\bar{u}|^s\mathrm{d}x\right)^{\frac{2}{s}}.$$

另外, 由迭代估计可以得到

$$\int_{B_{R/2}} |\nabla u|^2\mathrm{d}x \leqslant C(s)R^{\frac{3s-6}{s}-2}\left(\int_{B_R} |\bar{u}|^s\mathrm{d}x\right)^{\frac{2}{s}}.$$

设 $s = 3$, 则我们有

$$\frac{1}{|B_{R/2}|}\int_{B_{R/2}} |\nabla u|^2\mathrm{d}x \leqslant C(s)\left(\frac{1}{|B_R|}\int_{B_R} |\nabla u|^{\frac{3}{2}}\mathrm{d}x\right)^{\frac{4}{3}}. \tag{2.22}$$

设 $h = |\nabla u|^{\frac{3}{2}} \in L^{\frac{4}{3}}(\mathbb{R}^3)$ 和 h 的最大函数 $M(h)$, 即

$$M_h(x_0) = \sup_{R>0} \frac{1}{|B_R(x_0)|} \int_{B_R(x_0)} h(x)\mathrm{d}x.$$

根据上述不等式 (2.22), 可以得出

$$M_{h^{\frac{4}{3}}}(x_0) \leqslant C M_h^{\frac{4}{3}}(x_0) \in L^1(\mathbb{R}^3).$$

因为 $(p,p)(1 < p \leqslant \infty)$ 型的极大算子是有界的, 且 $h = |\nabla u|^{\frac{3}{2}} \in L^{\frac{4}{3}}(\mathbb{R}^3)$ 表明 $M_h(x) \in L^{\frac{4}{3}}(\mathbb{R}^3)$. 也就是说, $M_{h^{\frac{4}{3}}}(x) \in L^1(\mathbb{R}^3)$. 但是我们也有 $h^{\frac{4}{3}}(x) \in L^1(\mathbb{R}^3)$. 因此, 只有可能 $h^{\frac{4}{3}}(x) \equiv 0$. 从而 $u \equiv C \equiv 0$.

2.5.1　Chae-Wolf 的改进

定理 2.9(Chae, 2019, [21])　在条件 (0.1), (0.2) 和 (0.3) 下, 假设 $u = \nabla \cdot V$ 和

$$\frac{1}{|B_r|} \int_{B_r} |V - \bar{V}|^6 \mathrm{d}x \leqslant Cr, \quad \forall\, 1 < r < \infty,$$

则 Liouville 定理成立.

我们简述一下其主要想法:

$$R^{-1} \int_{B(R) \backslash B(R/2)} |u|^3 \mathrm{d}x,$$

可以被其自身和能量范数控制.

$$
\begin{aligned}
\int_{B_R} |u|^3 \psi^3 \mathrm{d}x &= \int_{B_R} \partial_i(V_{ij} - \bar{V}_{ij}) u_j |u| \psi^3 \mathrm{d}x \\
&\leqslant -\int_{B_R} (V_{ij} - \bar{V}_{ij}) \partial_i(u_j|u|) \psi^3 \mathrm{d}x + LOT \\
&\leqslant \left(\int_{B_R} |V_{ij} - \bar{V}_{ij}|^6\right)^{\frac{1}{6}} \left(\int_{B_R} |u|^3 \psi^3\right)^{\frac{1}{3}} \left(\int_{B_R} |\nabla u|^2\right)^{\frac{1}{2}},
\end{aligned}
$$

这表明

$$
\begin{aligned}
R^{-1} \int_{B_R} |u|^3 \psi^3 \mathrm{d}x &\leqslant C R^{-1} \left(\int_{B_R} |V_{ij} - \bar{V}_{ij}|^6\right)^{\frac{1}{4}} \left(\int_{B_R} |\nabla u|^2\right)^{\frac{3}{4}} \\
&\leqslant C R^{-4} \left(\int_{B_R} |V_{ij} - \bar{V}_{ij}|^6\right) + \frac{1}{4} \int_{B_R} |\nabla u|^2.
\end{aligned}
$$

注 2.9　这是合理的, 因为 $BMO^{-1} \sim L^3$ 且这个范数类似于 $L^{\frac{9}{2}}$.

2.5.2 其他推广

定理 2.9 中条件可以放宽至 (见 Bang-Yang, [6])

$$\frac{1}{|B_r|} \int_{B_r} |V - \bar{V}|^6 \mathrm{d}x \leqslant C r \log r, \quad \forall\, 1 < r < \infty.$$

第 3 章　衰 减 估 计

从前面的 Liouville 型定理的条件可以看出, 只要解的衰减足够快, 那么也可以得到 Liouville 型定理, 譬如若 $|u| \leqslant C|x|^{-\frac{2}{3}+}$, 则 $u \in L^{\frac{9}{2}}(\mathbb{R}^3)$. 由定理 2.2 知 Liouville 型定理成立. 早前, Leray 观察到

$$\|r^{-1}(u - u_0)\|_{L^2(\Omega)} \leqslant 4\|\nabla u\|_{L^2(\Omega)}, \quad \text{于三维},$$

$$\|(r \ln r)^{-1}(u - u_0)\|_{L^2(\Omega)} \leqslant C\|\nabla u\|_{L^2(\Omega)}, \quad \text{于二维}.$$

形式上, 对于三维情形有 $u - u_0 = o(r^{-\frac{1}{2}+})$, 对于二维情形有 $u - u_0 = o((\ln r)^{\frac{1}{2}-})$. 然而, 对于三维情形至今未做到任何衰减, 对于三维轴对称情形可以做到一个逼近的结果, 对于二维情形由于涡量的极值原理, 可以得到解有界. 下面, 我们详细论述.

3.1　三 维 情 形

定理 2.1 告诉我们: 设 $u(x)$ 是满足 (0.3) 的 (0.1) 的弱解, 且 $p(x)$ 是相应的压力, 则存在 $p_1 \in \mathbb{R}$ 使得

$$\lim_{|x| \to \infty} [|\nabla^\alpha u(x)| + |\nabla^\alpha (p(x) - p_1)|] = 0,$$

对所有的多重指标 $\alpha = (\alpha_1, \alpha_2, \alpha_3) \in [N \cup \{0\}]^3$ 是一致成立的.

注 3.1　在定理 2.1 的假设下, 是否能得到速度的某种衰减, 仍然是未知的公开问题.

3.2　二维 Korobkov-Pileckas-Russo 的结果

二维无界域上的唯一性更难, 其中一个难点是解在无穷远处的渐近行为. Finn 与 Smith 在 1967 评论: "我们注意到, 对于三维解, 对所有在无穷远处表现出相同定性渐近性质的解的类中, 可以证明小解的唯一性. 然而, 对于二维, 我们一直无法获得可比较的结果."

考虑区域 $\Omega \subset \mathbb{R}^2$ 上不可压缩稳态 Navier-Stokes 方程:

$$\begin{cases} -\mu \Delta u + u \cdot \nabla u + \nabla \pi = 0, \\ \operatorname{div} u = 0, \end{cases} \tag{3.1}$$

其中 μ 表示粘性系数.

一个基本问题是研究 (3.1) 的适定性. 当给定无穷远处的边界条件

$$\lim_{|x|\to\infty} u(x) = u_0, \tag{3.2}$$

外域解的存在性问题引起了很多数学家的注意, 这里 u_0 是一个常数向量, 例如, 参见 Leray [70] 和 Russo [89], 他们构造了一个具有有限 Dirichlet 积分性质的解:

$$D(u) = \int_\Omega |\nabla u|^2 \mathrm{d}x < \infty, \tag{3.3}$$

但很难验证:

(1) 构造的解 u 是非平凡的吗? 即, 我们能排除平凡解 $u = 0$ 吗?

(2) 如果 u 是非平凡的, 它满足条件 (3.2) 吗?

(i) Smith-Finn [36]: 如果 $a = u|_\Omega = 0$ 和 $u_0 \neq 0$ 充分小 (或者 $\dfrac{a - u_0}{|u_0|}$ 小), 则存在 (NS) 的 D-解, 其以 $r^{-\frac{1}{2}}$ 的速率一致收敛到 u_0. 在这种情况下, "物理上合理的" 解的唯一性成立. 鉴于著名的 Stokes 悖论, 该结果特别有意义, 该悖论断言相应的线性 Stokes 系统没有解.

(ii) Gilbarg-Weinberger [42] 描述了速度、压力和涡量的渐近行为, 其中表明对某个常数向量 $\bar{u}$, 有 $u(x) = o((\ln r)^{\frac{1}{2}})$ 和

$$\lim_{r\to\infty} \int_0^{2\pi} |u(r,\theta) - \bar{u}|^2 \mathrm{d}\theta = 0.$$

(iii) Amick [2] 证明了在零边界条件下 $u \in L^\infty$.

(iv) Korobkov-Pileckas-Russo [62] 和 [61] 证明了

$$\lim_{|x|\to\infty} u(x) = \bar{u}.$$

在下一章里, 我们介绍这个证明 (见定理 4.8). 他们也得到障碍物周围的流动问题 $(a = 0, u_0 \neq \infty)$ 的 Leray 解总是非平凡的. 当 $|x| \to \infty$ 时, 这些解收敛到某个常数向量 $\bar{u}$.

(v) 关于 $a = 0$ 和 $u_0 \neq 0$ (很小) 的 Smith-Finn 解的 D-解的唯一性见 Korobkov-Ren [63].

此外, 当加 Navier-Slip 边界条件时, 外区域的解未必是唯一的, 见 [44] 的注 1.4.

3.3　高维 Jia-Sverak 的结果

本节中考虑的方程是高维 NS 方程中的稳态 Navier-Stokes 方程:

$$
\begin{cases}
-\Delta u + u \cdot \nabla u + \nabla p = f, \\
\nabla \cdot u = 0,
\end{cases}
\tag{3.4}
$$

这里 $f \in C_0^\infty(\mathbb{R}^n)$. Jia-Sverak [49] 通过内部正则性准则获得衰减, 这是自然的, 因为对于 $n = 4$,

$$
R^{-1} \int_{B_R(z_0)} |u|^3 \mathrm{d}x \leqslant \left(\int_{B_R(z_0)} |u|^4 \mathrm{d}x \right)^{\frac{3}{4}} \to 0,
$$

利用自然伸缩性, 上式表明

$$
u(x) \sim o\left(\frac{1}{|x|} \right).
$$

此外, 他们从基本解的形式中获得

$$
u(x) \sim o\left(\frac{\log|x|}{|x|^3} \right).
$$

其主要定理如下.

定理 3.1 (Jia-Sverak, 2018, [49])　$u \in \dot{H}^1(\mathbb{R}^n) \hookrightarrow L^{\frac{2n}{n-2}}(\mathbb{R}^n)$ 且 u 是 (3.4) 的一个恰当弱解, 则

$$
u = G(x) * f(x) +
\begin{cases}
O\left(\dfrac{\log|x|}{|x|^3} \right), & n = 4, \\[2mm]
O\left(\dfrac{1}{|x|^4} \right), & n = 5, \\[2mm]
o\left(\dfrac{1}{|x|^5} \right), & n = 6,
\end{cases}
\tag{3.5}
$$

其中,

$$
G(x) = -\frac{1}{2n\omega_n} \left[\frac{1}{n-2} \frac{\mathrm{Id}}{|x|^{n-2}} + \frac{x \otimes x}{|x|^n} \right].
$$

在证明之前, 我们给出了一些引理或者定理, 它们在下文的证明中会经常用到.

引理 3.1 设

$$Y(g, r_0, x_0) := \left(\fint_{B_{r_0}(x_0)} |u - (u)_{r_0, x_0}|^3 \mathrm{d}x \right)^{\frac{1}{3}},$$

对任意的 $\theta \in (0,1)$, 存在充分小的 $\varepsilon_0 = \varepsilon_0(\theta) > 0$, 和常数 $C > 0$, 如果 u 是 B_2 中 (3.4) 的一个恰当弱解 ($f = 0$), 且满足

$$Y(u, 2) \leqslant \varepsilon_0 \tag{3.6}$$

和

$$\left| \int_{B_2} u \mathrm{d}x \right| = |(u)_2| \leqslant 1, \tag{3.7}$$

则

$$Y(u, \theta) \leqslant C\theta Y(u, 2). \tag{3.8}$$

证明 我们利用反证法. 假设定理的结论是错误的, 则我们可以找到 $\varepsilon_i \to 0_+$ 与 (3.4) 的恰当解 (u^i, p^i) 使得

$$Y(u^i, 2) = \varepsilon_i, \quad |(u^i)_2| \leqslant 1,$$

但是 (3.8) 不成立. p^i 在 B_2 中满足方程, 根据 (3.4), 分别在方程两边取散度, 可以得到

$$-\nabla p^i = -\Delta u^i + u^i \cdot \nabla (u^i - (u^i)_2),$$
$$-\Delta p^i = \nabla \cdot \nabla \cdot [(u^i - (u^i)_2) \otimes (u^i - (u^i)_2)],$$

由 (3.6), 我们有
$$\|u^i - (u^i)_2\|_{L^3(B_2)} \leqslant \varepsilon_i.$$

标准椭圆估计表明
$$\|p^i\|_{L^{\frac{3}{2}}(B_{\frac{5}{3}})} \lesssim \varepsilon_i.$$

为了简单起见, 我们记 $u^i = \varepsilon_i v^i + a^i$, $p^i = \varepsilon_i q^i$, 其中 $a^i = (u^i)_2$ 且 $|a^i| \leqslant 1$. 则

$$\|v^i\|_{L^3(B_{\frac{5}{3}})} \lesssim 1, \quad \|q^i\|_{L^{\frac{3}{2}}(B_{\frac{5}{3}})} \lesssim 1. \tag{3.9}$$

同时, (3.4) 变为

$$\begin{cases} -\Delta v^i + a^i \cdot \nabla v^i + \varepsilon_i v^i \cdot \nabla v^i + \nabla q^i = 0, \\ \nabla \cdot v^i = 0. \end{cases} \tag{3.10}$$

注意到 $|a^i| \leqslant 1$. 对于方程 (3.10), 设 $\phi \in C_c^\infty(B_{\frac{5}{3}})$ 且 $\phi = 1$ 于 $B_{\frac{4}{3}}$, 两边乘以 $v^i \phi$ 得出

$$\int_{B_2} |\nabla v^i|^2 \phi \mathrm{d}x \leqslant \int_{B_2} \left(\frac{|v^i|^2}{2} + q^i \right) v^i \cdot \nabla \phi + \frac{|v^i|^2}{2} \Delta \phi + \frac{|v^i|^2}{2} a^i \cdot \nabla \phi \mathrm{d}x.$$

根据 (3.9), 我们有

$$\int_{B_{\frac{4}{3}}} |\nabla v^i|^2 \leqslant C.$$

由于恒等映射 $H_0^1 \hookrightarrow L^m \left(m \in \left[1, \dfrac{2n}{n-2}\right) \right)$ 是紧算子, 将紧算子与弱收敛结合, 可以得到对于 $m < 3$,

$$v^i \to v, \quad \text{于 } L^m(B_{\frac{4}{3}}).$$

另外

$$v^i \rightharpoonup v, \quad \text{于 } H^1(B_{\frac{4}{3}}).$$

且

$$q^i \rightharpoonup q, \quad \text{于 } L^{\frac{3}{2}}(B_{\frac{4}{3}}).$$

我们假设 $a^i \to a$ 则 $|a| \leqslant 1$. 易知 v, q 满足下述方程

$$\begin{cases} -\Delta v + a \cdot \nabla v + \nabla q = 0, \\ \nabla \cdot v = 0, \end{cases}$$

且

$$\|v\|_{L^3(B_{\frac{4}{3}})} + \|q\|_{L^{\frac{3}{2}}(B_{\frac{4}{3}})} + |a| \lesssim 1. \tag{3.11}$$

通过椭圆方程的估计, 我们有

$$\|v\|_{C^1(B_{\frac{7}{6}})} \lesssim 1.$$

注意到

$$v^i = v + \widetilde{v}^i, \quad q^i = q + \widetilde{q}^i,$$

利用 (3.9), (3.11), 我们可以得到 $\|\widetilde{v}^i\|_{L^3(B_{\frac{4}{3}})}$ 和 $\|\widetilde{q}^i\|_{L^{\frac{3}{2}}(B_{\frac{4}{3}})}$ 的一致界. 同时, $\widetilde{v}^i$ 和 $\widetilde{q}^i$ 满足

$$-\Delta \widetilde{v}^i + (a^i - a) \cdot \nabla v + a^i \cdot \nabla \widetilde{v}^i + \varepsilon_i v^i \cdot \nabla v^i + \nabla \widetilde{q}^i = 0. \tag{3.12}$$

对于 (3.12), 在其两边乘以 $\widetilde{v}^i\varphi$, 这里 $\varphi \in C_c^\infty(B_{\frac{7}{6}})$, $\varphi = 1$ 于 B_1, 可知

$$\int_{B_{\frac{7}{6}}} |\nabla \widetilde{v}^i|^2 \varphi \mathrm{d}x \leqslant \int_{B_{\frac{7}{6}}} \left(\varepsilon_i \frac{|v^i|^2}{2} + \widetilde{q}^i\right) \widetilde{v}^i \cdot \nabla\varphi - \varepsilon_i v \cdot \nabla v \widetilde{v}^i \varphi + \varepsilon_i \frac{|v^i|^2}{2} v \cdot \nabla\varphi$$

$$-\varepsilon_i \widetilde{v}^i \cdot \nabla v \widetilde{v}^i \varphi - (a^i - a) \cdot \nabla v \widetilde{v}^i \varphi + \frac{|\widetilde{v}^i|^2}{2} a^i \cdot \nabla\varphi \mathrm{d}x, \quad (3.13)$$

我们想证明当 $i \to \infty$ 时 (3.13) 等于 0. 只需要去考虑 $\int_{B_{\frac{7}{6}}} \widetilde{q}^i \widetilde{v}^i \cdot \nabla\varphi$.

另外, 对方程 (3.12) 两边取散度, 有
$$-\Delta \widetilde{q}^i = \varepsilon_i \mathrm{divdiv}(v^i \otimes v^i).$$
我们将压力分解为调和项和奇异项,
$$\widetilde{q}^i = \widetilde{q_1}^i + \widetilde{q_2}^i,$$
$$\widetilde{q_1}^i = \varepsilon_i(-\Delta)^{-1}\mathrm{divdiv}(v^i \otimes v^i \chi_{B_{\frac{4}{3}}}),$$
$$-\Delta \widetilde{q_2}^i = 0.$$
椭圆估计表明
$$\|\widetilde{q_1}^i\|_{L^{\frac{3}{2}}(\mathbb{R}^6)} \lesssim \varepsilon_i \quad 和 \quad \|\widetilde{q_2}^i\|_{C^1(B_{\frac{7}{6}})} \lesssim 1.$$
由 $\widetilde{q_1}^i$ 的消失性、$\widetilde{q_2}^i$ 光滑性和对任意的 $m < 3$ 在 $L^m(B_{\frac{4}{3}})$ 中 $\widetilde{v}^i \to 0$, 表明 $\int_{B_{\frac{7}{6}}} \widetilde{q}^i \widetilde{v}^i \cdot \nabla\varphi$ 是消失的. 则
$$\int_{B_1} |\nabla \widetilde{v}^i|^2 \mathrm{d}x \to 0.$$
由嵌入定理, 我们有
$$v^i \to v, \quad 于 L^3(B_1).$$
利用 v 的光滑性, 可知
$$\left(\fint_{B_\theta} |v - (v)_\theta|^3 \mathrm{d}x\right)^{\frac{1}{3}} \leqslant C\theta.$$
对于大的 i, 我们有
$$\left(\fint_{B_\theta} |v^i - (v^i)_\theta|^3 \mathrm{d}x\right)^{\frac{1}{3}} \leqslant C\theta.$$
这与我们的假设矛盾, 定理得证.

利用平移不变性, 引理 3.1 的结果如下, 我们省略了它的证明.

引理 3.2 设 ε_0 与引理 3.1 中的定义一样, 固定 $\theta > 0$ 充分小使得 $C\theta < \dfrac{1}{2}$, u 和 p 是 (3.4) 在 $B_{r_0}(x_0)$ 中的恰当弱解, 满足

$$Y(u, r_0, x_0) \leqslant \varepsilon_0 r_0^{-1}, \quad |(u_0)_{r_0, x_0}| \leqslant r_0^{-1},$$

则 $Y(u, \theta r_0, x_0) \leqslant \dfrac{1}{2} Y(u, r_0, x_0)$.

定理 3.2 存在充分小的 $\varepsilon_0 > 0$, 正数 $c_k, k \geqslant 0$, 使得以下陈述成立: 对具有 $f = 0$ 的方程 (3.4) 的任意恰当弱解 $u \in H^1(B_1)$, 如果 $\|u\|_{L^3(B_1)} \leqslant \varepsilon_0$, 则对所有的 $k \geqslant 0$, 有 $u \in C^\infty(B_{\frac{1}{2}})$ 和 $\|u\|_{C^k(B_{\frac{1}{2}})} \leqslant c_k$ 成立.

定理 3.2 的证明. 固定 $x_0 \in B_{\frac{1}{2}}$. 因为 $\|u\|_{L^3(B_1)} \leqslant \varepsilon_0$ 和

$$(u)_{r_0, x_0} \leqslant \frac{1}{|B_{r_0}(x_0)|} \left(\int_{B_{r_0}(x_0)} |u|^3 \mathrm{d}x \right)^{\frac{1}{3}} |B_{r_0}|^{\frac{2}{3}},$$

当 $r_0 = \dfrac{1}{2}$ 时, 我们有 $(u)_{\frac{1}{2}, x_0} \leqslant \varepsilon_0$. 类似地, 我们有

$$Y\left(u, \frac{1}{2}, x_0\right) \leqslant C \left(\fint_{B_{r_0}(x_0)} |u|^3 + |(u)_{r_0, x_0}|^3 \mathrm{d}x \right)^{\frac{1}{3}} \leqslant C\varepsilon_0.$$

则由引理 3.2, 当 $r_0 = \dfrac{1}{2}$ 时, 有

$$Y\left(u, \frac{\theta}{2}, x_0\right) \leqslant \frac{1}{2} Y\left(u, \frac{1}{2}, x_0\right),$$

当 $r_0 = \dfrac{\theta}{2}$ 时, 有

$$Y\left(u, \frac{\theta^2}{2}, x_0\right) \leqslant \frac{1}{2} Y\left(u, \frac{\theta}{2}, x_0\right) \leqslant \frac{1}{2^2} Y\left(u, \frac{1}{2}, x_0\right).$$

我们想要证明当 $r_0 = \dfrac{\theta^k}{2}$ 时, 有

$$Y\left(u, \frac{\theta^{k+1}}{2}, x_0\right) \leqslant \frac{1}{2^{k+1}} Y\left(u, \frac{1}{2}, x_0\right).$$

只需证明

$$|(u)_{\frac{\theta^k}{2}, x_0}| \leqslant 1. \tag{3.14}$$

假设对于 $j = 0, 1, \cdots, k-1$, 我们有

$$Y\left(u, \frac{\theta^j}{2}, x_0\right) \leqslant \frac{1}{2^j} Y\left(u, \frac{1}{2}, x_0\right) \leqslant 2^{-j}\varepsilon_0.$$

利用不等式

$$\left|(u)_{\frac{\theta^k}{2}, x_0} - (u)_{\frac{1}{2}, x_0}\right| \leqslant CY\left(u, \frac{\theta^j}{2}, x_0\right), \quad j = 0, 1, \cdots, k-1,$$

则

$$\left|(u)_{\frac{1}{2}, x_0} - (u)_{\frac{\theta}{2}, x_0} + (u)_{\frac{\theta}{2}, x_0} - (u)_{\frac{\theta^2}{2}, x_0} + \cdots + (u)_{\frac{\theta^{k-1}}{2}, x_0} - (u)_{\frac{\theta^k}{2}, x_0}\right|$$
$$\leqslant 2^{-0}\varepsilon_0 + 2^{-1}\varepsilon_0 + 2^{-2}\varepsilon_0 + \cdots + 2^{-(k-1)}\varepsilon_0 \leqslant 2\varepsilon_0.$$

因此, (3.14) 是成立的. 利用迭代, 我们得到对所有的 k, 有

$$Y\left(u, \frac{\theta^k}{2}, x_0\right) \leqslant \frac{1}{2^k} Y\left(u, \frac{1}{2}, x_0\right) \leqslant 2^{-k}\varepsilon_0.$$

利用 u 的局部积分增长, 我们得到 u 在 $B_{\frac{1}{2}}$ 中是 Hölder 连续的.

定理 3.3 设 ε_0 与定理 3.2 中定义的一样, u 是 (3.4) 的一个恰当弱解, 其满足对于 $\delta < 1$ 时 $\|u\|_{L^3(B_1)} \leqslant \varepsilon_0\delta$. 则存在常数 $C > 1$ 使得 $\|u\|_{C(B_{\frac{1}{4}})} \leqslant C\delta$, 这里 C 与 u 和 δ 无关.

利用 Wolf [112] 的压力分解, 可以得到类似的定理, 见 [73]. 特别对于边界情况, 利用引理 1.10, 也可以获得类似的定理.

定理 3.3 的证明. 利用定理 3.2 的结论, 可知

$$\|u\|_{C^k(B_{\frac{1}{2}})} \leqslant c_k.$$

因此

$$\|u \cdot \nabla u\|_{L^3(B_{\frac{1}{2}})} \leqslant \|u\|_{L^3(B_{\frac{1}{2}})} \|\nabla u\|_{L^\infty(B_{\frac{1}{2}})} \leqslant c_1\varepsilon_0\delta.$$

设 $g = u \cdot \nabla u$, 则 $-\Delta u + \nabla p = g$. 通过对内部正则性的估计, 我们得到

$$\|u\|_{W^{2,3}(B_{\frac{1}{2}})} \leqslant C\varepsilon_0\delta.$$

由嵌入定理, 可知

$$\|u\|_{L^m(B_{\frac{1}{2}})} \leqslant C\|u\|_{W^{2,3}(B_{\frac{1}{2}})} \leqslant C\varepsilon_0\delta, \quad 3 \leqslant m < \infty.$$

同时,

$$\|g\|_{L^m(B_{\frac{1}{2}})} = \|u \cdot \nabla u\|_{L^m(B_{\frac{1}{2}})} \leqslant \|u\|_{L^m(B_{\frac{1}{2}})} \|\nabla u\|_{L^\infty(B_{\frac{1}{2}})} \leqslant C\varepsilon_0\delta.$$

椭圆估计表明对所有的 $m < \infty$, 有

$$\|u\|_{W^{2,m}(B_{\frac{1}{4}})} \leqslant C\varepsilon_0\delta.$$

因为 $W^{2,m} \hookrightarrow C^0$, 我们完成了证明.

引理 3.3　假设存在一个充分小的 $\delta > 0$, 设 u 是 (3.4) 在 $\mathbb{R}^4 \setminus B_1$ 的一个光滑解, 满足

$$|u(x)| \leqslant \frac{\delta}{|x|}, \quad |\nabla u(x)| \leqslant \frac{\delta}{|x|^2}.$$

则对所有的 $x \in \mathbb{R}^4 \setminus B_1$, 我们得到了下述改进的衰减估计:

$$|u(x)| \leqslant C\frac{1}{|x|^2}, \quad |\nabla u(x)| \leqslant C\frac{1}{|x|^3}.$$

证明　根据 [83] 中定理 2.1 的结果, 对于 $|x| \geqslant 1$ 时, 我们可以找到 (3.4) 的解 $\widetilde{u}(x)$ 使得 $\widetilde{u}(x)$ 是光滑的且在 ∂B_1 上 $\widetilde{u}(x) = u$. 另外对于 $|x| > 1$, 有

$$\widetilde{u}(x) \leqslant C\frac{1}{|x|^2}.$$

我们想证明

$$u(x) = \widetilde{u}(x), \quad \text{对于} \quad |x| > 1,$$

因为我们有一个 "小性条件", 这种唯一性在我们的情况下是一个简单的结果. 记 $\omega = u - \widetilde{u}$, ω 满足

$$\begin{cases} -\Delta\omega + \omega \cdot \nabla u + u \cdot \nabla \omega - \omega \cdot \nabla \omega + \nabla p = 0, \\ \nabla \cdot \omega = 0, \end{cases} \tag{3.15}$$

于 $\mathbb{R}^4 \setminus B_1$. 因为

$$\omega\mid_{\partial B_1} = 0, \quad \nabla\omega \in L^2, \omega \in L^4,$$

当 $|x| \to \infty$ 时 $\omega = o\left(\dfrac{1}{|x|}\right)$, 利用分部积分和 Hölder 不等式表明

$$\int_{\mathbb{R}^4 \setminus B_1} |\nabla\omega|^2 dx \leqslant -\int_{\mathbb{R}^4 \setminus B_1} (\omega \cdot \nabla u)\omega \mathrm{d}x$$

$$= \int_{\mathbb{R}^4 \setminus B_1} u(\omega \cdot \nabla\omega) \mathrm{d}x$$

$$\leqslant C\int_{\mathbb{R}^4 \setminus B_1} \frac{\delta}{|x|}|\omega||\nabla\omega|\mathrm{d}x$$

$$\leqslant C\delta\left(\int_{\mathbb{R}^4 \setminus B_1} |\nabla\omega|^2\right)^{\frac{1}{2}} \left(\int_{\mathbb{R}^4 \setminus B_1} \frac{|\omega|^2}{|x|^2}\right)^{\frac{1}{2}}$$

$$\leqslant C\delta \int_{\mathbb{R}^4 \setminus B_1} |\nabla \omega|^2 \mathrm{d}x.$$

如果 δ 充分小, 则上述不等式表明 ω 等于零. 从而我们得到

$$u = \widetilde{u}, \quad \text{对于} |x| > 1.$$

因为

$$|\widetilde{u}(x)| = O\left(\frac{1}{|x|^2}\right),$$

因此

$$|u(x)| = O\left(\frac{1}{|x|^2}\right), \quad \text{当} |x| \to \infty.$$

我们完成了定理的证明.

定理 3.1 的证明. 我们分别在 $n = 4, 5, 6$ 的情况下证明这一结果. 由伸缩不变性, 我们得到

$$u(x) = \lambda u(\lambda x), \quad p(x) = \lambda^2 u(\lambda^2 x), \quad f(x) = \lambda^3 f(\lambda^3 x). \tag{3.16}$$

$n = 4$ 的情况.

通过 Sobolev 嵌入, 我们有 $\dot{H}^1(\mathbb{R}^4) \hookrightarrow L^4(\mathbb{R}^4)$. 取 $R > 1$ 充分大, $|x| = 2R$, 则

$$R^{-1} \int_{B_R(x)} |u(y)|^3 \mathrm{d}y = \left(\int_{B_R} |u|^4 \mathrm{d}y\right)^{\frac{3}{4}} \to 0, \quad R \to \infty.$$

由定理 3.3 和定理 3.2 知

$$|u(x)| = o\left(\frac{1}{|x|}\right), \quad |\nabla u(x)| = o\left(\frac{1}{|x|^2}\right).$$

对于充分小的 $\epsilon > 0$, 充分大的 $R > 1$, 设 $v(x) = Ru(Rx)$, 我们得到

$$|v(x)| + |\nabla v(x)| \leqslant \epsilon, \quad \text{于} \partial B_1.$$

直接利用引理 3.3, 我们可以得到

$$|v(x)| = O\left(\frac{1}{|x|^2}\right),$$

可知

$$|u(x)| = O\left(\frac{1}{|x|^2}\right).$$

对于方程 (3.4), 我们可以写成如下形式:

$$\begin{cases} -\Delta u + \nabla p = f - u \cdot \nabla u, \\ \nabla \cdot u = 0, \end{cases} \tag{3.17}$$

这里我们将 $f - u \cdot \nabla u$ 视为外力. 类似于 Laplace 方程的基本解, 对于 (3.4) 的解, 我们可以将其表示为

$$u(x) = G(x) * f(x) - G(x) * (\nabla \cdot u \otimes u)(x).$$

只需去证明

$$|G(x) * (\nabla \cdot u \otimes u)(x)| = O\left(\frac{\log|x|}{|x|^3}\right). \tag{3.18}$$

直接计算可得.

$n > 4$ 的情况.

类似上面这个过程, $n = 5$ 和 $n = 6$ 的情况几乎相同. 定理 3.1 得证.

3.4 轴对称 Navier-Stokes 的衰减估计

设 $u(x) = u_r(t, r, z)e_r + u_\theta(t, r, z)e_\theta + u_z(t, r, z)e_z$, 其中

$$e_r = \left(\frac{x_1}{r}, \frac{x_2}{r}, 0\right) = (\cos\theta, \sin\theta, 0),$$

$$e_\theta = \left(-\frac{x_2}{r}, \frac{x_1}{r}, 0\right) = (-\sin\theta, \cos\theta, 0),$$

$$e_z = (0, 0, 1),$$

且 (0.1) 变为

$$\begin{cases} b \cdot \nabla u_r - \Delta_0 u_r + \dfrac{u_r}{r^2} - \dfrac{u_\theta^2}{r} + \partial_r p = 0, \\[2mm] b \cdot \nabla u_\theta - \Delta_0 u_\theta + \dfrac{u_\theta}{r^2} + \dfrac{u_r u_\theta}{r} = 0, \\[2mm] b \cdot \nabla u_z - \Delta_0 u_z + \partial_z p = 0, \\[2mm] \partial_r(ru_r) + \partial_z(ru_z) = 0, \end{cases} \tag{3.19}$$

其中

$$b = u_r e_r + u_z e_z, \quad \Delta_0 = \partial_{rr} + \frac{1}{r}\partial_r + \partial_{zz}.$$

涡量表示为

$$w = w_r e_r + w_\theta e_\theta + w_z e_z = (-\partial_z u_\theta)e_r + (\partial_z u_r - \partial_r u_z)e_\theta + \frac{\partial_r(ru_\theta)}{r}e_z,$$

且 w 满足方程

$$(\text{axi-NSv}) \begin{cases} b \cdot \nabla w_r - \Delta_0 w_r + \dfrac{w_r}{r^2} - (w_r\partial_r + w_z\partial_z)u_r = 0, \\ b \cdot \nabla w_\theta - \Delta_0 w_\theta + \dfrac{w_\theta}{r^2} - \dfrac{w_\theta u_r}{r} - \dfrac{1}{r}\partial_z(u_\theta^2) = 0, \\ b \cdot \nabla w_z - \Delta_0 w_z - (w_r\partial_r + w_z\partial_z)u_z = 0. \end{cases} \tag{3.20}$$

设 $\Gamma = ru_\theta$, 则 Γ 满足

$$b \cdot \nabla\Gamma - \Delta_0\Gamma + \frac{2}{r}\partial_r\Gamma = 0.$$

定理 3.4(解的先验衰减估计) 在 (0.1), (0.2) 和 (0.3), 以及 u 是轴对称的条件下, 速度有下面衰减估计:

$$|u_r(r,z)| + |u_z(r,z)| + |u_\theta(r,z)| \leqslant C\sqrt{\frac{\ln r}{r}}. \tag{3.21}$$

注 3.2 对于轴对称的情况, 可以得到速度或涡量的衰减, Choe-Jin [28], Weng [111] 通过 Biot-Savart 律证明了 (3.21), 他们还得到涡量的衰减如下:

$$|w_\theta(r,z)| \leqslant Cr^{-(\frac{19}{16})^-}, \quad |w_r(r,z)| + |w_z(r,z)| \leqslant Cr^{-(\frac{17}{16})^-}.$$

最近, Carrillo-Pan-Zhang [12] 利用 Brezis-Gallouet 不等式, 给出了 u 的衰减的另一种证明方法, 并改进了涡量的衰减界:

$$|w_\theta(r,z)| \leqslant Cr^{-\frac{5}{4}}(\ln r)^{\frac{3}{4}}, \quad |w_r(r,z)| + |w_z(r,z)| \leqslant Cr^{-\frac{9}{8}}(\ln r)^{\frac{11}{8}}. \tag{3.22}$$

引理 3.4(Brezis-Gallouet 不等式, [11]) 设 $f \in H^2(\Omega)$, 其中 Ω 是一个具有紧光滑边界的有界域或者外域. 则存在一个仅依赖于 Ω 的常数 C_Ω, 使得

$$\|f\|_{L^\infty(\Omega)} \leqslant C_\Omega \|f\|_{H^1(\Omega)} \ln^{\frac{1}{2}}\left(e + \frac{\|D^2 f\|_{L^2(\Omega)}}{\|f\|_{H^1(\Omega)}}\right),$$

或者

$$\|f\|_{L^\infty(\Omega)} \leqslant C_\Omega (1 + \|f\|_{H^1(\Omega)}) \ln^{\frac{1}{2}} \left(e + \|D^2 f\|_{L^2(\Omega)}\right).$$

定理 3.4 的证明. 参考 [12], 定义

$$\widetilde{u}(\widetilde{x}) = r_0 u(r_0 \widetilde{x}) = r_0 u(x),$$

其中 $r = |x'| \in (r_0, 2r_0), |z| < r_0$ 且 r_0 足够大. 设 $\tilde{D} = \{(\tilde{r}, \tilde{z}) \in (1, 2) \times (-1, 1)\}$ 和 $D = \{(r, z) \in (r_0, 2r_0) \times (-r_0, r_0)\}$. 则由引理 3.4, 我们有

$$\|\widetilde{u}\|_{L^\infty(\tilde{D})} \leqslant C(1 + \|\widetilde{u}\|_{H^1(\tilde{D})}) \sqrt{\ln(e + \|D^2 \widetilde{u}\|_{L^2(\tilde{D})})}.$$

另外, 根据伸缩性, 可知

$$\|\widetilde{u}\|_{L^\infty(\tilde{D})} = r\|u\|_{L^\infty(D)},$$

$$\|\widetilde{u}\|_{L^2(\tilde{D})} \leqslant C \left(\int_{\tilde{D}} |\tilde{u}|^6 \tilde{r} \mathrm{d}\tilde{r} \mathrm{d}\tilde{z}\right)^{\frac{1}{6}} \leqslant C\sqrt{r} \left(\int_D |u|^6 r \mathrm{d}r \mathrm{d}z\right)^{\frac{1}{6}},$$

$$\|\tilde{\nabla}\widetilde{u}\|_{L^2(\tilde{D})} \leqslant C \left(\int_{\tilde{D}} |\tilde{\nabla}\tilde{u}|^2 \tilde{r} \mathrm{d}\tilde{r} \mathrm{d}\tilde{z}\right)^{\frac{1}{2}} \leqslant C\sqrt{r} \left(\int_D |\nabla u|^2 r \mathrm{d}r \mathrm{d}z\right)^{\frac{1}{2}},$$

$$\|\tilde{\nabla}^2\widetilde{u}\|_{L^2(\tilde{D})} \leqslant C \left(\int_{\tilde{D}} |\tilde{\nabla}^2\tilde{u}|^2 \tilde{r} \mathrm{d}\tilde{r} \mathrm{d}\tilde{z}\right)^{\frac{1}{2}} \leqslant C\sqrt{r}^3 \left(\int_D |\nabla^2 u|^2 r \mathrm{d}r \mathrm{d}z\right)^{\frac{1}{2}}.$$

因此

$$\begin{aligned}
r\|u\|_{L^\infty(D)} &\leqslant C(1 + \sqrt{r}\|u\|_{L^2(D)} + \sqrt{r}\|Du\|_{L^2(D)}) \\
&\quad \times \sqrt{\ln(e + r^{3/2}\|D^2 u\|_{L^2(D)})},
\end{aligned} \tag{3.23}$$

这表明

$$\|u\|_{L^\infty(D)} \leqslant C r^{-\frac{1}{2}} (\ln r)^{\frac{1}{2}}.$$

证毕.

涡量 (3.22) 的证明. 参考 [12], 略.

3.5　轴对称 Navier-Stokes 的 Liouville 定理

一个自然的问题是: 是否存在常数 μ_1, μ_2 使得

$$|(u_r(r, z), u_z(r, z), u_\theta(r, z))| \leqslant C \frac{1}{r^{\mu_1}},$$

或者对于轴对称的情况, $|(w_r(r,z), w_z(r,z), w_\theta(r,z))| \leqslant C\dfrac{1}{r^{\mu_2}}$ 表明 $u \equiv 0$?

注 3.3(Leray 问题的条件准则) 例如:

(1) Liouville 定理在无旋 ($u_\theta = 0$) 假设下被证明, 参见 [55] 或者 [58].

(2) $u_\theta \in L^q$ 对某个 $q > 1$, 且 $\dfrac{u_r}{r} \in L^{\frac{3}{2}}$; 或者 $ru_\theta \in L^q$ 对某个 $q \geqslant 1$; 或者 $b = (u_r, 0, u_z) \in L^3$, 参见 [19].

(3) $|u| \leqslant \dfrac{C}{|x'|^\mu}$ 对于 $|x'| > 1$ 且

$$\mu > \frac{2}{q} \approx 0.771, \quad q = \frac{15 + \sqrt{33}}{8} \approx 2.593,$$

参见 Seregin [94].

(4) $|u| \leqslant \dfrac{C}{|x'|^{\frac{2}{3}+}}$ 对于 $|x'| > 1$, 或者 $|w| \leqslant \dfrac{C}{|x'|^{\frac{5}{3}+}}$ 对于 $|x'| > 1$, 参见 [104] 和 [118].

3.5.1 无旋条件下的 Liouville 性质

想法 1 (来源于 [55])

$$(\partial_t + u \cdot \nabla - \Delta_5)\left(\frac{\omega_\theta}{r}\right) = 0.$$

设

$$M = \sup_{\mathbb{R}^3 \times (-\infty, 0)} \frac{\omega_\theta}{r},$$

则在一个大球里, 有

$$\frac{\omega_\theta}{r} \geqslant \frac{1}{2}M,$$

既然 ω_θ 是有界的, 因此 $M = 0$.

想法 2 (来源于 [58])

$$\text{(axi-Euler)} \quad \begin{cases} b \cdot \nabla u_r - \dfrac{u_\theta^2}{r} + \partial_r p = 0, \\[2mm] b \cdot \nabla u_\theta + \dfrac{u_r u_\theta}{r} = 0, \\[2mm] b \cdot \nabla u_z + \partial_z p = 0, \\[2mm] \partial_r(ru_r) + \partial_z(ru_z) = 0, \end{cases} \quad (3.24)$$

满足

$$\lim_{|x|\to\infty} u(x) = 0 \tag{3.25}$$

和

$$\int_{\mathbb{R}^3} |\nabla u|^2 \mathrm{d}x < \infty. \tag{3.26}$$

其中 $b = u_r e_r + u_z e_z$. 具体表述如下:

定理 3.5 (Korobkov-Pileckas-Russo's Euler, 2015, [58]) 在 (3.24), (3.25) 和 (3.26), u 是轴对称的, 总压力 $Q(x) = \dfrac{|u(x)|^2}{2} + p \leqslant 0$ 和 $u_\theta = 0$ 的条件下, 有 Liouville 定理成立.

定理 3.6 (Korobkov-Pileckas-Russo's NS, 2015, [58]) 在 (0.1), (0.2) 和 (0.3), u 是轴对称的和 $u_\theta = 0$ 的条件下, 有 Liouville 定理成立.

引理 3.5 对于 Euler 系统 (3.24) 和 Navier-Stokes 系统 (0.1), 可知

$$\nabla^2 p \in L^1(\mathbb{R}^3).$$

因为 $\Delta p = -(\nabla u)(\nabla u)^{\mathrm{T}} \in \mathcal{H}^1(\mathbb{R}^3)$, 则有

$$G(x) = \frac{1}{4\pi} \int_{\mathbb{R}^3} \frac{1}{|x-y|} (\nabla u)(\nabla u)^{\mathrm{T}}(y) \mathrm{d}y,$$

且根据 Calderon-Zygmund 估计知 $\nabla^2 G \in L^1(\mathbb{R}^3)$. 另外, $\Delta(p-G) = 0$ 和 $\nabla(p-G) \in L^{\frac{3}{2}}(\mathbb{R}^3)$ 表明 $p-G = c$. 记 $P_+ = \mathbb{R}^+ \times \mathbb{R}$, 我们有

$$\partial_r p \in L^1(P_+),$$

且 $t \to \infty$ 时有

$$\int_{\mathbb{R}} p(t,z) \mathrm{d}z = -\int_t^\infty \int_{\mathbb{R}} \partial_r p(r,z) \mathrm{d}z \mathrm{d}r \to 0.$$

因为

$$Q(x) = \frac{|u(x)|^2}{2} + p \leqslant 0,$$

可知

$$\int_{\mathbb{R}} |u|^2(t,z) \mathrm{d}z \to 0, \quad t \to \infty.$$

引理 3.6 (1) 根据 Euler 系统 (3.24), 对于任何光滑向量场 g, 我们有

$$\mathrm{div}[pg + (u \cdot g)u] = p\,\mathrm{div}g + [(u \cdot \nabla)g] \cdot u; \tag{3.27}$$

(2) 根据 Navier-Stokes 系统 (0.1), 对于任何光滑向量场 g, 我们有

$$\mathrm{div}[pg + (u \cdot g)u] = p\,\mathrm{div}g + [(u \cdot \nabla)g] \cdot u + \Delta u \cdot g. \tag{3.28}$$

由 Euler 系统 (3.24), 可知

$$\begin{aligned}
\mathrm{div}[pg + (u \cdot g)u] &= \nabla p \cdot g + p\,\mathrm{div}g + \nabla[u \cdot g] \cdot u \\
&= \nabla p \cdot g + p\,\mathrm{div}g + u \cdot [\nabla u \cdot g] + [(u \cdot \nabla)g] \cdot u \\
&= p\,\mathrm{div}g + [(u \cdot \nabla)g] \cdot u.
\end{aligned}$$

定理 3.5 的证明.

情况 I. 设在 (3.27) 中 $g = re_r$, 我们有

$$\mathrm{div}[pg + (u \cdot g)u] = 2p + u_\theta^2 + u_r^2.$$

在 $C_t = \{(x_1, x_2, z); r < t, z \in \mathbb{R}\}$ 上积分, 可知

$$\begin{aligned}
\int_{C_t} \mathrm{div}[pg + (u \cdot g)u]\mathrm{d}x &= \int_{\partial C_t} [pg + (u \cdot g)u] \cdot n\mathrm{d}x \\
&= \int_{S_t} \int_{\mathbb{R}} (pr + ru_r^2)|_{r=t}\mathrm{d}z\mathrm{d}\theta \quad (n = e_r) \\
&= 2\pi t^2 \int_{\mathbb{R}} (p + u_r^2)(t, z)\mathrm{d}z \\
&= 2\pi \int_0^t \int_{\mathbb{R}} r(2p + u_\theta^2 + u_r^2)\mathrm{d}r\mathrm{d}z \leqslant 0.
\end{aligned}$$

情况 II. 设在 (3.27) 中 $g = \dfrac{1}{r}e_r$, 我们有

$$\mathrm{div}[pg + (u \cdot g)u] = \frac{1}{r^2}(u_\theta^2 - u_r^2).$$

在 $C_{t_0,t} = \{(x_1, x_2, z); t_0 < r < t, z \in R\}$ 上积分, 可知

$$\begin{aligned}
\int_{C_{t_0,t}} \mathrm{div}[pg + (u \cdot g)u]\mathrm{d}x &= \int_{\partial C_{t_0,t}} [pg + (u \cdot g)u] \cdot n\mathrm{d}x \\
&= \int_{S_r} \int_{\mathbb{R}} \left[\frac{1}{r}(p + u_r^2)\right]\mathrm{d}z\mathrm{d}\theta|_{r=t_0}^t \quad (n = e_r, -e_r)
\end{aligned}$$

$$= 2\pi \int_{\mathbb{R}} (p + u_r^2)(t, z)\mathrm{d}z - 2\pi \int_{\mathbb{R}} (p + u_r^2)(t_0, z)\mathrm{d}z$$

$$= 2\pi \int_{t_0}^{t} \int_{\mathbb{R}} \frac{1}{r}(u_\theta^2 - u_r^2)\mathrm{d}r\mathrm{d}z \leqslant 0.$$

注意到

$$\int_{\mathbb{R}} (p + |u|^2)(t, z)\mathrm{d}z \to 0, \quad t \to \infty.$$

令 $t \to \infty$, 根据 $u_\theta = 0$ 可知

$$\int_{\mathbb{R}} (p + u_r^2)(t, z)\mathrm{d}z = \int_t^\infty \int_{\mathbb{R}} \frac{1}{r}(u_r^2)\mathrm{d}r\mathrm{d}z \geqslant 0.$$

结合情况 I, 我们有

$$\int_{\mathbb{R}} (p + u_r^2)(t, z)\mathrm{d}z = 0.$$

但从情况 II, 我们知道

$$\int_t^\infty \int_{\mathbb{R}} \frac{1}{r}(u_r^2)\mathrm{d}r\mathrm{d}z = \int_{\mathbb{R}} (p + u_r^2)(t, z)\mathrm{d}z = 0.$$

因此, 我们有 $u_r = 0$. 进一步根据散度为零的性质知 $u_z = 0$.

定理 3.6 的证明. 该证明类似于 Euler 的情况. 注意到对于 $g = g(r)e_r$, 我们有

$$\mathrm{div}[pg + (u \cdot g)u] = p\,\mathrm{div}g + [(u \cdot \nabla)g] \cdot u + g \cdot \mathrm{curl}w$$

和

$$g \cdot \mathrm{curl}w = g(r)\partial_z(w_\theta) = \partial_z(g(r)w_\theta),$$

显然上式在 $C_{t_0,t}$ 上积分等于零. 其他论述均有效, 我们省略了细节. 综上, 我们完成了证明.

定理 3.7 (Pan-Li, 2020, [87]) 假设轴对称 NS 方程的解 u 是光滑无旋的, 则 $u = (u_r, u_z) = (0, c(t))$ 需要满足条件:

$$|u_r(t, r, z)| + |u_z(l, r, z)| \leqslant C(\sqrt{-t} + |x| + c)^\alpha,$$

$$|u_r(t, r, z)| + |u_z(t, r, z) - u_z(t, 0, z)| \leqslant Cr,$$

对任意的 $\alpha < 1$.

注 3.4 分部积分需要控制 $\dfrac{u_r}{r}$ 和 $\dfrac{u_z(r) - u_z(0)}{r}$.

3.5.2 速度衰减假设

借助于 [96] 中的能量估计, 我们可以将 [94] 中的结果改进为 $\mu > \dfrac{2}{3}$, 它几乎是 $u \in L^{\frac{9}{2},\infty}$ 的等价形式, 并且它还改进了 [55] 中 $\mu = 1$ 的 I 型奇异性. 参考 Wang [104], 另一个思路见 Zhao [118].

定理 3.8(Wang, 2019, [104]) 假设 u 是方程 (3.19) 的一个轴对称光滑解, 且对某个 $\mu > \dfrac{2}{3}$, 有

$$|u| \leqslant \frac{C}{(1+r)^\mu},$$

则 $u \equiv 0$.

回顾 [96] 中的 Caccioppoli 不等式, 如下所述.

命题 3.1 设 (u, p) 是 (0.1) 的光滑解. 则对于 $0 < \delta \leqslant 1$ 和 $\dfrac{6(3-\delta)}{6-\delta} < q < 3$, 我们有

$$\int_{B_{R/2}} |\nabla u|^2 \mathrm{d}x \leqslant \frac{C}{R^2} \left(\int_{B_R \setminus B_{R/2}} |u|^2 \mathrm{d}x \right)$$
$$+ C(\delta) \left(\|u\|_{L^{q,\infty}(B_R \setminus B_{R/2})}^{3-\delta} R^{2 - \frac{9-3\delta}{q} - \frac{\delta}{2}} \right)^{\frac{2}{2-\delta}}.$$

定理 3.8 的证明. 设 C_R 表示圆柱形区域 $\{x : |x'| \leqslant R, |z| \leqslant R\}$, 则易知

$$B_R \subset C_R \subset B_{\sqrt{2}R}.$$

因此, 对于 $q > 2$, 从命题 3.1 得出

$$\int_{C_{\frac{\sqrt{2}}{4}R}} |\nabla u|^2 \mathrm{d}x \leqslant \frac{C}{R^2} \left(\int_{C_R \setminus C_{\frac{\sqrt{2}}{4}R}} |u|^2 \mathrm{d}x \right)$$
$$+ C(\delta) \left(\|u\|_{L^{q,\infty}(C_R \setminus C_{\frac{\sqrt{2}}{4}R})}^{3-\delta} R^{2 - \frac{9-3\delta}{q} - \frac{\delta}{2}} \right)^{\frac{2}{2-\delta}}$$
$$\leqslant C \|u\|_{L^q(C_R)}^2 R^{1 - \frac{6}{q}} + C(\delta, q) \left(\|u\|_{L^q(C_R)}^{3-\delta} R^{2 - \frac{9-3\delta}{q} - \frac{\delta}{2}} \right)^{\frac{2}{2-\delta}}. \quad (3.29)$$

这里我们利用了 Lorentz 空间的下述性质:

$$\|u\|_{L^{q,\infty}(\Omega)} \leqslant C(q, \ell) \|u\|_{L^{q,\ell}(\Omega)}.$$

(例如, 参见命题 1.4.10, [43]).

对于 $\mu q > 2$, 我们有

$$\|u\|_{L^q(C_R)} \leqslant C \left(R \int_0^R (1+r)^{1-\mu q} \mathrm{d}r \right)^{\frac{1}{q}} \leqslant C(\mu, q) R^{\frac{1}{q}}.$$

则 (3.29) 的右端项被控制为

$$\int_{C_{\frac{\sqrt{2}}{4}R}} |\nabla u|^2 \mathrm{d}x \leqslant C(\mu, q) R^{1-\frac{4}{q}} + C(\delta, \mu, q) \left(R^{2-\frac{\delta}{2}-\frac{6-2\delta}{q}} \right)^{\frac{2}{2-\delta}}. \tag{3.30}$$

断言: 对固定的 $\mu > \dfrac{2}{3}$, 存在常数 $\delta \in (0,1)$ 和 q 使得

$$\max\left\{ 6\frac{3-\delta}{6-\delta}, \frac{2}{\mu} \right\} < q < 3, \quad 2 - \frac{\delta}{2} - \frac{6-2\delta}{q} < 0. \tag{3.31}$$

因此令 $R \to \infty$, 根据 (3.30), 我们有

$$\int_{\mathbb{R}^3} |\nabla u|^2 \mathrm{d}x = 0,$$

这表明 $u \equiv 0$.

(3.31) 的证明. 首先对任意固定的 $\mu > \dfrac{2}{3}$, 我们取 $\delta_0 \in (0,1)$ 使得

$$\frac{2}{\mu} < 4\frac{3-\delta_0}{4-\delta_0}.$$

因为 $0 < \delta_0 < 1$, 可知

$$1 - \frac{\delta_0}{4} < 1 - \frac{\delta_0}{6},$$

且

$$6\frac{3-\delta_0}{6-\delta_0} < 4\frac{3-\delta_0}{4-\delta_0}.$$

因此, 可以取

$$q = \frac{1}{2}\left(\max\left\{ 6\frac{3-\delta_0}{6-\delta_0}, \frac{2}{\mu} \right\} + 4\frac{3-\delta_0}{4-\delta_0} \right),$$

从而有

$$\max\left\{6\frac{3-\delta_0}{6-\delta_0}, \frac{2}{\mu}\right\} < q < 4\frac{3-\delta_0}{4-\delta_0} < 3,$$

这表明 (3.31) 成立. 综上, 我们完成了定理 3.8 的证明.

3.5.3 速度分量的 Liouville 定理

注意到 $\Gamma = ru_\theta$ 满足下述特殊结构

$$b \cdot \nabla\Gamma - \Delta_0\Gamma + \frac{2}{r}\partial_r\Gamma = 0,$$

并且可以利用最大值原理, 则条件 $u_\theta = o\left(\frac{1}{r}\right)(|x| \to \infty)$ 表明 u 是平凡的. 然而, 我们仍然不知道 $u_\theta = o\left(\frac{1}{r}\right)$ 是否可以被 $u_\theta = O\left(\frac{1}{r}\right)$ 代替. 但是我们证明了条件 $|b| = O\left(\frac{1}{r}\right)$ 或者 $b \in BMO^{-1}(\mathbb{R}^3)$ 是足够的, 这改进了 [19] 中的假设 $b \in L^3(\mathbb{R}^3)$.

这里我们称一个函数 $f \in BMO^{-1}(\mathbb{R}^3)$, 如果存在一个向量值函数 $d \in \mathbb{R}^3$ 和 $d_j \in BMO(\mathbb{R}^3)$ 使得 $f = \mathrm{div}d = d_{j,j}$. 众所周知, 对于 BMO 空间, 对于任意的 $s \in [1, \infty)$, 我们有

$$\Gamma(s) = \sup_{x_0\in\mathbb{R}^3, R>0}\left(\frac{1}{|B_R(x_0)|}\int_{B_R(x_0)}|d - d_{x_0,R}|^s dx\right)^{\frac{1}{s}} < \infty.$$

详细地说, 我们得到了以下定理.

定理 3.9 ([104]) 假设 u 是方程 (3.19) 的一个轴对称光滑解, 满足 (0.2) 和 (0.3). 则 $u \equiv 0$ 如果满足以下条件之一:

(i) $b = (u_r, u_z) \in BMO^{-1}(\mathbb{R}^3)$;

(ii) $|b| \leqslant \dfrac{C}{r}$.

定理 3.9 的证明. 设 $\phi(x) = \phi(r, z) \in C_0^\infty(C_R)$ 且 $0 \leqslant \phi \leqslant 1$, 满足

$$\phi(x) = \begin{cases} 1, & x \in C_{R/2}, \\ 0, & x \in C_R^c \end{cases}$$

和

$$|\nabla\phi| \leqslant \frac{C}{R}, \quad |\nabla^2\phi| \leqslant \frac{C}{R^2}.$$

不失一般性, 由 [40] 中的定理 X.5.1 或定理 2.1, 我们可以假设

$$\lim_{|x|\to\infty} |p| + |u| = 0.$$

注意到 $\Delta p = -\partial_i\partial_j(u_i u_j)$, 则利用 Calderón-Zygmund 估计和调和函数的梯度估计, 我们有

$$\int_{\mathbb{R}^3} |p|^3 + |u|^6 \mathrm{d}x < CD(u)^3,$$

另外, 由 $\||\nabla u|u\|_{L^{\frac{3}{2}}(\mathbb{R}^3)} \leqslant CD(u)$ 可知

$$\|\nabla p\|_{L^{\frac{3}{2}}(\mathbb{R}^3)} < CD(u).$$

对 (0.1) 两边乘以 $\phi u\cdot$, 然后分部积分可以得到

$$\int_{C_R} \phi\left(|\nabla u_r|^2 + |\nabla u_\theta|^2 + |\nabla u_z|^2 + \frac{u_r^2}{r^2} + \frac{u_\theta^2}{r^2}\right)\mathrm{d}x$$
$$\leqslant \int_{C_R}\left(\frac{1}{2}|u|^2 + p\right)(u_r\partial_r + u_z\partial_z)\phi\mathrm{d}x + C\|u\|_{L^6(C_R\backslash C_{R/2})}^2$$
$$\doteq I + C\|u\|_{L^6(C_R\backslash C_{R/2})}^2.$$

情况 I. 由于 $u_r, u_z \in BMO^{-1}(\mathbb{R}^3)$, 我们记

$$u_r = \partial_j d_{1,j}, \quad u_z = \partial_j d_{2,j}, \quad j = 1,2,3,$$

其中 $d_{1,j}, d_{2,j} \in BMO(\mathbb{R}^3)$. 另外, 用 $\bar{f}$ 表示在区域 C_R 上 f 的均值. 从而, 有

$$I = \int_{C_R}\left(\frac{1}{2}|u|^2 + p\right)\left[\partial_j(d_{1,j} - \bar{d}_{1,j})\partial_r + \partial_j(d_{2,j} - \bar{d}_{2,j})\partial_z\right]\phi\mathrm{d}x$$
$$= -\int_{C_R}\partial_j\left(\frac{1}{2}|u|^2 + p\right)\left[(d_{1,j} - \bar{d}_{1,j})\partial_r\phi + (d_{2,j} - \bar{d}_{2,j})\partial_z\phi\right]\mathrm{d}x$$
$$- \int_{C_R}\left(\frac{1}{2}|u|^2 + p\right)\left[(d_{1,j} - \bar{d}_{1,j})\partial_j(\partial_r\phi) + (d_{2,j} - \bar{d}_{2,j})\partial_j(\partial_z\phi)\right]\mathrm{d}x.$$

回顾 $\phi(x) = \phi(r, z)$ 且

$$\partial_j \partial_z \phi = \partial_z \partial_j \phi, \quad j = 1, 2, 3,$$

$$\partial_j \partial_r \phi = \partial_r \partial_j \phi, \quad j = 3,$$

$$\partial_1 \partial_r \phi = \cos\theta \partial_r^2 \phi, \quad \partial_2 \partial_r \phi = \sin\theta \partial_r^2 \phi,$$

其与 BMO 函数的性质表明

$$I \leqslant CR^{-1} \| |\nabla(|u|^2)| + |\nabla p| \|_{L^{\frac{3}{2}}(C_R \setminus C_{R/2})} (\|d_{1,j} - \bar{d}_{1,j}\|_{L^3(C_R)} + \|d_{2,j} - \bar{d}_{2,j}\|_{L^3(C_R)})$$

$$+ CR^{-2} (\|u\|^2_{L^6(C_R \setminus C_{R/2})} + \|p\|_{L^3(C_R \setminus C_{R/2})})$$

$$\times (\|d_{1,j} - \bar{d}_{1,j}\|_{L^{\frac{3}{2}}(C_R)} + \|d_{2,j} - \bar{d}_{2,j}\|_{L^{\frac{3}{2}}(C_R)})$$

$$\leqslant C \| |\nabla(|u|^2)| + |\nabla p| \|_{L^{\frac{3}{2}}(C_R \setminus C_{R/2})} + C (\|u\|^2_{L^6(C_R \setminus C_{R/2})} + \|p\|_{L^3(C_R \setminus C_{R/2})})$$

$$\to 0 \quad (\text{当 } R \to \infty).$$

因此, 我们完成了情况 I 的证明.

情况 II. 对于 $r > 0$ 有

$$|(u_r, u_z)| \leqslant \frac{C}{r},$$

另外

$$I = \int_{C_R} \left(\frac{1}{2} |u|^2 + p \right) (u_r \partial_r + u_z \partial_z) \phi \mathrm{d}x$$

$$\leqslant C \int_{C_R} \left(\frac{1}{2} |u|^2 + |p| \right) (\partial_r \ln(r) |\partial_r \phi| + \partial_r \ln(r) |\partial_z \phi|) \, \mathrm{d}x.$$

记 $g(r) = \ln r$ 和 g 在 $\{x' : |x'| \leqslant R\}$ 上的均值 $\bar{g}$, 我们有

$$I \leqslant -C \int_{C_R} \partial_r \left(\frac{1}{2} |u|^2 + |p| \right) (g - \bar{g}) (|\partial_r \phi| + |\partial_z \phi|) \, \mathrm{d}x$$

$$-C \int_{C_R} \left(\frac{1}{2} |u|^2 + |p| \right) (g - \bar{g}) \partial_r (|\partial_r \phi| + |\partial_z \phi|) \, \mathrm{d}x$$

$$-C \int_{C_R} \left(\frac{1}{2} |u|^2 + |p| \right) (g - \bar{g}) \frac{1}{r} (|\partial_r \phi| + |\partial_z \phi|) \, \mathrm{d}x$$

$$:= I_1 + I_2 + I_3.$$

注意到 $g \in BMO(\mathbb{R}^2)$ (参见 [98] 的第 IV 章), 可知

$$R^{-1} \left(\int_{C_R} |g - \bar{g}|^3 \mathrm{d}x \right)^{\frac{1}{3}} \leqslant C \left(R^{-2} \int_{|x'| \leqslant R} |g - \bar{g}|^3 \mathrm{d}x \right)^{\frac{1}{3}} \leqslant C$$

和

$$R^{-2}\left(\int_{C_R}|g-\bar g|^{\frac{2}{3}}\mathrm{d}x\right)^{\frac{2}{3}}\leqslant C,\quad R^{-3}\left(\int_{C_R}|g-\bar g|^{12}\mathrm{d}x\right)\leqslant C.$$

因此, 类似于 (i) 的论证, 我们有

$$I_1+I_2\leqslant C\||\nabla(|u|^2)|+|\nabla p|\|_{L^{\frac{3}{2}}(C_R\backslash C_{R/2})}+C(\|u\|^2_{L^6(C_R\backslash C_{R/2})}+\|p\|_{L^3(C_R\backslash C_{R/2})}).$$

对于 I_3, 可知

$$\begin{aligned}I_3&\leqslant CR^{-1}(\|u\|^2_{L^6(C_R\backslash C_{R/2})}+\|p\|_{L^3(C_R\backslash C_{R/2})})\|g-\bar g\|_{L^{12}(C_R)}\|\frac1r\|_{L^{\frac{12}{7}}(C_R)}\\&\leqslant CR^{-\frac14}(\|u\|^2_{L^6(C_R\backslash C_{R/2})}+\|p\|_{L^3(C_R\backslash C_{R/2})})\|g-\bar g\|_{L^{12}(C_R)}\\&\leqslant C(\|u\|^2_{L^6(C_R\backslash C_{R/2})}+\|p\|_{L^3(C_R\backslash C_{R/2})}).\end{aligned}$$

从而, 我们可以得出结论

$$I\to0\quad(\text{当}\ R\to\infty).$$

综上, 我们完成了定理 3.9 的证明.

3.5.4　涡量的 Liouville 定理

对于涡量的衰减, 我们还陈述了以下相应的结果, 该结果也表明了与先验估计的差距.

定理 3.10([104])　假设 u 是方程 (3.19) 的一个轴对称光滑解, 满足 (0.2) 和 (0.3). 另外

$$|(w_r,w_\theta,w_z)|\leqslant\frac{C}{r^\beta},\quad\beta>\frac53.$$

则 $u\equiv0$.

注 3.5　这一结论将 [65] 的结果推广到轴对称情况, 需要条件 $|w|=o(|x|^{-\frac53})$. 我们将证明以下命题, 它蕴含定理 3.10.

命题 3.2　假设定理 3.10 的条件成立.

(1) 设 $w_\theta\leqslant Cr^{-\beta}$ 且 $\beta>1$. 则对于 $r>1$, 我们有

$$|u_r(r,z)|+|u_z(r,z)|\leqslant C\begin{cases}(1+r)^{-\frac32+\frac{1}{2(\beta-1)}},&\beta>2,\\(1+r)^{1-\beta},&1<\beta<2,\\(1+r)^{-1}\ln(r+1),&\beta=2.\end{cases}$$

(2) 设 $|w_r| + |w_z| \leqslant Cr^{-\beta}$ 且 $\beta > 1$. 则对于 $r > 1$, 我们得到

$$
|u_\theta(r,z)| \leqslant C
\begin{cases}
(1+r)^{-\frac{3}{2} + \frac{1}{2(\beta-1)}}, & \beta > 2, \\
(1+r)^{1-\beta}, & 1 < \beta < 2, \\
(1+r)^{-1}\ln(r+1), & \beta = 2.
\end{cases}
$$

定理 3.10 的证明. 定理的结论可由命题 3.2 和定理 3.8 直接得到.

接下来我们旨在证明命题 3.2. 首先, 在涡量的帮助下, 我们引入了 u_r, u_z 和 u_θ 的一个表示公式. 因为 $b = u_r e_r + u_z e_z$ 和

$$
\nabla \times b = w_\theta e_\theta, \quad \nabla \times (u_\theta e_\theta) = w_r e_r + w_z e_z,
$$

根据 Biot-Savart 律, 我们可以得到速度的积分表示如下 (例如, Choe-Jin [28] 的局部形式; 参见引理 2.2; 也可参见 Weng [111] 的引理 3.10).

引理 3.7 设在点 $(r\cos\theta, r\sin\theta, z)$ 处的涡量表示为 $(w_r, w_\theta, w_z)(r, z)$, 在点 $(\rho\cos\phi, \rho\sin\phi, k)$ 处的涡量记为 $(w_\rho, w_\phi, w_k)(\rho, k)$, 则我们有

$$
u_r(r,z) = \int_{-\infty}^{\infty}\int_0^{\infty} \Gamma_1(r, \rho, z-k) w_\phi(\rho, k)\rho\,\mathrm{d}\rho\,\mathrm{d}k, \tag{3.32}
$$

$$
u_z(r,z) = -\int_{-\infty}^{\infty}\int_0^{\infty} \Gamma_2(r, \rho, z-k) w_\phi(\rho, k)\rho\,\mathrm{d}\rho\,\mathrm{d}k, \tag{3.33}
$$

$$
u_\theta(r,z) = \int_{-\infty}^{\infty}\int_0^{\infty} \Gamma_3(r, \rho, z-k) w_k(\rho, k)\rho\,\mathrm{d}\rho\,\mathrm{d}k
$$

$$
\quad - \int_{-\infty}^{\infty}\int_0^{\infty} \Gamma_1(r, \rho, z-k) w_\rho(\rho, k)\rho\,\mathrm{d}\rho\,\mathrm{d}k, \tag{3.34}
$$

其中

$$
\Gamma_1(r, \rho, z-k) = \frac{1}{4\pi}\int_0^{2\pi} \frac{z-k}{[r^2 + \rho^2 - 2r\rho\cos\phi + (z-k)^2]^{\frac{3}{2}}}\cos\phi\,\mathrm{d}\phi,
$$

$$
\Gamma_2(r, \rho, z-k) = -\frac{1}{4\pi}\int_0^{2\pi} \frac{\rho - r\cos\phi}{[r^2 + \rho^2 - 2r\rho\cos\phi + (z-k)^2]^{\frac{3}{2}}}\,\mathrm{d}\phi,
$$

$$
\Gamma_3(r, \rho, z-k) = -\frac{1}{4\pi}\int_0^{2\pi} \frac{\rho - r\cos\phi}{[r^2 + \rho^2 - 2r\rho\cos\phi + (z-k)^2]^{\frac{3}{2}}}\cos\phi\,\mathrm{d}\phi.
$$

其次, 我们给出了 Γ_2, Γ_3 和 Γ_1 的估计界, 其将被利用在证明中. 这与 [28] 中的类似, 其中 $\rho \approx r$. 这里我们考虑所有的 $\rho > 0$ 和足够大的 $r > 0$. 具体而言, 我们有以下估计.

引理 3.8(Γ_2, Γ_3 和 Γ_1 的估计) 对于 $r > 1$ 和 $0 \leqslant \alpha \leqslant 1$, 有

$$|\Gamma_2(r, \rho, z - k)| + |\Gamma_3(r, \rho, z - k)|$$

$$\leqslant \frac{C}{(\max\{\rho, r\})^\alpha [(r - \rho)^2 + (z - k)^2]^{\frac{2-\alpha}{2}}}, \tag{3.35}$$

对于 $r > 1$, 当 $\dfrac{r}{4} \leqslant \rho \leqslant 4r$ 时 $0 \leqslant \alpha \leqslant 1$, 当 $\rho < \dfrac{r}{4}$ 或者 $\rho \geqslant 4r$ 时 $0 \leqslant \alpha \leqslant 3$, 我们有

$$|\Gamma_1(r, \rho, z - k)| \leqslant \frac{C|z - k|}{(\max\{\rho, r\})^\alpha [(r - \rho)^2 + (z - k)^2]^{\frac{3-\alpha}{2}}}. \tag{3.36}$$

最后, 我们假设引理 3.8 成立, 先完成命题 3.2 的证明, 引理 3.8 会被稍后证明.

命题 3.2 的证明. 首先, 我们估计 $u_r(r, z)$. 设

$$I = u_r(r, z) = \int_{-\infty}^{\infty} \int_{0}^{\infty} \Gamma_1 w_\phi \rho \mathrm{d}\rho \mathrm{d}k$$

$$= \int_{-\infty}^{\infty} \int_{0}^{r^\gamma/8} \Gamma_1 w_\phi \rho \mathrm{d}\rho \mathrm{d}k + \int_{-\infty}^{\infty} \int_{r^\gamma/8}^{r/4} \Gamma_1 w_\phi \rho \mathrm{d}\rho \mathrm{d}k + \int_{-\infty}^{\infty} \int_{r/4}^{r - r^\delta/2} \Gamma_1 w_\phi \rho \mathrm{d}\rho \mathrm{d}k$$

$$+ \int_{-\infty}^{\infty} \int_{r - r^\delta/2}^{r + r^\delta/2} \Gamma_1 w_\phi \rho \mathrm{d}\rho \mathrm{d}k + \int_{-\infty}^{\infty} \int_{r + r^\delta/2}^{4r} \Gamma_1 w_\phi \rho \mathrm{d}\rho \mathrm{d}k$$

$$+ \int_{-\infty}^{\infty} \int_{4r}^{\infty} \Gamma_1 w_\phi \rho \mathrm{d}\rho \mathrm{d}k$$

$$= I_1 + \cdots + I_6,$$

其中 $0 \leqslant \gamma, \delta \leqslant 1$, 在下文中会被确定. 对于 I_1, 由 (3.36) 和 $\|w_\phi\|_{L^2(\mathbb{R}^3)}^2 \leqslant CD(u) < \infty$, 可知

$$I_1 \leqslant C \left(\int_{-\infty}^{\infty} \int_{0}^{r^\gamma/8} |\Gamma_1(r, \rho, z - k)|^2 \rho \mathrm{d}\rho \mathrm{d}k \right)^{\frac{1}{2}}$$

$$\leqslant C \left(\int_{-\infty}^{\infty} \int_{0}^{r^\gamma/8} \frac{|z - k|^2}{r^{2\alpha} [r^2 + (z - k)^2]^{3 - \alpha}} \rho \mathrm{d}\rho \mathrm{d}k \right)^{\frac{1}{2}}$$

$$\leqslant C r^{-\frac{3}{2}} \left(\int_{-\infty}^{\infty} \int_{0}^{r^\gamma/8} \frac{r^{-2} |z - k|^2}{[1 + r^{-2}(z - k)^2]^{3 - \alpha}} r^{-1} \mathrm{d}k \ \rho \mathrm{d}\rho \right)^{\frac{1}{2}} \leqslant C r^{-\frac{3}{2} + \gamma},$$

其中 $0 \leqslant \alpha < \dfrac{3}{2}$. 对于 I_2, 利用 $r > 1$, (3.36) 和 $w_\theta \leqslant Cr^{-\beta}$, 我们有

$$I_2 \leqslant C \int_{-\infty}^{\infty} \int_{r^\gamma/8}^{r/4} \Gamma_1 \rho^{1-\beta} \mathrm{d}\rho \mathrm{d}k$$

$$\leqslant C \left(\int_{-\infty}^{\infty} \int_{r^\gamma/8}^{r/4} \frac{|z-k|}{r^\alpha [r^2 + (z-k)^2]^{\frac{3-\alpha}{2}}} \rho^{1-\beta} \mathrm{d}\rho \mathrm{d}k \right)$$

$$\leqslant C \begin{cases} r^{-1+\gamma(2-\beta)}, & \beta > 2, \\ r^{-1} \ln r, & \beta = 2, \\ r^{1-\beta}, & 1 < \beta < 2, \end{cases}$$

其中 $0 \leqslant \alpha < 1$. 另外, 对于 I_3, 由 (3.36) 和 $w_\theta \leqslant Cr^{-\beta}$ 可知

$$I_3 \leqslant C \int_{-\infty}^{\infty} \int_{r/4}^{r-r^\delta/2} \Gamma_1 \rho^{1-\beta} \mathrm{d}\rho \mathrm{d}k$$

$$\leqslant C \left(\int_{-\infty}^{\infty} \int_{r/4}^{r-r^\delta/2} \frac{|z-k|}{r^\alpha [(r-\rho)^2 + (z-k)^2]^{\frac{3-\alpha}{2}}} \rho^{1-\beta} \mathrm{d}\rho \mathrm{d}k \right)$$

$$\leqslant Cr^{-\alpha-\delta+\alpha\delta} \left(\int_{-\infty}^{\infty} \int_{r/4}^{r-r^\delta/2} \frac{r^{-\delta}|z-k|}{\left[\dfrac{1}{4} + r^{-2\delta}(z-k)^2 \right]^{\frac{3-\alpha}{2}}} r^{-\delta} \mathrm{d}k \rho^{1-\beta} \mathrm{d}\rho \right)$$

$$\leqslant C \begin{cases} r^{2-\beta-\alpha-\delta+\delta\alpha}, & \beta < 2 \text{ 或者 } \beta > 2, \\ r^{-\alpha-\delta+\alpha\delta} \ln r, & \beta = 2, \end{cases}$$

其中 $0 \leqslant \alpha < 1$. 类似地, 对于 I_5, 我们有

$$I_5 \leqslant C \begin{cases} r^{2-\beta-\alpha-\delta+\delta\alpha}, & \beta < 2 \text{ 或者 } \beta > 2, \\ r^{-\alpha-\delta+\alpha\delta} \ln r, & \beta = 2, \end{cases}$$

其中 $0 \leqslant \alpha < 1$. 此外, 对于 $0 \leqslant \alpha < 1$, 利用 (3.36) 和 $w_\theta \leqslant Cr^{-\beta}$, 我们有

$$I_4 \leqslant C \int_{-\infty}^{\infty} \int_{r-r^\delta/2}^{r+r^\delta/2} \Gamma_1 \rho^{1-\beta} \mathrm{d}\rho \mathrm{d}k$$

$$\leqslant C\left(\int_{-\infty}^{\infty}\int_{r-r^{\delta}/2}^{r+r^{\delta}/2}\frac{|z-k|}{r^{\alpha}[(r-\rho)^{2}+(z-k)^{2}]^{\frac{3-\alpha}{2}}}\rho^{1-\beta}\mathrm{d}\rho\mathrm{d}k\right)$$

$$\leqslant C\left(\int_{r-r^{\delta}/2}^{r+r^{\delta}/2}r^{-\alpha}(r-\rho)^{-1+\alpha}\rho^{1-\beta}\mathrm{d}\rho\right)$$

$$\leqslant Cr^{1-\beta-\alpha}\left(\int_{r-r^{\delta}/2}^{r+r^{\delta}/2}(r-\rho)^{-1+\alpha}\mathrm{d}\rho\right)$$

$$\leqslant Cr^{1-\beta-\alpha+\delta\alpha},\quad\beta>1.$$

最后, (3.36) 和 $w_{\theta}\leqslant Cr^{-\beta}$ 表明

$$I_{6}\leqslant C\int_{-\infty}^{\infty}\int_{4r}^{\infty}\Gamma_{1}\rho^{1-\beta}\mathrm{d}\rho\mathrm{d}k$$

$$\leqslant C\left(\int_{-\infty}^{\infty}\int_{4r}^{\infty}\frac{|z-k|}{\rho^{\alpha}[\rho^{2}+(z-k)^{2}]^{\frac{3-\alpha}{2}}}\rho^{1-\beta}\mathrm{d}\rho\mathrm{d}k\right)$$

$$\leqslant Cr^{1-\beta},\quad\beta>1.$$

因此, 结合 $I_{1},I_{2},\cdots,I_{6}$ 的估计, 我们有下述论证.

　　情况 I. $\beta>2$. 此时, 我们有

$$I\leqslant C\left[r^{-\frac{3}{2}+\gamma}+r^{-1+\gamma(2-\beta)}+r^{2-\beta-\alpha-\delta+\delta\alpha}+r^{1-\beta-\alpha+\delta\alpha}+r^{1-\beta}\right],$$

其中 $0\leqslant\alpha<1$ 和 $0\leqslant\gamma,\delta\leqslant1$. 首先, 我们令 $\gamma=\dfrac{1}{2(\beta-1)}$ 使得 $-\dfrac{3}{2}+\gamma=-1+\gamma(2-\beta)$. 此外, 我们取 $\alpha\uparrow1,\delta\uparrow1$ 使得

$$(1-\delta)(1-\alpha)\leqslant\beta-\frac{5}{2}+\frac{1}{2(\beta-1)},$$

这表明

$$-1+\gamma(2-\beta)\geqslant2-\beta-\alpha-\delta+\delta\alpha.$$

另外, 注意到

$$2-\beta-\alpha-\delta+\delta\alpha\geqslant1-\beta\geqslant1-\beta-\alpha+\delta\alpha,$$

从而对 $r>1$, 我们得到

$$|u_{r}(r,z)|\leqslant Cr^{-\frac{3}{2}+\frac{1}{2(\beta-1)}}.$$

情况 II. $\beta < 2$. 此时, 我们有

$$I \leqslant C\left[r^{-\frac{3}{2}+\gamma} + r^{2-\beta-\alpha-\delta+\delta\alpha} + r^{1-\beta-\alpha+\delta\alpha} + r^{1-\beta}\right],$$

其中 $0 \leqslant \alpha < 1$ 且 $0 \leqslant \gamma, \delta \leqslant 1$. 我们取 $\gamma = 0$ 和 $\delta = 1$, 则我们得到

$$|u_r(r,z)| \leqslant Cr^{1-\beta}.$$

情况 III. $\beta = 2$. 此时, 我们有

$$I \leqslant C\left[r^{-\frac{3}{2}+\gamma} + r^{-1}\ln r + r^{-\alpha-\delta+\alpha\delta}\ln r + r^{1-\beta-\alpha+\delta\alpha} + r^{1-\beta}\right],$$

其中 $0 \leqslant \alpha < 1$ 和 $0 \leqslant \gamma, \delta \leqslant 1$. 我们取 $\gamma = 0$ 和 $\delta = 1$, 从而可知

$$|u_r(r,z)| \leqslant Cr^{-1}\ln r.$$

因此我们完成了对 $u_r(r,z)$ 的估计. 注意到如上所述使用的 Γ_1 的界与 Γ_2 和 Γ_3 的估计类似. 因此, 类似的论证适用于 u_z 和 u_θ. 我们完成了命题 3.2 的证明.

引理 3.8 的证明. 剩下的部分致力于证明引理 3.8, 这类似于 [28] 中的引理 2.3, 其中讨论了 $\frac{r}{4} < \rho < 4r$ 的情况. 这里我们考虑所有的值 $\rho > 0$, 并给出了证明.

首先, 对于 $k > 0$ 和 $\beta \geqslant 1$, 对任意的 $0 \leqslant \delta < 1$, 我们发现

$$I = \int_0^{\frac{\pi}{2}} \frac{\mathrm{d}\phi}{(\sqrt{1+k\sin^2\phi})^\beta} \leqslant \begin{cases} C(\delta)\min\{1, k^{-\frac{\delta}{2}}\}, & \beta = 1, \\ C(\beta)\min\{1, k^{-\frac{1}{2}}\}, & \beta > 1. \end{cases} \tag{3.37}$$

显然, $k \leqslant C$ 成立, 接下来我们假设 k 足够大. 则对于 $0 < \ell < 1$, 有

$$I \leqslant \ell + \int_\ell^{\frac{\pi}{2}} \frac{\mathrm{d}\phi}{(k\sin^2\phi)^{\beta/2}}.$$

由于 $\phi \leqslant 2\sin\phi$, 当 $\phi \in \left(0, \frac{\pi}{2}\right)$ 时, 我们有

$$I \leqslant \ell + 2k^{-\beta/2}\left(\ln\left(\frac{\pi}{2}\right) - \ln\ell\right), \quad \beta = 1$$

和

$$I \leqslant \ell + 2^\beta k^{-\beta/2} \frac{\left(\frac{\pi}{2}\right)^{1-\beta} - \ell^{1-\beta}}{1-\beta}, \quad \beta > 1.$$

通过选取合适的 ℓ, 我们可以得到所需的界. 显然, 根据 Γ_2, Γ_3 和 Γ_1 的公式, 我们有

$$|\Gamma_i(r, \rho, z - k)| \leqslant \frac{\rho + r}{[(r - \rho)^2 + (z - k)^2]^{\frac{3}{2}}}, \quad i = 2, 3, \tag{3.38}$$

$$|\Gamma_1(r, \rho, z - k)| \leqslant \frac{|z - k|}{[(r - \rho)^2 + (z - k)^2]^{\frac{3}{2}}}, \tag{3.39}$$

对所有的 $\rho > 0$ 和 $r > 0$ 成立.

接下来, 我们分别仔细估计 Γ_2, Γ_3 和 Γ_1.

第 I 步. 注意到 ϕ 的周期性, 偶性质和变量代换, 我们还得到

$$\Gamma_2 = -\int_0^{2\pi} \frac{1}{4\pi} \frac{\rho - r\cos\phi}{[r^2 + \rho^2 - 2r\rho\cos\phi + (z - k)^2]^{\frac{3}{2}}} \, d\phi$$

$$= -\int_0^{\frac{\pi}{2}} \frac{1}{\pi} \frac{\rho - r\cos 2\phi}{[r^2 + \rho^2 - 2r\rho\cos 2\phi + (z - k)^2]^{\frac{3}{2}}} \, d\phi$$

和

$$\Gamma_2 = -\int_0^{\frac{\pi}{2}} \frac{1}{2\pi} \frac{\rho^2 - 2r\rho\cos 2\phi + r^2 + \rho^2 - r^2}{\rho[(r - \rho)^2 + 4r\rho\sin^2\phi + (z - k)^2]^{\frac{3}{2}}} \, d\phi$$

$$\leqslant C \frac{1}{\rho\sqrt{(r - \rho)^2 + (z - k)^2}} \int_0^{\pi/2} \frac{d\phi}{\sqrt{1 + K\sin^2\phi}}$$

$$- \frac{1}{2\pi} \frac{1}{\rho[(r - \rho)^2 + (z - k)^2]^{\frac{3}{2}}} \int_0^{\pi/2} \frac{\rho^2 - r^2}{(\sqrt{1 + K\sin^2\phi})^3} \, d\phi,$$

其中

$$K = \frac{4r\rho}{(r - \rho)^2 + (z - k)^2}.$$

当 $K \leqslant 1$, 即 $4r\rho \leqslant (r - \rho)^2 + (z - k)^2$, 我们有

$$(r - \rho)^2 + (z - k)^2 \geqslant \frac{1}{2}r^2, \quad \rho \leqslant \frac{r}{2}, \quad (r - \rho)^2 + (z - k)^2 \geqslant 2r^2, \quad \frac{r}{2} \leqslant \rho \leqslant 4r.$$

另外, 对于 $\rho \geqslant 4r$, 可知

$$(r - \rho)^2 + (z - k)^2 \geqslant \left(\frac{3}{4}\rho\right)^2 \geqslant \left(\frac{3}{5}(\rho + r)\right)^2 \geqslant \frac{9}{25}(\rho + r)^2.$$

因此对于 $K \leqslant 1$, 我们有

$$\Gamma_2 \leqslant C \frac{1}{\rho\sqrt{(r-\rho)^2+(z-k)^2}}. \tag{3.40}$$

当 $K > 1$, 由 (3.37), 我们得到

$$\Gamma_2 \leqslant C(\delta) \frac{1}{\rho\sqrt{(r-\rho)^2+(z-k)^2}}$$
$$\times \left[\left(\frac{(r-\rho)^2+(z-k)^2}{4r\rho} \right)^{\frac{\delta}{2}} + \frac{|\rho^2-r^2|}{(r-\rho)^2+(z-k)^2} \left(\frac{(r-\rho)^2+(z-k)^2}{4r\rho} \right)^{\frac{1}{2}} \right], \tag{3.41}$$

其中 $0 \leqslant \delta < 1$.

情况 I. 对于 $r > 1$ 和 $\rho \leqslant \frac{r}{4}$ 或者 $\rho > 4r$, 根据 (3.38), 我们知道估计 (3.35) 成立.

情况 II. 对于 $r > 1$ 和 $\frac{r}{4} \leqslant \rho \leqslant 4r$ 且 $K \leqslant 1$, 由 (3.38) 和 (3.40), 可知估计 (3.35) 成立.

情况 III. 对于 $r > 1$ 和 $\frac{r}{4} \leqslant \rho \leqslant 4r$ 且 $K \gg 1$, 由 (3.38) 和 (3.41), 我们有 (3.35) 成立. 注意到 $(r-\rho)^2+(z-k)^2 \leqslant 16r^2$ 和

$$\frac{|\rho^2-r^2|}{(r-\rho)^2+(z-k)^2} \left(\frac{(r-\rho)^2+(z-k)^2}{4r\rho} \right)^{\frac{1}{2}} \leqslant \frac{\rho+r}{\sqrt{4r\rho}} \leqslant 5.$$

因此 Γ_2 的证明完成.

第 II 步. Γ_3 的证明类似, 我们省略了细节.

第 III 步. Γ_1 的估计如下.

$$\begin{aligned}
\Gamma_1(r,\rho,z-k) &= \frac{1}{2\pi}\int_0^\pi \frac{z-k}{[r^2+\rho^2-2r\rho\cos\phi+(z-k)^2]^{\frac{3}{2}}}\cos\phi\mathrm{d}\phi \\
&= \frac{1}{\pi}\int_0^{\frac{\pi}{2}} \frac{z-k}{[(r-\rho)^2+4r\rho\sin^2\phi+(z-k)^2]^{\frac{3}{2}}}\cos 2\phi\mathrm{d}\phi \\
&\leqslant C\frac{|z-k|}{[(r-\rho)^2+(z-k)^2]^{\frac{3}{2}}}\int_0^{\pi/2}\frac{1}{(\sqrt{1+K\sin^2\phi})^3}\mathrm{d}\phi,
\end{aligned}$$

其中

$$K = \frac{4r\rho}{(r-\rho)^2+(z-k)^2}.$$

当 $K \leqslant 1$, 即 $4r\rho \leqslant (r-\rho)^2 + (z-k)^2$, 我们有

$$(r-\rho)^2 + (z-k)^2 \geqslant \frac{1}{2}r^2, \quad \rho \leqslant \frac{r}{2}, (r-\rho)^2 + (z-k)^2 \geqslant 2r^2, \quad \frac{r}{2} \leqslant \rho \leqslant 4r.$$

另外, 对于 $\rho \geqslant 4r$, 我们有

$$(r-\rho)^2 + (z-k)^2 \geqslant \left(\frac{3}{4}\rho\right)^2.$$

因此对于 $K \leqslant 1$, 可知

$$(r-\rho)^2 + (z-k)^2 \geqslant \frac{1}{2}(\max\{r,\rho\})^2.$$

根据 (3.39), 对于 $K \leqslant 1$, 我们得到

$$|\Gamma_1(r,\rho,z-k)| \leqslant \frac{C|z-k|}{(\max\{\rho,r\})^\alpha[(r-\rho)^2+(z-k)^2]^{\frac{3-\alpha}{2}}}, \tag{3.42}$$

其中 $0 \leqslant \alpha \leqslant 3$. 当 $K > 1$, 即 $4r\rho \geqslant (r-\rho)^2+(z-k)^2$, 这表明 $\rho > \frac{1}{8}r$, 由 (3.37), 我们有

$$|\Gamma_1(r,\rho,z-k)| \leqslant \frac{C|z-k|}{[(r-\rho)^2+(z-k)^2]^{\frac{3}{2}}}\left(\frac{(r-\rho)^2+(z-k)^2}{4r\rho}\right)^{\frac{1}{2}}$$
$$\leqslant \frac{C|z-k|}{\sqrt{r\rho}[(r-\rho)^2+(z-k)^2]}.$$

因此, 对于 $\frac{1}{8}r < \rho < 4r$, 可知

$$|\Gamma_1(r,\rho,z-k)| \leqslant \frac{C|z-k|}{(\max\{\rho,r\})^\alpha[(r-\rho)^2+(z-k)^2]^{\frac{3-\alpha}{2}}}, \tag{3.43}$$

其中 $0 \leqslant \alpha \leqslant 1$. 对于 $\rho \geqslant 4r$, 由 (3.39), 我们还得出

$$|\Gamma_1(r,\rho,z-k)| \leqslant \frac{C|z-k|}{(\max\{\rho,r\})^\alpha[(r-\rho)^2+(z-k)^2]^{\frac{3-\alpha}{2}}}, \tag{3.44}$$

其中 $0 \leqslant \alpha \leqslant 3$.

结合 (3.42)-(3.44) 的估计, 我们完成了 (3.36) 的证明.

第 4 章   二维 Navier-Stokes 方程的 Liouville 定理

考虑二维 Navier-Stokes 方程如下:

$$\begin{cases} -\Delta u + u \cdot \nabla u + \nabla p = 0, \\ \mathrm{div} u = 0, \end{cases} \tag{4.1}$$

其中 $u(x,y) = (u_1(x,y), u_2(x,y))$ 表示速度场且标量函数 $p = p(x,y)$ 是流体的压力.

4.1   Gilbarg-Weinberger 的系列定理

在这一节我们将介绍 Gilbarg-Weinberger 在 1978 年的著名工作, 见 [42].

4.1.1   速度的增长估计

引入二维极坐标 $x = r\cos\theta$, $y = r\sin\theta$, 下述定理成立.

定理 4.1   设 u 是 Navier-Stokes 方程 (4.1) 在 $r \geqslant r_0$ 上的解, 且

$$\int_{r > r_0} |\nabla u|^2 \mathrm{d}x\mathrm{d}y < \infty, \tag{4.2}$$

则

$$\lim_{r \to \infty} \frac{|u(r,\theta)|^2}{\log r} = 0, \tag{4.3}$$

关于 θ 一致成立.

首先, 我们给出一些引理.

引理 4.1   设 $f \in C^1$ 于 $r \geqslant r_0$ 且具有有限的 Dirichlet 积分

$$\int_{r > r_0} |\nabla f|^2 \mathrm{d}x\mathrm{d}y < \infty,$$

则

$$\lim_{r \to \infty} \frac{1}{\log r} \int_0^{2\pi} f(r,\theta)^2 \mathrm{d}\theta = 0.$$

证明　根据 Schwarz 不等式, 可知

$$\frac{\mathrm{d}}{\mathrm{d}r}\left(\int_0^{2\pi} f(r,\theta)^2 \mathrm{d}\theta\right)^{\frac{1}{2}} = \left(\int_0^{2\pi} f^2 \mathrm{d}\theta\right)^{-\frac{1}{2}}\int_0^{2\pi} f f_r \mathrm{d}\theta \leqslant \left(\int_0^{2\pi} f_r^2 \mathrm{d}\theta\right)^{\frac{1}{2}}.$$

对上式在 $r_1(\geqslant r_0)$ 和 r 上积分, 再次利用 Schwarz 不等式, 我们有

$$\left(\int_0^{2\pi} f(r,\theta)^2 \mathrm{d}\theta\right)^{\frac{1}{2}} - \left(\int_0^{2\pi} f(r_1,\theta)^2 \mathrm{d}\theta\right)^{\frac{1}{2}}$$

$$\leqslant \int_{r_1}^r \left(\int_0^{2\pi} f_r(\rho,\theta)^2 \mathrm{d}\theta\right)^{\frac{1}{2}} \mathrm{d}\rho$$

$$\leqslant \left(\int_{r_1}^r \int_0^{2\pi} f_r^2 \rho \mathrm{d}\theta \mathrm{d}\rho\right)^{\frac{1}{2}} \left(\log\frac{r}{r_1}\right)^{\frac{1}{2}}.$$

因此

$$\int_0^{2\pi} f(r,\theta)^2 \mathrm{d}\theta \leqslant 2\int_0^{2\pi} f(r_1,\theta)^2 \mathrm{d}\theta + 2\left(\int_{r_1}^r \int_0^{2\pi} f_r^2 \rho \mathrm{d}\rho \mathrm{d}\theta\right)\log\frac{r}{r_1},$$

从而

$$\limsup_{r\to\infty} \frac{1}{\log r}\int_0^{2\pi} f(r,\theta)^2 \mathrm{d}\theta$$

$$\leqslant 2\lim_{r\to\infty} \frac{\int_0^{2\pi} f(r_1,\theta)^2 \mathrm{d}\theta}{\log r} + 2\lim_{r\to\infty} \frac{\left(\int_{r_1}^r \int_0^{2\pi} f_r^2 \rho \mathrm{d}\theta \mathrm{d}\rho\right)\log\frac{r}{r_1}}{\log r}$$

$$\leqslant 0 + 2\int_{r>r_1} |\nabla f|^2 \mathrm{d}x\mathrm{d}y.$$

令 $r_1 \to \infty$, 我们完成了证明.

我们立即得到一个特殊的子序列是逐点收敛的.

引理 4.2　设 $f = (f_1, f_2)$, 其中 f_1 和 f_2 满足引理 4.1 的假设. 则存在一个序列 $\{r_n\}, r_n \in (2^n, 2^{n+1})$, 使得

$$\lim_{n\to\infty} \frac{|f(r_n,\theta)|^2}{\log r_n} = 0, \tag{4.4}$$

关于 θ 一致成立.

设 $\omega = \partial_2 u_1 - \partial_1 u_2$ 是满足 Navier-Stokes 方程 (4.1) 的速度 $u = (u_1, u_2)$ 对应的涡量. 则 (4.1) 对应的涡量方程为

$$\Delta\omega - u\cdot\nabla\omega = 0. \tag{4.5}$$

下一个引理得到了 $\nabla\omega$ 的 L^2 范数的有界性.

引理 4.3 设 $\{u, p\}$ 在 $r \geqslant r_0$ 中满足 Navier-Stokes 方程 (4.1) 且具有有限的 Dirichlet 积分, 则

$$\int_{r>r_0} |\nabla \omega|^2 \mathrm{d}x\mathrm{d}y < \infty. \tag{4.6}$$

证明 思路 1 (采用 [103] 中的想法). 对于一个足够大的数 $R_0 > 0$, 我们取 $r_0 < r_1 < \dfrac{R_0}{2} \leqslant \rho < R \leqslant R_0$ 和一个非负的 C^2 截断函数 $\phi(r)$ 使得

$$\phi(r) = \begin{cases} 1, & r_1 < r < \rho, \\ 0, & r \leqslant r_0, r \geqslant R, \end{cases} \tag{4.7}$$

且满足

$$|\nabla^k \phi| \leqslant \frac{C}{(r_1 - r_0)^k}, \quad \text{当} \quad r_0 < r < r_1$$

和

$$|\nabla^k \phi| \leqslant \frac{C}{(R - \rho)^k}, \quad \text{当} \quad \rho < r < R,$$

这里 $k = 1, 2$ 和 C 为一个不依赖于 R 的常数. 我们对 (4.5) 乘以 $\phi^3 \omega$, 然后在 $r_0 < r < R$ 上积分, 可以得到

$$-\int_{r_0<r<R} \Delta\omega(\phi^3\omega)\mathrm{d}x\mathrm{d}y + \int_{r_0<r<R} u \cdot \nabla\omega(\phi^3\omega)\mathrm{d}x\mathrm{d}y \triangleq I_1 + I_2 = 0. \tag{4.8}$$

由于当 $r = r_0$ 和 $r = R$ 时 $\phi = 0$, 则对上述方程利用分部积分时将不存在边界项. 对于 I_1, 通过分部积分, 我们有

$$\begin{aligned} I_1 &= \int_{r_0<r<R} \nabla\omega \cdot \nabla(\phi^3\omega)\mathrm{d}x\mathrm{d}y \\ &= \int_{r_0<r<R} \nabla\omega \cdot \nabla\phi^3 \omega\mathrm{d}x\mathrm{d}y + \int_{r_0<r<R} |\nabla\omega|^2 \phi^3\mathrm{d}x\mathrm{d}y \\ &= -\frac{1}{2}\int_{r_0<r<R} \omega^2 \Delta\phi^3\mathrm{d}x\mathrm{d}y + \int_{r_0<r<R} |\nabla\omega|^2\phi^3\mathrm{d}x\mathrm{d}y. \end{aligned}$$

对于 I_2, 注意到 $\mathrm{div}\, u = 0$, 利用分部积分, 可知

$$\begin{aligned} I_2 &= \frac{1}{2}\int_{r_0<r<R} \phi^3 u \cdot \nabla\omega^2\mathrm{d}x\mathrm{d}y \\ &= -\frac{1}{2}\int_{r_0<r<R} \omega^2 u \cdot \nabla\phi^3\mathrm{d}x\mathrm{d}y. \end{aligned}$$

结合 I_1 和 I_2, 从 (4.8) 我们可以得到

$$\int_{r_0<r<R} |\nabla\omega|^2\phi^3\mathrm{d}x\mathrm{d}y = \frac{1}{2}\int_{r_0<r<R} \omega^2\Delta\phi^3\mathrm{d}x\mathrm{d}y + \frac{1}{2}\int_{r_0<r<R} \omega^2 u\cdot\nabla\phi^3\mathrm{d}x\mathrm{d}y.$$

(4.9)

注意到当 $r_1<r<\rho$ 时 $\phi=1$, 与 (4.9) 联立表明

$$\int_{r_1<r<\rho} |\nabla\omega|^2\mathrm{d}x\mathrm{d}y \leqslant \int_{r_0<r<R} |\nabla\omega|^2\phi^3\mathrm{d}x\mathrm{d}y$$

$$\leqslant \frac{1}{2}\int_{\rho<r<R} \omega^2\left(\Delta\phi^3 + u\cdot\nabla\phi^3\right)\mathrm{d}x\mathrm{d}y$$

$$+ C(r_1, \|u\|_{L^\infty(r_0<r<r_1)}, \|\nabla u\|_{L^\infty(r_0<r<r_1)}).$$

(4.10)

且 (4.10) 的右端积分可以被控制为

$$\left|\int_{\rho<r<R} \omega^2\Delta\phi^3\mathrm{d}x\mathrm{d}y\right| + \left|\int_{\rho<r<R} \omega^2(u-\bar{u})\cdot\nabla\phi^3\mathrm{d}x\mathrm{d}y\right|$$

$$+ \left|\int_{\rho<r<R} \omega^2\bar{u}\cdot\nabla\phi^3\mathrm{d}x\mathrm{d}y\right| \triangleq J_1 + J_2 + J_3,$$

(4.11)

其中

$$\bar{u}(r) = \frac{1}{2\pi}\int_0^{2\pi} u(r,\theta)\mathrm{d}\theta.$$

对于 J_1, 我们得到

$$J_1 \leqslant \frac{C}{(R-\rho)^2}\int_{\rho<r<R} \omega^2\mathrm{d}x\mathrm{d}y$$

$$\leqslant \frac{C}{(R-\rho)^2}\int_{\rho<r<R} |\nabla u|^2\mathrm{d}x\mathrm{d}y \leqslant \frac{C}{(R-\rho)^2}.$$

(4.12)

对于 J_2, 由 Schwarz 不等式可知

$$J_2 \leqslant 3\int_{\rho<r<R} |u-\bar{u}|\phi^2|\nabla\phi|\omega^2\mathrm{d}x\mathrm{d}y$$

$$\leqslant \frac{C}{R-\rho}\left(\int_\rho^R\int_0^{2\pi} |u-\bar{u}|^2 r\mathrm{d}\theta\mathrm{d}r\right)^{\frac{1}{2}}\left(\int_{\rho<r<R} \phi^4\omega^4\mathrm{d}x\mathrm{d}y\right)^{\frac{1}{2}}.$$

(4.13)

应用 Wirtinger 不等式, 有

$$\int_0^{2\pi} |u-\bar{u}|^2\mathrm{d}\theta \leqslant \int_0^{2\pi} |u_\theta|^2\mathrm{d}\theta,$$

一方面可以得到

$$\left(\int_\rho^R \int_0^{2\pi} |u-\bar{u}|^2 r \mathrm{d}\theta \mathrm{d}r\right)^{\frac{1}{2}} \leqslant \left(\int_\rho^R \int_0^{2\pi} |u_\theta|^2 \mathrm{d}\theta r \mathrm{d}r\right)^{\frac{1}{2}}$$

$$\leqslant R\left(\int_{r_0<r<R} |\nabla u|^2 \mathrm{d}x \mathrm{d}y\right)^{\frac{1}{2}} \leqslant CR. \qquad (4.14)$$

另一方面, 由 Gagliardo-Nirenberg 不等式, 我们有

$$\left(\int_{\rho<r<R} \phi^4 \omega^4 \mathrm{d}x\mathrm{d}y\right)^{\frac{1}{2}}$$

$$\leqslant C\|\phi\omega\|_{L^2(\mathbb{R}^2)} \|\nabla(\phi\omega)\|_{L^2(\mathbb{R}^2)}$$

$$\leqslant C\|\phi\omega\|_{L^2(\mathbb{R}^2)} \|(\nabla\phi)\omega + \phi(\nabla\omega)\|_{L^2(\mathbb{R}^2)}$$

$$\leqslant C\|\omega\|_{L^2(r_0<r<R)} \left(1 + \frac{1}{R-\rho} + \|\nabla\omega\|_{L^2(r_1<r<R)}\right)$$

$$\leqslant C\left(\|\nabla^2 u\|_{L^\infty(r_0<r<r_1)}\right)\left(1 + \frac{1}{R-\rho} + \|\nabla\omega\|_{L^2(r_1<r<R)}\right). \qquad (4.15)$$

由 (4.14) 和 (4.15), 我们得到下述估计:

$$J_2 \leqslant C\left(\|\nabla^2 u\|_{L^\infty(r_0<r<r_1)}\right) \frac{R}{R-\rho}\left(1 + \frac{1}{R-\rho} + \|\nabla\omega\|_{L^2(r_1<r<R)}\right). \qquad (4.16)$$

根据引理 4.1, 我们推断

$$\bar{u}(r) = o(\sqrt{\log r}),$$

因此

$$J_3 \leqslant \int_{\rho<r<R} |\bar{u}||\nabla\phi^3|\omega^2 \mathrm{d}x\mathrm{d}y \leqslant \frac{C(\log R)^{\frac{1}{2}}}{R-\rho}. \qquad (4.17)$$

结合 (4.10)-(4.12), (4.16) 和 (4.17), 利用 Young 不等式, 我们有

$$\int_{r_1<r<\rho} |\nabla\omega|^2 \mathrm{d}x\mathrm{d}y \leqslant \frac{1}{2}\int_{r_1<r<R} |\nabla\omega|^2 \mathrm{d}x\mathrm{d}y$$

$$+ C\left(\|u\|_{C^2(r_0<r<r_1)}\right)\left(\frac{R^2}{(R-\rho)^2} + \frac{(\log R)^{\frac{1}{2}}}{R-\rho} + 1\right).$$

根据 Giaquinta 迭代 [41], 可知

$$\int_{r_1<r<\rho}|\nabla\omega|^2\mathrm{d}x\mathrm{d}y\leqslant C\left(\|u\|_{C^2(r_0<r<r_1)}\right)\left(\frac{R^2}{(R-\rho)^2}+1\right).$$

取 $\rho=\dfrac{R_0}{2}$ 和 $R=R_0$, 并令 $R_0\to\infty$, 我们得到了结论 (4.6).

思路 2(采用 [42] 中的算法). 我们取 $R>r_1>r_0$ 和一个非负的 C^2 截断函数 ξ_1 和 ξ_2 使得

$$\xi_1(r)=\begin{cases}0,&r\leqslant\dfrac{1}{2}(r_0+r_1),\\1,&r\geqslant r_1,\end{cases}\qquad\xi_2(r)=\begin{cases}1,&r\leqslant1,\\0,&r\geqslant2.\end{cases}$$

另外, 记

$$\eta(r)=\xi_1(r)\xi_2\left(\frac{r}{R}\right).$$

我们取一个正常数 ω_0 并记

$$h(\omega)=\begin{cases}\omega^2,&|\omega|\leqslant\omega_0,\\\omega_0(2|\omega|-\omega_0),&|\omega|\geqslant\omega_0,\end{cases}$$

利用 $\nabla\cdot u=0$ 和 (4.5), 一个简单的计算表明

$$\mathrm{div}[\eta(r)\nabla h(\omega)-h(\omega)\nabla\eta(r)-\eta h(\omega)u]=\eta h''(\omega)|\nabla\omega|^2-h(\omega)(\Delta\eta+u\cdot\nabla\eta).$$

在区域 $r\geqslant r_0$ 上积分得到下述等式:

$$\int_{r>r_0}\eta h''(\omega)|\nabla\omega|^2\mathrm{d}x\mathrm{d}y=\int_{r>r_0}h(\omega)(\Delta\eta+u\cdot\nabla\eta)\mathrm{d}x\mathrm{d}y.$$

则

$$\int_{|\omega|<\omega_0,r_1<r<R}|\nabla\omega|^2\mathrm{d}x\mathrm{d}y$$
$$\leqslant\int_{|\omega|<\omega_0,r>r_0}\eta|\nabla\omega|^2\mathrm{d}x\mathrm{d}y$$
$$\leqslant\int_{\{r_0<r<r_1\}\cup\{R<r<2R\}}h(\omega)(\Delta\eta+u\cdot\nabla\eta)\mathrm{d}x\mathrm{d}y.\tag{4.18}$$

考虑环 $R < r < 2R$ 右积分部分. 对于一个与 R 无关的常数 C, 我们有 $|\nabla \eta| \leqslant \dfrac{C}{R}$ 和 $|\Delta \eta| \leqslant \dfrac{C}{R^2}$. 显然 $h(\omega) \leqslant \omega^2$ 和 $h(\omega) \leqslant 2\omega_0|\omega|$. 因此

$$\left| \int_{R<r<2R} h\Delta\eta \mathrm{d}x\mathrm{d}y \right| \leqslant \frac{C}{R^2} \int_{R<r<2R} \omega^2 \mathrm{d}x\mathrm{d}y$$

$$\leqslant \frac{C}{R^2} \int_{R<r<2R} |\nabla u|^2 \mathrm{d}x\mathrm{d}y \to 0, \quad \text{当 } R \to \infty. \qquad (4.19)$$

记

$$\bar{u}(r) = \frac{1}{2\pi} \int_0^{2\pi} u(r,\theta)\mathrm{d}\theta,$$

对于 $R < r < 2R$ 的另一部分积分:

$$\left| \iint_{R<r<2R} hu \cdot \nabla\eta \mathrm{d}x\mathrm{d}y \right|$$

$$\leqslant \int_{R<r<2R} |h(u-\bar{u}) \cdot \nabla\eta| \mathrm{d}x\mathrm{d}y + \int_{R<r<2R} |h\bar{u} \cdot \nabla\eta| \mathrm{d}x\mathrm{d}y$$

$$\leqslant 2\omega_0 \int_{R<r<2R} |\omega||\nabla\eta||u-\bar{u}|\mathrm{d}x\mathrm{d}y + \int_{R<r<2R} \omega^2|\nabla\eta||\bar{u}|\mathrm{d}x\mathrm{d}y. \qquad (4.20)$$

再由 Wirtinger 不等式, 有

$$\int_0^{2\pi} |u-\bar{u}|^2 \mathrm{d}\theta \leqslant \int_0^{2\pi} |u_\theta|^2 \mathrm{d}\theta,$$

我们得到下述估计:

$$\int_{R<r<2R} |\omega||\nabla\eta||u-\bar{u}|\mathrm{d}x\mathrm{d}y$$

$$\leqslant \left(\int_{R<r<2R} \omega^2 \mathrm{d}x\mathrm{d}y \right)^{\frac{1}{2}} \left(C \int_R^{2R} \frac{1}{r^2} \left(\int_0^{2\pi} |u_\theta|^2 \mathrm{d}\theta \right) r\mathrm{d}r \right)^{\frac{1}{2}}$$

$$\leqslant C \left(\int_{r>R} \omega^2 \mathrm{d}x\mathrm{d}y \right)^{\frac{1}{2}} \left(\int_{R<r<2R} |\nabla u|^2 \mathrm{d}x\mathrm{d}y \right)^{\frac{1}{2}} \to 0, \quad \text{当 } R \to \infty. \qquad (4.21)$$

由引理 4.1, 我们推断出

$$\bar{u}(r) = o(\sqrt{\log r}).$$

因此

$$\int_{R<r<2R} \omega^2 |\nabla \eta||\bar{u}| \mathrm{d}x\mathrm{d}y \leqslant \frac{C(\log R)^{\frac{1}{2}}}{R} \int_{r>R} \omega^2 \mathrm{d}x\mathrm{d}y \to 0, \quad 当 R \to \infty. \quad (4.22)$$

将 (4.21) 和 (4.22) 代入 (4.20), 并结合 (4.19), 我们从 (4.18) 得出下述结论:

$$\lim_{R\to\infty} \int_{|\omega|<\omega_0, r_1<r<R} |\nabla\omega|^2 \mathrm{d}x\mathrm{d}y \leqslant \int_{r_0<r<r_1} \omega^2 (|\Delta\eta| + |\omega||\nabla\eta|) \mathrm{d}x\mathrm{d}y \leqslant K,$$

其中 K 是一个不依赖于 ω_0 的常数. 令 $\omega_0 \to \infty$, 我们推断

$$\int_{r>r_1} |\nabla\omega|^2 \mathrm{d}x\mathrm{d}y \leqslant K,$$

这证明了定理.

引理 4.4　在引理 4.3 的假设下, 我们有

$$\lim_{r\to\infty} r^{\frac{1}{2}} |\omega(r,\theta)| = 0,$$

关于 θ 一致成立.

证明　对于 $2^n > r_0$, 由极坐标变换和 Cauchy 不等式, 可知

$$\int_{2^n}^{2^{n+1}} \frac{\mathrm{d}r}{r} \int_0^{2\pi} (r^2\omega^2 + 2r|\omega\omega_\theta|)\mathrm{d}\theta \leqslant \int_{2^n<2<2^{n+1}} (\omega^2 + 2|\omega||\nabla\omega|)\mathrm{d}x\mathrm{d}y$$

$$\leqslant \int_{r>2^n} (2\omega^2 + |\nabla\omega|^2)\mathrm{d}x\mathrm{d}y.$$

因此, 通过积分中值定理, 存在 $r_n \in (2^n, 2^{n+1})$ 使得

$$\int_0^{2\pi} [r_n^2\omega(r_n,\theta)^2 + 2r_n|\omega(r_n,\theta)\omega_\theta(r_n,\theta)|]\mathrm{d}\theta \leqslant \frac{1}{\log 2} \int_{r>2^n} (2\omega^2 + |\nabla\omega|^2)\mathrm{d}x\mathrm{d}y.$$

$$(4.23)$$

可以看到

$$\omega(r_n,\theta)^2 - \frac{1}{2\pi} \int_0^{2\pi} \omega(r_n,\theta')^2 \mathrm{d}\theta' \leqslant \int_0^{2\pi} \left|\frac{\partial}{\partial\theta'}\omega(r_n,\theta')^2\right| \mathrm{d}\theta'$$

$$= 2\int_0^{2\pi} |\omega(r_n,\theta')\omega_\theta(r_n,\theta')|\mathrm{d}\theta',$$

因此根据 (4.23) 和引理 4.3, 有

$$\lim_{n \to \infty} (r_n \max_{\theta} \omega(r_n, \theta)^2) = 0. \tag{4.24}$$

因为 ω 是椭圆方程 (4.5) 的一个解, 它满足最大值原理. 注意到 $r_{n+1} \leqslant 4r_n$, 对于 $r \in (r_n, r_{n+1})$, 我们推断出

$$r \max_{\theta} \omega(r, \theta)^2 \leqslant \max[4r_n \max_{\theta} \omega(r_n, \theta)^2, r_{n+1} \max_{\theta} \omega(r_{n+1}, \theta)^2].$$

根据 (4.24), 证毕.

定理 4.1 的证明. 设 $r = |z| \geqslant 8 \max(r_0, 1)$ 并选择整数 n 使得 $r \in [2^n, 2^{n+1})$. 令 A_n 表示一个环 $r_{n-2} < |\zeta| < r_{n+2}$, 满足 $r_n \in (2^n, 2^{n+1})$, 使得 (4.4) 对 $f = u$ 成立. 则在 A_n 中, 对 $u = u_1 - iu_2$, 利用 Cauchy 积分公式可知, 对 $z \in A_n, \zeta = \xi + i\eta$, 我们有

$$\begin{aligned} u(z) &= \frac{1}{2\pi i} \oint_{\partial A_n} \frac{u(\zeta)}{\zeta - z} \mathrm{d}\zeta - \frac{1}{\pi} \int_{A_n} \frac{u_{\bar{z}}(\zeta)}{\zeta - z} \mathrm{d}\xi \mathrm{d}\eta \\ &= \frac{1}{2\pi i} \left(\oint_{\partial A_n} \frac{u(\zeta)}{\zeta - z} \mathrm{d}\zeta + \int_{A_n} \frac{\omega(\zeta)}{\zeta - z} \mathrm{d}\xi \mathrm{d}\eta \right), \end{aligned} \tag{4.25}$$

后一个等式成立是因为

$$u_{\bar{z}} = \frac{1}{2}(\partial_1 u + i\partial_2 u) = \frac{i}{2}(\partial_2 u_1 - \partial_1 u_2) + \frac{1}{2}(\partial_1 u_1 + \partial_2 u_2) = -\frac{\omega}{2i}.$$

因为 $|z| \in [2^n, 2^{n+1})$, 故

$$d(z, \partial A_n) \geqslant 2^{n-1} \geqslant \frac{|z|}{4} = \frac{r}{4}.$$

由引理 4.2 知 (4.25) 的线积分是 $o(\sqrt{\log r})$. 为了估计其他的积分, 我们记

$$\left| \int_{A_n} \frac{\omega(\zeta)}{\zeta - z} \mathrm{d}\xi \mathrm{d}\eta \right| \leqslant \int_D \left| \frac{\omega(\zeta)}{\zeta - z} \right| \mathrm{d}\xi \mathrm{d}\eta + \int_{A_n - D} \left| \frac{\omega(\zeta)}{\zeta - z} \right| \mathrm{d}\xi \mathrm{d}\eta,$$

其中 D 是以 z 为中心的圆盘 $|\zeta - z| < 1$. 根据引理 4.4, 右端的第一项以 $Cr^{-\frac{1}{2}}$ 为界. 另外, 由于 A_n 包含在圆盘 $|\zeta - z| < 5r$ 中, 我们有

$$\begin{aligned} \int_{A_n - D} \left| \frac{\omega(\zeta)}{\zeta - z} \right| \mathrm{d}\xi \mathrm{d}\eta &\leqslant \left(\int_{A_n} \omega^2 \mathrm{d}\xi \mathrm{d}\eta \right)^{\frac{1}{2}} \left(\int_{1 < |\zeta - z| < 5r} |\zeta - z|^{-2} \mathrm{d}\xi \mathrm{d}\eta \right)^{\frac{1}{2}} \\ &\leqslant C \left(\int_{A_n} |\nabla u|^2 \mathrm{d}\xi \mathrm{d}\eta \right)^{\frac{1}{2}} \left(\int_0^{2\pi} \mathrm{d}\theta \int_1^{5r} \frac{1}{r^2} r \mathrm{d}r \right)^{\frac{1}{2}} \\ &= C \left(\int_{A_n} |\nabla u|^2 \mathrm{d}\xi \mathrm{d}\eta \right)^{\frac{1}{2}} (2\pi \log 5r)^{\frac{1}{2}} \\ &:= \epsilon_n (\log r)^{\frac{1}{2}}, \end{aligned}$$

其中 $\epsilon_n \to 0$ 当 $n \to \infty$. 结合这些估计, 我们可以看到当 $r \to \infty$ 时 $|u(z)| = o(\sqrt{\log r})$, 从而我们完成了定理的证明.

4.1.2　Liouville 型定理

对于二维 Navier-Stokes 方程 (4.1), Gilbarg-Weinberger 在 1978 年证明: 在 Dirichlet 积分能量有限的假设下, 即

$$\int_{\mathbb{R}^2} |\nabla u|^2 \mathrm{d}x\mathrm{d}y < \infty, \tag{4.26}$$

(4.1) 只有常数解.

定理 4.2　设 $\{u, p\}$ 是 Navier-Stokes 方程 (4.1) 定义在整个平面上的一个解, 并假设 (4.26) 成立, 则 u 和 p 都是常数.

证明　我们首先证明在整个平面上 $\omega \equiv 0$. 事实上, 对于 $r = \sqrt{x^2 + y^2}$, 我们取一个截断函数 $\eta(x, y)$ 如下:

$$\eta(r) = \begin{cases} 1, & r < R, \\ 0, & r > 2R, \end{cases}$$

显然对一个不依赖于 R 的常数 C, 有 $|\nabla \eta| \leqslant CR^{-1}$ 和 $|\Delta \eta| \leqslant CR^{-2}$ 成立. 对 (4.5) 乘以 $\eta\omega$, 然后在 $\mathbb{R}^2$ 上分部积分, 可以得到

$$\int_{\mathbb{R}^2} |\nabla \omega|^2 \eta \mathrm{d}x\mathrm{d}y = \frac{1}{2}\int_{\mathbb{R}^2} \omega^2 u \cdot \nabla\eta \mathrm{d}x\mathrm{d}y + \frac{1}{2}\int_{\mathbb{R}^2} \omega^2 \Delta\eta \mathrm{d}x\mathrm{d}y. \tag{4.27}$$

由 η 的定义, (4.26), (4.3) 和 (4.27), 我们有

$$\int_{B_R} |\nabla\omega|^2 \mathrm{d}x\mathrm{d}y \leqslant \int_{\mathbb{R}^2} |\nabla\omega|^2 \eta \mathrm{d}x\mathrm{d}y$$
$$\leqslant CR^{-1}\|u\|_{L^\infty(B_{2R}\backslash R_R)}\int_{B_{2R}\backslash R_R} \omega^2 \mathrm{d}x\mathrm{d}y + CR^{-2}\int_{B_{2R}\backslash R_R}\omega^2\mathrm{d}x\mathrm{d}y$$
$$\leqslant C\frac{\sqrt{\log R}}{R} + CR^{-2}.$$

令 $R \to \infty$, 可知

$$\int_{\mathbb{R}^2} |\nabla\omega|^2 \mathrm{d}x\mathrm{d}y = 0.$$

因此 $\nabla\omega = 0$, 从而 ω 是一个常数. 引理 4.4 表明在无穷远处 $\omega \to 0$. 因此 $\omega \equiv 0$.

接下来, 我们可以从两个角度得到 u 是一个常数.

想法 1. 由于 $\omega = 0$ 和 $\nabla \cdot u = 0$, 直接的计算表明 u 是一个调和函数. 因此 ∇u 是调和的, 注意到

$$\int_{\mathbb{R}^2} |\nabla u|^2 \mathrm{d}x\mathrm{d}y < \infty,$$

然后 ∇u 是常数. 则 $\nabla u = 0$, 从而 u 是一个常数.

想法 2. 因为 $\omega = 0$ 和 $\nabla \cdot u = 0$, 在整个平面上我们有

$$\partial_2 u_1 - \partial_1 u_2 = 0, \quad \partial_1 u_1 + \partial_2 u_2 = 0,$$

另外 $u = u_1 - i u_2$ 是一个完全解析函数, 满足

$$\int_{\mathbb{R}^2} |u'(z)|^2 \mathrm{d}x\mathrm{d}y < \infty.$$

考虑 $u'(z)$ 的泰勒级数, 我们有

$$u'(z) = u'(0) + \frac{u''(0)}{1!}z + \frac{u^{(3)}(0)}{2!}z^2 + \cdots + \frac{u^{(n+1)}(0)}{n!}z^n + \cdots = \sum_{n=0}^{\infty} \frac{u^{(n+1)}(0)}{n!}z^n.$$

在 $|z| < R$ 上积分, 令 $R \to \infty$, 可知 $u'(z) \equiv 0$, 因此 u 是一个常数.

综上, 我们完成了证明.

4.1.3 压力的渐近行为

我们现在证明压力 p 在无穷远处有一个逐点极限.

定理 4.3 设 $\{u, p\}$ 是 Navier-Stokes 方程 (4.1) 在 $r \geqslant r_0$ 中的一个解, 且具有有限的 Dirichlet 积分

$$\int_{r>r_0} |\nabla u|^2 \mathrm{d}x\mathrm{d}y < \infty, \tag{4.28}$$

则压力 p 在无穷远处有一个有限的极限.

上述结论是以下引理的结果, 这些引理是在定理的假设条件下证明的.

因为 $\Delta u_1 = \omega_y$ 和 $\Delta u_2 = -\omega_x$, Navier-Stokes 方程 (4.1) 可以写成

$$\begin{cases} \omega_y + u_1 \partial_y u_2 - u_2 \partial_y u_1 = p_x, \\ -\omega_x - u_1 \partial_x u_2 + u_2 \partial_x u_1 = p_y, \\ \partial_x u_1 + \partial_y u_2 = 0. \end{cases} \tag{4.29}$$

由此可见

$$p_r = \frac{1}{r}(\omega_\theta + u_1\partial_\theta u_2 - u_2\partial_\theta u_1). \tag{4.30}$$

第一个引理是关于平均压力的收敛.

引理 4.5　*平均压力*

$$\bar{p}(r) = \frac{1}{2\pi}\int_0^{2\pi} p(r,\theta)\mathrm{d}\theta,$$

在无穷远处有一个极限

$$\lim_{r\to\infty}\bar{p}(r) = p_\infty < \infty. \tag{4.31}$$

证明　我们对 (4.30) 求平均可知

$$\bar{p}'(r) = \frac{1}{2\pi r}\int_0^{2\pi}(\omega_\theta + u_1\partial_\theta u_2 - u_2\partial_\theta u_1)\mathrm{d}\theta$$

$$= \frac{1}{2\pi r}\int_0^{2\pi}[(u_1 - \bar{u}_1)\partial_\theta u_2 - (u_2 - \bar{u}_2)\partial_\theta u_1]\mathrm{d}\theta. \tag{4.32}$$

对上式关于 r 在 (r_1, r_2) $(r_2 \geqslant r_1 \geqslant r_0)$ 上积分, 然后由 Cauchy 和 Wirtinger 不等式, 我们发现

$$4\pi^2|\bar{p}(r_2) - \bar{p}(r_1)|^2 = \left|\int_{r_1}^{r_2}\int_0^{2\pi}\frac{1}{r}[(u_1 - \bar{u}_1)\partial_\theta u_2 - (u_2 - \bar{u}_2)\partial_\theta u_1]\,\mathrm{d}\theta\mathrm{d}r\right|^2$$

$$\leqslant \int_{r_1}^{r_2}\int_0^{2\pi}\frac{|u - \bar{u}|^2}{r}\mathrm{d}\theta\mathrm{d}r \cdot \int_{r_1}^{r_2}\int_0^{2\pi}\frac{1}{r}|u_\theta|^2\mathrm{d}\theta\mathrm{d}r$$

$$\leqslant \left(\int_{r_1}^{r_2}\int_0^{2\pi}\frac{|u_\theta|^2}{r}\mathrm{d}\theta\mathrm{d}r\right)^2$$

$$\leqslant \left(\int_{r>r_1}|\nabla u|^2\mathrm{d}x\mathrm{d}y\right)^2.$$

因为当 $r_1 \to \infty$ 时, 上式不等式右端趋于零, 因此 $\bar{p}(r)$ 有一个极限 p_∞.

下一个引理是关于子序列的平方模收敛.

引理 4.6　*存在一个序列* $\{R_n\}, R_n \in (2^{2^n}, 2^{2^{n+1}})$, *使得*

$$\lim_{n\to\infty}\int_0^{2\pi}|p(R_n,\theta) - \bar{p}(R_n)|^2\mathrm{d}\theta = 0. \tag{4.33}$$

证明 我们首先表明, 对于所有的 $r_1 > \max(r_0, 1)$,

$$\int_{r > r_1} \frac{|\nabla p|^2}{\log r} \mathrm{d}x\mathrm{d}y < \infty.$$

利用 $(4.29)_{1,2}$ 和 Cauchy 不等式, 有

$$\begin{aligned}
|\nabla p|^2 &= p_x^2 + p_y^2 \\
&= (\omega_y + u_1 \partial_y u_2 - u_2 \partial_y u_1)^2 + (-\omega_x - u_1 \partial_x u_2 + u_2 \partial_x u_1)^2 \\
&\leqslant 2|\nabla \omega|^2 + 4u_1^2 |\nabla u_2|^2 + 4u_2^2 |\nabla u_1|^2 \\
&\leqslant 2|\nabla \omega|^2 + 4|u|^2 |\nabla u|^2.
\end{aligned}$$

从定理 4.1, 我们知道 $|u(r, \theta)|^2 = o(\log r)$, 因此

$$\begin{aligned}
\int_{r > r_1} \frac{|\nabla p|^2}{\log r} \mathrm{d}x\mathrm{d}y &\leqslant 2\int_{r > r_1} \frac{|\nabla \omega|^2}{\log r} \mathrm{d}x\mathrm{d}y + 4\int_{r > r_1} \frac{|u|^2}{\log r} |\nabla u|^2 \mathrm{d}x\mathrm{d}y \\
&\leqslant \frac{2}{\log r_1} \int_{r > r_1} |\nabla \omega|^2 \mathrm{d}x\mathrm{d}y + C\int_{r > r_1} |\nabla u|^2 \mathrm{d}x\mathrm{d}y \\
&\leqslant C\left(\int_{r > r_1} |\nabla \omega|^2 \mathrm{d}x\mathrm{d}y + \int_{r > r_1} |\nabla u|^2 \mathrm{d}x\mathrm{d}y \right).
\end{aligned}$$

由引理 4.3 中的 (4.6) 和 (4.28), 对任意的 $r_1 > \max(r_0, 1)$,

$$\int_{r > r_1} \frac{|\nabla p|^2}{\log r} < \infty.$$

根据积分中值定理和 Wirtinger 不等式, 存在 $R_n \in (2^{2^n}, 2^{2^{n+1}})$ 使得

$$\begin{aligned}
\log 2 \int_0^{2\pi} |p(R_n, \theta) - \bar{p}(R_n)|^2 \mathrm{d}\theta &= \int_{2^{2^n}}^{2^{2^{n+1}}} \frac{1}{r \log r} \mathrm{d}r \int_0^{2\pi} |p(r, \theta) - \bar{p}(r)|^2 \mathrm{d}\theta \\
&\leqslant \int_{2^{2^n}}^{2^{2^{n+1}}} \int_0^{2\pi} \frac{p_\theta^2}{r \log r} \mathrm{d}\theta \mathrm{d}r \\
&\leqslant \int_{2^{2^n} < r < 2^{2^{n+1}}} \frac{|\nabla p|^2}{\log r} \mathrm{d}x\mathrm{d}y \to 0, \quad n \to \infty.
\end{aligned}$$

因此我们得到 (4.33).

第三个引理是压力的一致平方收敛, 我们使用了格林函数.

引理 4.7　设 p_∞ 和引理 4.5 中定义的一样, 则

$$\lim_{r\to\infty}\int_0^{2\pi}|p(r,\theta)-p_\infty|^2\mathrm{d}\theta=0. \tag{4.34}$$

证明　利用 (4.29), 我们发现

$$\Delta p=2(\partial_x u_1\partial_y u_2-\partial_y u_1\partial_x u_2)$$

在 $r>r_0$ 中右端是可积的. 由此可见　$\Delta\bar{p}$ 也是绝对可积的. 因此

$$H\equiv\Delta(p-\bar{p})\in L^1,\quad r>r_0. \tag{4.35}$$

设 A_{nm} 表示 $R_n<r<R_m$ 的环, 半径序列 R_n 的定义见引理 4.6. 我们有表达式

$$\begin{aligned}
p(r,\theta)-\bar{p}(r)=&-\int_{A_{nm}}G(r,\theta;\rho,\varphi)H(\rho,\varphi)\rho\mathrm{d}\rho\mathrm{d}\varphi\\
&+\oint_{\rho=R_n}\frac{\partial G}{\partial\rho}(r,\theta;\rho,\varphi)(p(\rho,\varphi)-\bar{p}(\rho))\rho\mathrm{d}\varphi\\
&-\oint_{\rho=R_m}\frac{\partial G}{\partial\rho}(r,\theta;\rho,\varphi)(p(\rho,\varphi)-\bar{p}(\rho))\rho\mathrm{d}\varphi,
\end{aligned} \tag{4.36}$$

其中 $G=G(r,\theta;\rho,\varphi)$ 是环 A_{nm} 的格林函数, G 可以写成

$$\begin{aligned}
G(r,\theta;\rho,\varphi)=&-\sum_{k=1}^\infty\frac{(r^k-R_n^{2k}/r^k)(\rho^k-R_m^{2k}/\rho^k)}{2\pi k(R_m^{2k}-R_n^{2k})}\cos k(\theta-\varphi)\\
&+\frac{\log(r/R_n)\log(R_m/\rho)}{2\pi\log(R_m/R_n)},\quad r<\rho,
\end{aligned}$$

当 $r>\rho$ 时　r 和 ρ 互换一下. 因为 $p-\bar{p}$ 和 H 对每一个 r 的均值为零, G 的最后一项对表达式 (4.36) 没有贡献, 所以在下文中将省略它. 令 $\hat{G}$ 为 G 减去最后一项, 当 $r<\rho_1,r<\rho_2$ 时, 记

$$\hat{G}^{(2)}(r;\rho_1,\varphi_1;\rho_2,\varphi_2)$$

$$=\int_0^{2\pi}\hat{G}(r,\theta;\rho_1,\varphi_1)\hat{G}(r,\theta;\rho_2,\varphi_2)\mathrm{d}\theta$$

$$=\sum_{k=1}^\infty\frac{(r^k-R_n^{2k}/r^k)^2(\rho_1^k-R_m^{2k}/\rho_1^k)(\rho_2^k-R_m^{2k}/\rho_2^k)\cos k(\varphi_1-\varphi_2)}{4\pi k^2(R_m^{2k}-R_n^{2k})^2},$$

在其他情况下使用类似的表达式. 当 $\rho_1 = \rho_2 = r = (R_m R_n)^{\frac{1}{2}}$ 和 $\varphi_1 = \varphi_2$ 时, 关于 ρ_1 和 ρ_2 的表达式取得最大值. 因此

$$|\hat{G}^{(2)}(r; \rho_1, \varphi_1; \rho_2, \varphi_2)| \leqslant \sum_{k=1}^{\infty} \frac{(R_m^k - R_n^k)^2}{4\pi k^2 (R_m^k + R_n^k)^2} \leqslant \sum_{k=1}^{\infty} \frac{1}{k^2} \equiv C_1.$$

此外

$$\frac{\partial \hat{G}(r, \theta; \rho, \varphi)}{\partial \rho}\Big|_{\rho=R_m} = -\sum_{k=1}^{\infty} \frac{(r^k - R_n^{2k}/r^k) R_m^{k-1}}{\pi(R_m^{2k} - R_n^{2k})} \cos k(\theta - \varphi).$$

因此, 如果 $R_n < r \leqslant R_{m-2}$, 我们有

$$\int_0^{2\pi} |\hat{G}_\rho(r, \theta; R_m, \varphi)|^2 R_m^2 \mathrm{d}\varphi = \sum_{k=1}^{\infty} \frac{(r^k - R_n^{2k}/r^k)^2 R_m^{2k}}{\pi(R_m^{2k} - R_n^{2k})^2}$$

$$\leqslant \sum_{k=1}^{\infty} \frac{(R_{m-2}/R_m)^{2k}}{\pi[1 - (R_n/R_m)^{2k}]^2}$$

$$\leqslant \frac{\sum_{k=1}^{\infty} 2^{-2^m k}}{[1 - (R_n/R_m)^2]^2} \leqslant C_2.$$

类似地, 如果 $R_{n+2} \leqslant r < R_m$, 可知

$$\int_0^{2\pi} |\hat{G}_\rho(r, \theta; R_n, \varphi)|^2 R_n^2 \mathrm{d}\varphi \leqslant C_3.$$

从 (4.36) 可以看出, 对于 $r \in [R_{n+2}, R_{m-2}], m \geqslant n + 5$,

$$\frac{1}{3} \int_0^{2\pi} |p(r, \theta) - \bar{p}(r)|^2 \mathrm{d}\theta$$

$$\leqslant C_1 \left(\int_{R_n < r < R_m} |H| \mathrm{d}x \mathrm{d}y \right)^2 + 2\pi C_2 \int_0^{2\pi} |p(R_m, \varphi) - \bar{p}(R_m)|^2 \mathrm{d}\varphi$$

$$+ 2\pi C_3 \int_0^{2\pi} |p(R_n, \varphi) - \bar{p}(R_n)|^2 \mathrm{d}\varphi.$$

令 $m \to \infty$ 且利用 (4.33) 和 (4.35), 对于 $r > 2^{2^{n+2}}$ 我们得到了左端的上界, 且当 $n \to \infty$ 时这个界趋于零. 由此我们推断

$$\lim_{r \to \infty} \int_0^{\pi} |p(r, \theta) - \bar{p}(r)|^2 \mathrm{d}\theta = 0.$$

因为 $\bar{p}(r)$ 有极限 p_∞, 我们得到 (4.34).

引理 4.8　假设 $p_\infty = 0$, 则

$$\lim_{(x,y) \to \infty} p(x,y) = 0.$$

证明　设点 $P(2R, \theta)$ 是新的极坐标系 (r', θ') 的原点, 且假设 $R > r_0$. 由 Navier-Stokes 方程 (4.1), 在新坐标系下, 我们有

$$p_{r'} = \frac{1}{r}(\omega_{\theta'} + u_1 \partial_{\theta'} u_2 - u_2 \partial_{\theta'} u_1).$$

关于 r' 和 θ' 积分, 我们发现

$$p(P) = \frac{1}{2\pi} \int_0^{2\pi} p(r', \theta') \mathrm{d}\theta' - \frac{1}{2\pi} \int_0^{r'} \int_0^{2\pi} \frac{1}{\rho} \{ [u_1(\rho, \theta') - \tilde{u}_1(\rho)] \partial_{\theta'} u_2(\rho, \theta')$$
$$- [u_2(\rho, \theta') - \tilde{u}_2(\rho)] \partial_{\theta'} u_1(\rho, \theta') \} \mathrm{d}\rho \mathrm{d}\theta',$$

其中

$$\tilde{u}_1(r') = \frac{1}{2\pi} \int_0^{2\pi} u_1(r', \theta') \mathrm{d}\theta',$$

$$\tilde{u}_2(r') = \frac{1}{2\pi} \int_0^{2\pi} u_2(r', \theta') \mathrm{d}\theta'.$$

对上式两端乘以 r', 然后从 0 到 R 上积分, 得到

$$p(P) = \frac{1}{\pi R^2} \int_0^R \int_0^{2\pi} p(r', \theta') r' \mathrm{d}r' \mathrm{d}\theta' + \frac{1}{\pi R^2} \int_0^R \int_0^{r'} \int_0^{2\pi} \frac{1}{\rho} \{ (u_1 - \tilde{u}_1) \partial_{\theta'} u_2$$
$$- (u_2 - \tilde{u}_2) \partial_{\theta'} u_1 \} r' \mathrm{d}\theta' \mathrm{d}\rho \mathrm{d}r'. \tag{4.37}$$

再次利用 Wirtinger 和 Schwarz 不等式, 可知

$$\left| \int_0^{2\pi} \{ (u_1 - \tilde{u}_1) \partial_{\theta'} u_2 - (u_2 - \tilde{u}_2) \partial_{\theta'} u_1 \} \mathrm{d}\theta' \right| \leqslant \int_0^{2\pi} |u_{\theta'}|^2 \mathrm{d}\theta' \leqslant \int_0^{2\pi} \rho^2 |\nabla u|^2 \mathrm{d}\theta'.$$

因为圆盘 $r' < R$ 包含在环 $R < r < 3R$ 中, (4.37) 中的第二项可以进行如下放缩:

$$\frac{1}{\pi R^2} \int_0^R \int_0^{r'} \int_0^{2\pi} |\nabla u|^2 \rho \mathrm{d}\rho \mathrm{d}\theta' r' \mathrm{d}r' \leqslant \frac{1}{2\pi} \int_{R < r < 3R} |\nabla u|^2 \mathrm{d}x\mathrm{d}y.$$

对于 (4.37) 右端第一项的估计, 我们注意到由 Schwarz 不等式, 有

$$\left| \frac{1}{\pi R^2} \int_0^R \int_0^{2\pi} pr' \mathrm{d}r' \mathrm{d}\theta' \right|^2 \leqslant \frac{1}{\pi R^2} \int_0^R \int_0^{2\pi} p^2 r' \mathrm{d}r' \mathrm{d}\theta'$$

$$\leqslant \frac{1}{\pi R^2} \int_{R < r < 3R} p^2 \mathrm{d}x \mathrm{d}y$$

$$\leqslant \frac{4}{\pi} \max_{R < r < 3R} \int_0^{2\pi} p(r, \theta)^2 \mathrm{d}\theta.$$

因此, 我们从 (4.37) 可以看出

$$|p(2R, \theta)| \leqslant \left(\frac{4}{\pi} \max_{R < r < 3R} \int_0^{2\pi} p(r, \theta)^2 \mathrm{d}\theta \right)^{\frac{1}{2}} + \frac{1}{2\pi} \int_{R < r < 3R} |\nabla u|^2 \mathrm{d}x \mathrm{d}y.$$

根据 (4.34) 可知 $p_\infty = 0$ 且 u 具有有限 Dirichlet 积分, 从而当 $R \to \infty$ 时其右侧趋于零. 因此我们完成了证明.

4.1.4　速度的平均收敛

由 Navier-Stokes 方程 (4.1), 易知

$$\Phi = p + \frac{1}{2}|u|^2,$$

满足

$$\Delta \Phi - u \cdot \nabla \Phi = \omega^2.$$

因为右端是非负的, Φ 不可能在内部取得最大值, 除非它是常数. 故

$$\max_\theta \Phi(r, \theta)$$

也没有最大值. 从而对于充分大的 r 它必须是单调的. 因此, 这个量在广义上有一个极限:

$$\lim_{r \to \infty} \max_\theta \Phi(r, \theta) = A \in (-\infty, \infty].$$

因为 $p(r, \theta)$ 有一个极限 p_∞, 因此

$$\lim_{r \to \infty} \max_\theta |u(r, \theta)| = L, \quad L \in [0, \infty] \tag{4.38}$$

存在. 我们定义平均量

$$\bar{u}(r) = \frac{1}{2\pi} \int_0^{2\pi} u(r, \theta) \mathrm{d}\theta,$$

并记

$$\psi(r) = \arg(\bar{u}_1(r) + i\bar{u}_2(r)).$$

引理 4.9 在引理 4.3 的假设下, 我们有

$$\int_{r>r_1} \frac{r}{(\log r)^{\frac{1}{2}}} |\nabla \omega|^2 \mathrm{d}x\mathrm{d}y < \infty, \quad r_1 > \max(r_0, 2 - r_0). \tag{4.39}$$

证明 取 $R > r_1 > \max(r_0, 2 - r_0)$ 和两个非负 C^2 截断函数 ξ_1 和 ξ_2 使得

$$\xi_1(r) = \begin{cases} 0, & r \leqslant \frac{1}{2}(r_0 + r_1), \\ 1, & r \geqslant r_1, \end{cases} \qquad \xi_2(r) = \begin{cases} 1, & r \leqslant 1, \\ 0, & r \geqslant 2. \end{cases} \tag{4.40}$$

令

$$\eta(r) = \xi_1(r)\xi_2\left(\frac{r}{R}\right) \frac{r}{(\log r)^{\frac{1}{2}}},$$

$$h(\omega) = \omega^2.$$

显然, 当 $r = r_0$ 和 $r = \infty$ 时有 $\eta(r) = 0$. 类似于 (4.18) 的讨论, 可知

$$2\int_{r>r_0} \eta |\nabla \omega|^2 \mathrm{d}x\mathrm{d}y = \int_{r>r_0} \omega^2 (\Delta \eta + u \cdot \nabla \eta) \mathrm{d}x\mathrm{d}y. \tag{4.41}$$

很容易验证存在与 R 无关的常数 C 使得

$$|\Delta \eta| \leqslant C, \quad |\nabla \eta| \leqslant \frac{C}{(\log r)^{\frac{1}{2}}}.$$

注意到 $\eta = \dfrac{r}{\log r}$ 当 $r_1 < r < R$, 由 (4.41) 和 (4.3) 可知

$$\int_{r_1 < r < R} \frac{r}{\log r} |\nabla \omega|^2 \mathrm{d}x\mathrm{d}y$$

$$\leqslant \frac{1}{2} \int_{r>r_0} \omega^2 |\Delta \eta(r) + u \cdot \nabla \eta(r)| \mathrm{d}x\mathrm{d}y$$

$$\leqslant C \int_{r>r_0} \omega^2 \left[1 + \frac{|u|}{(\log r)^{\frac{1}{2}}}\right] \mathrm{d}x\mathrm{d}y$$

$$\leqslant C \int_{r>r_0} \omega^2 \mathrm{d}x\mathrm{d}y < \infty.$$

令 $R \to \infty$, 我们得到 (4.39).

定理 4.4 设 $\{u,p\}$ 是 Navier-Stokes 方程 (4.1) 在 $r \geqslant r_0$ 中的一个解, 且满足

$$\int_{r>r_0} |\nabla u|^2 \mathrm{d}x\mathrm{d}y < \infty,$$

则

$$\lim_{r\to\infty} \int_0^{2\pi} |u(r,\theta) - \bar{u}(r)|^2 \mathrm{d}\theta = 0 \tag{4.42}$$

和

$$\lim_{r\to\infty} |\bar{u}| = L, \tag{4.43}$$

其中 L 的定义见 (4.38). 如果 $0 < L < \infty$, 则

$$\lim_{r\to\infty} \psi(r) = \psi_\infty \tag{4.44}$$

存在, 并且

$$\lim_{r\to\infty} \int_0^{2\pi} [(u_1(r,\theta) - L\cos\psi_\infty)^2 + (u_2(r,\theta) - L\sin\psi_\infty)^2]\mathrm{d}\theta = 0,$$

然而, 如果 $L = +\infty$,

$$\lim_{r\to\infty} \int_0^{2\pi} |u(r,\theta)|^2 \mathrm{d}\theta = \infty. \tag{4.45}$$

证明 为了证明 (4.42), 我们注意到由 Wirtinger 不等式有

$$\frac{\mathrm{d}}{\mathrm{d}r} \int_0^{2\pi} |u-\bar{u}|^2 \mathrm{d}\theta = \int_0^{2\pi} 2u_r \cdot (u-\bar{u})\mathrm{d}\theta$$

$$\leqslant \int_0^{2\pi} \left[r|u_r|^2 + \frac{|u-\bar{u}|^2}{r} \right] \mathrm{d}\theta \leqslant \int_0^{2\pi} |\nabla u|^2 r\mathrm{d}\theta.$$

因为右端关于 r 是可积的, 我们发现当 $r \to \infty$ 时, $\int_0^{2\pi} |u-\bar{u}|^2\mathrm{d}\theta$ 存在极限. 另一方面, 再次利用 Wirtinger 不等式, 有

$$\int_{r_0}^\infty \int_0^{2\pi} |u-\bar{u}|^2 \mathrm{d}\theta\frac{\mathrm{d}r}{r} < \infty.$$

因此极限必须为零, 从而 (4.42) 成立.

为了证明 (4.43), 我们注意到

$$\int_{2^n}^{2^{n+1}} \left\{ \int_0^{2\pi} |u_\theta(r,\theta)|^2 \mathrm{d}\theta \right\} \frac{\mathrm{d}r}{r} \leqslant \int_{2^n < r < 2^{n+1}} |\nabla u|^2 \mathrm{d}x\mathrm{d}y,$$

由积分中值定理知, 存在一个序列 $\{r_n\}$ 满足 $2^n < r_n < 2^{n+1}$ 使得

$$\int_0^{2\pi} |u_\theta(r_n,\theta)|^2 \mathrm{d}\theta \leqslant \frac{1}{\log 2} \int_{2^n < r < 2^{n+1}} |\nabla u|^2 \mathrm{d}x\mathrm{d}y,$$

则

$$\lim_{n\to\infty} \int_0^{2\pi} |u_\theta(r_n,\theta)|^2 \mathrm{d}\theta = 0.$$

因为对任意的 θ 和 φ, 有

$$|u(r_n,\theta) - u(r_n,\varphi)|^2 \leqslant \pi \int_0^{2\pi} |u_\theta(r_n,\theta)|^2 \mathrm{d}\theta,$$

根据 (4.38) 中 L 的定义可知

$$\lim_{n\to\infty} |u(r_n,\theta)| = L,$$

关于 θ 一致成立. 特别地,

$$\lim_{n\to\infty} |\bar{u}(r_n)| = L.$$

但是, 对于 $r \in [r_n, r_{n+1}]$,

$$\begin{aligned} |\bar{u}(r) - \bar{u}(r_n)|^2 &= \left| \frac{1}{2\pi} \int_{r_n}^r \int_0^{2\pi} u_r(\rho,\theta)\mathrm{d}\rho\mathrm{d}\theta \right|^2 \\ &\leqslant \frac{1}{2\pi} \int_{r>r_n} |\nabla u|^2 \mathrm{d}x\mathrm{d}y \int_{r_n}^r \frac{\mathrm{d}\rho}{\rho} \leqslant \frac{\log 4}{2\pi} \int_{r>r_n} |\nabla u|^2 \mathrm{d}x\mathrm{d}y, \end{aligned}$$

当 n 趋于无穷时, 其趋于零. 因此 (4.43) 成立.

　　为了证明 (4.44), 我们注意到如果 $L > 0$ 和 $\gamma \in (0, L)$, 则存在 $\hat{r}$ 使得当 $r > \hat{r}$ 时 $|\bar{u}| \geqslant \gamma$. 我们从 Navier-Stokes 方程的形式 (4.29) 中可以看出

$$\omega_r + u_1 \partial_r u_2 - u_2 \partial_r u_1 + \frac{1}{r} p_\theta = 0.$$

对这个方程求平均, 除以 $|\bar{u}|^2$, 我们有

$$\frac{\bar{\omega}}{|\bar{u}|^2} + \Psi' + \frac{1}{2\pi}\int_0^{2\pi}\frac{1}{|\bar{u}|^2}[(u_1 - \bar{u}_1)\partial_r u_2 - (u_2 - \bar{u}_2)\partial_r u_1]\mathrm{d}\theta = 0.$$

因此, 对于 $\rho_2 > \rho_1 > \hat{r}$, 可知

$$\Psi(\rho_2) - \Psi(\rho_1)$$

$$= -\frac{1}{2\pi}\int_{\rho_1}^{\rho_2}\int_0^{2\pi}\frac{1}{|\bar{u}(r)|^2}$$

$$\times \{\omega_r(r,\theta) + [u_1(r,\theta) - \bar{u}_1(r)]\partial_r u_2 - [u_2(r,\theta) - \bar{u}_2(r)]\partial_r u_1\}\,\mathrm{d}r\mathrm{d}\theta.$$

因为 $|\bar{u}| \geqslant \gamma$,

$$|\Psi(\rho_2) - \Psi(\rho_1)| \leqslant \frac{1}{4\pi\gamma^2}\int_{\rho_1}^{\rho^2}\int_0^{2\pi}\left(\frac{r}{\log r}\omega_r^2 + \frac{\log r}{r^3} + \frac{1}{r^2}|u - \bar{u}|^2 + |u_r|^2\right)r\mathrm{d}r\mathrm{d}\theta,$$

且由 Wirtinger 不等式, 可知

$$|\Psi(\rho_2) - \Psi(\rho_1)|$$

$$\leqslant \frac{1}{4\pi\gamma^2}\left[\iint_{\rho_1 < r < \rho_2}\left(\frac{r}{\log r}|\nabla\omega|^2 + |\nabla u|^2\right)\mathrm{d}x\mathrm{d}y + 2\pi\int_{\rho_1}^{\rho^2}\frac{\log r}{r^2}\mathrm{d}r\right].$$

根据引理 4.9, 当 $\rho_1, \rho_2 \to \infty$ 时右端趋于零, 则 $\Psi(r)$ 存在一个极限 Ψ_∞.

如果 $L = \infty$, (4.45) 可由 (4.42), (4.43) 和三角不等式得到.

4.1.5 涡量的衰减

使用引理 4.9 可以改进引理 4.4 的结果.

定理 4.5

$$\lim_{r\to\infty}\frac{r^{\frac{3}{4}}}{(\log r)^{\frac{1}{8}}}|\omega(r,\theta)| = 0, \tag{4.46}$$

关于 θ 一致成立.

证明 注意到对于 $2^n > r_0$,

$$\int_{2^n}^{2^{n+1}}\frac{\mathrm{d}r}{r}\int_0^{2\pi}\left(r^2\omega^2 + 2\frac{r^{\frac{3}{2}}}{(\log r)^{\frac{1}{4}}}|\omega\omega_\theta|\right)\mathrm{d}\theta$$

$$\leqslant \int_{2^n < r < 2^{n+1}}\left(\omega^2 + 2\frac{r^{\frac{1}{2}}}{(\log r)^{\frac{1}{4}}}|\omega||\nabla\omega|\right)\mathrm{d}x\mathrm{d}y$$

$$\leqslant \int_{r>2^n} (2\omega^2 + 2\frac{r}{(\log r)^{\frac{1}{2}}}|\nabla\omega)|^2)\mathrm{d}x\mathrm{d}y.$$

利用 (4.39) 并完全按照引理 4.4 的证明思路, 我们得到 (4.46). 我们完成了证明.

如果在 (4.38) 中 L 是有限的, 即 $|u|$ 是有界的, 我们可以在引理 4.9 的陈述和证明中抑制对数项. 我们可以像定理 4.5 做同样的处理. 因此, 我们得出以下结果.

定理 4.6　如果在 (4.38) 中 $L < \infty$, 从而 $|u|$ 是有界的, 则

$$\int_{r>r_0} r|\nabla\omega|^2 < \infty$$

和

$$\lim_{r\to\infty} r^{\frac{3}{4}}|\omega(r,\theta)| = 0, \tag{4.47}$$

关于 θ 一致成立.

4.1.6　速度一阶导数的衰减

定理 4.5 和定理 4.6 中关于涡量衰减的结果可以推广到速度的一阶导数. 为此, 我们证明以下引理.

引理 4.10　涡量 ω 满足一个 Hölder 条件:

$$|\omega(z_1) - \omega(z_2)| \leqslant C\mu(R)|z_1 - z_2|^{\frac{1}{2}}, \quad |z_1|, |z_2| > R+2, |z_1 - z_2| \leqslant 1, \tag{4.48}$$

其中 C 是一个与 R 无关的常数, 且

$$\begin{cases} \lim_{R\to\infty} R^{\frac{3}{4}}(\log R)^{-\frac{3}{8}}\mu(R) = 0, \\ \lim_{R\to\infty} R^{\frac{3}{4}}\mu(R) = 0, \quad \text{如果 } |u| \text{ 是有界的.} \end{cases} \tag{4.49}$$

证明　定义

$$\mu(R) = \sup_{r\geqslant R} |\omega(r,\theta)|[1 + |u(r,\theta)|^{\frac{1}{2}}], \tag{4.50}$$

易知 (4.49) 可由 (4.3), (4.46) 和 (4.47) 得到. 我们需要证明 (4.48).

设 $C_{r'} = C_{r'}(z_0)$ 表示以 r' 为半径, z_0 为心的圆盘, 且 $|z_0| > R+2$. 记

$$D(r') = D(r'; z_0) = \int_{C_{r'}} |\nabla\omega|^2\mathrm{d}x\mathrm{d}y,$$

我们首先证明对于一个绝对常数 C,

$$D(1) \leqslant C\mu^2(R). \tag{4.51}$$

设 η 是一个非负的 C^2 截断函数使得: 当 $r \leqslant 1$ 时 $\eta(r) = 1$, 当 $r \geqslant 2$ 时 $\eta = 0$. 将 $\eta = \eta(|z - z_0|)$ 和 $h(\omega) = \omega^2$ 代入 (4.41), 我们得到

$$2 \int_{C_2} \eta |\nabla \omega|^2 \mathrm{d}x \mathrm{d}y = \int_{C_2} \omega^2 (\Delta \eta + u \cdot \nabla \eta) \mathrm{d}x \mathrm{d}y,$$

且在 C_2 上可设 $|\Delta \eta| \leqslant C, |\nabla \eta| \leqslant C$, 则我们有

$$D(1) = \int_{C_1} |\nabla \omega|^2 \mathrm{d}x \mathrm{d}y \leqslant C \mu^2(R).$$

我们现在推导关于 $D(r)$ 的增长估计, 进一步可得到 (4.48). 对涡量方程 (4.5) 乘以 ω, 然后分部积分, 利用 $\nabla \cdot u = 0$, 我们发现

$$\int_{C_{r'}} |\nabla \omega|^2 \mathrm{d}x \mathrm{d}y = \int_{\partial C_{r'}} \omega \omega_{r'} r' \mathrm{d}\theta' - \frac{1}{2} \int_{\partial_{r'}} \omega^2 u \cdot r' \mathrm{d}\theta', \qquad (4.52)$$

其中 r', θ' 是 z_0 作为原点的极坐标.

记

$$\bar{\omega}(r') = \frac{1}{2\pi} \int_{\partial C_{r'}} \omega(r', \theta') \mathrm{d}\theta',$$

由 (4.52) 可知

$$\int_{\partial C_{r'}} \omega \omega_{r'} r' \mathrm{d}\theta' = \int_{\partial C_{r'}} (\omega - \bar{\omega}) \omega_{r'} r' \mathrm{d}\theta' + \bar{\omega} \int_{\partial C_{r'}} \omega_{r'} r' \mathrm{d}\theta'$$

$$\leqslant \frac{r'}{2} \int_{\partial C_{r'}} \left[\frac{(\omega - \bar{\omega})^2}{r'^2} + \omega_{r'}^2 \right] r' \mathrm{d}\theta + \bar{\omega} \int_{C_{r'}} \Delta \omega \mathrm{d}x \mathrm{d}y.$$

根据 Wirtinger 不等式和 (4.5), 我们有

$$\frac{r'}{2} \int_{\partial C_{r'}} |\nabla \omega|^2 r' \mathrm{d}\theta + \bar{\omega} \int_{\partial C_{r'}} \omega u \cdot r' \mathrm{d}\theta \leqslant \frac{r'}{2} D'(r') + C \mu^2(R) r'.$$

然后从 (4.52) 中看到

$$D(r') \leqslant \frac{r'}{2} D'(r') + A r', \quad A = C \mu^2(R).$$

由此可见

$$(D(r')/r'^2)' \geqslant -2A/r'^2.$$

对上述不等式从 r' 到 1 上积分, 我们得到

$$D(1) - D(r')/r'^2 \geqslant 2A(1 - 1/r') \geqslant -2A/r',$$

因此利用 (4.51), 有

$$D(r') \leqslant D(1)r'^2 + 2Ar' \leqslant C\mu^2(R)r', \quad r' \leqslant 1. \tag{4.53}$$

由于这个估计对包含在 $|z| > R + 2$ 中的所有圆盘 $|z - z_0| \leqslant r' \leqslant 1$ 都成立, 从而由 Morrey 引理得出

$$|\omega(z_1) - \omega(z_2)| \leqslant C\mu(R)|z_1 - z_2|^{\frac{1}{2}}$$

对所有的 z_1, z_2 使得 $|z_1|, |z_2| > R + 2$ 和 $|z_1 - z_2| \leqslant 1$ 都成立. 常数 C 仅依赖于 (4.53) 中的常数, 与 R 无关. 我们完成了引理的证明.

定理 4.7　如果 Navier-Stokes 方程 (4.1) 的解 $u = (u_1, u_2)$ 在 $r \geqslant r_0$ 中具有有限的 Dirichlet 积分, 则

$$\lim_{r \to \infty} r^{\frac{3}{4}}(\log r)^{-\frac{9}{8}}|\nabla u(r, \theta)| = 0, \tag{4.54}$$

关于 θ 一致成立.

证明　我们在半径为 R, 中心为 z 满足 $|z| = 2R > 2\max(r_0, 2)$ 的圆盘 $C_R = C_R(z)$ 中利用 Cauchy 积分公式. 对于 $u = u_1 - iu_2$, 我们有

$$u(z') = \frac{1}{2\pi i}\left\{\oint_{\partial C_R} \frac{u(\zeta)}{\zeta - z'}\mathrm{d}\zeta + \int_{C_R} \frac{\omega(\zeta)}{\zeta - z'}\mathrm{d}\xi\mathrm{d}\eta\right\}, \quad z' \in C_R, \zeta = \xi + i\eta.$$

我们将此公式改写为

$$u(z') = \frac{1}{2\pi i}\left\{\oint_{\partial C_R} \frac{u(\zeta)}{\zeta - z'}\mathrm{d}\zeta + \int_{C_R} \frac{\omega(\zeta) - \omega(z)}{\zeta - z'}\mathrm{d}\xi\mathrm{d}\eta + \omega(z)\int_{C_R} \frac{\mathrm{d}\xi\mathrm{d}\eta}{\zeta - z'}\right\}.$$

因为

$$\int_{C_R} \frac{\mathrm{d}\xi\mathrm{d}\eta}{\zeta - z'} = \pi(\bar{z} - \bar{z}'),$$

对这个表达式进行微分, 我们得到

$$u_z(z) = \frac{1}{2\pi i}\left\{\oint_{\partial C_R} \frac{u(\zeta)}{(\zeta - z)^2}\mathrm{d}\zeta + \int_{C_R} \frac{\omega(\zeta) - \omega(z)}{(\zeta - z)^2}\mathrm{d}\xi\mathrm{d}\eta\right\},$$

其中 $u_z = \dfrac{1}{2}(u_x - iu_y)$. 根据 (4.3), 可知线积分是 $o(\sqrt{\log R}/R)$. 我们使用 (4.48) 和 (4.50) 中 $\mu(R)$ 的定义估计面积积分, 即

$$\left| \int_{C_R} \frac{\omega(\zeta) - \omega(z)}{(\zeta - z)^2} \mathrm{d}\xi\mathrm{d}\eta \right| \leqslant \int_{|\zeta-z|<1} + \int_{1<|\zeta-z|<R} \frac{|\omega(\zeta) - \omega(z)|}{|\zeta - z|^2} \mathrm{d}\xi\mathrm{d}\eta$$

$$\leqslant C\mu(R) \int_0^{2\pi} \int_0^1 \frac{\rho^{\frac{1}{2}}}{\rho^2}\rho\mathrm{d}\rho\mathrm{d}\varphi + 2 \sup_{|\zeta|>R} |\omega| \int_0^{2\pi} \int_1^R \frac{\rho}{\rho^2}\mathrm{d}\rho\mathrm{d}\varphi$$

$$\leqslant C\left(\mu(R) + \log R \sup_{\rho\geqslant R} |\omega(\rho,\varphi)| \right),$$

对于一个合适的常数 C 成立. 注意到 $R = \dfrac{1}{2}|z|$ 和 $|u_{\bar{z}}| = |-\omega/2i| \leqslant \mu(R)$. 结合这些估计, 我们可以看到

$$|u_z(z)| + |u_{\bar{z}}(z)| \leqslant C\mu\left(\frac{1}{2}r\right) + \log\frac{1}{2}r \sup_{\rho\geqslant\frac{1}{2}r} |\omega(\rho,\varphi)|.$$

因此, (4.54) 可由 (4.49) 和 (4.46) 得到.

4.2 速度有界: Korobkov-Pileckas-Russo 的结果

Korobkov-Pileckas-Russo 在 2020 年证明了具有有限 Dirichlet 积分的 (4.1) 的任意解是一致有界的. 设 Ω 是 $\mathbb{R}^2$ 中的外域, 即

$$\Omega = \mathbb{R}^2 \backslash \bigcup_{i=1}^N \bar{\Omega}_i,$$

其中 Ω_i 是 N 个两两不相交的有界 Lipschitz 域, 即 $\bar{\Omega}_i \cap \bar{\Omega}_j = \varnothing, i \neq j$. 定理如下:

定理 4.8 (Korobkov-Pileckas-Russo, [62]) 设 u 是 Navier-Stokes 系统 (4.1) 在外域 $\Omega \subset \mathbb{R}^2$ 中的一个解. 假设

$$\int_\Omega |\nabla u|^2 \mathrm{d}x < \infty, \tag{4.55}$$

则 u 在 $\Omega_0 = \mathbb{R}^2 \backslash B_{R_0}$ 中是一致有界的, 即

$$\sup_{x\in\Omega_0} |u(x)| < \infty,$$

其中 B_{R_0} 是一个半径足够大的圆盘 $\dfrac{1}{2}B_{R_0} \supseteq \partial\Omega$.

证明　假设定理 4.8 的条件成立. 根据 Navier-Stokes 系统 D-解的经典正则性结果, 函数 u 在集合 $\Omega_0 = \mathbb{R}^2 \backslash B_{R_0}$ 的每一个有界子集上是一致有界的. 另外, u 在 Ω_0 中是实解析的. 根据 [42] 的结果, 压力在 Ω_0 中是一致有界的:

$$\sup_{x \in \Omega_0} |p(x)| \leqslant C < +\infty. \tag{4.56}$$

假设定理的结论是错误的, 则存在一系列点 $x_k \in \Omega_0$ 使得

$$|x_k| \to +\infty \quad \text{且} \quad |u(x_k)| \to +\infty. \tag{4.57}$$

这意味着, 利用 (4.56), 有

$$\Phi(x_k) \to +\infty, \tag{4.58}$$

其中 $\Phi = p + \dfrac{1}{2}|u|^2$ 是总压力.

因为 $\displaystyle\int_{\Omega_0} |\nabla u|^2 \mathrm{d}x\mathrm{d}y < \infty$, 则存在递增序列 $R_m < R_{m+1}$, 使得 $R_m \to \infty$ 和

$$\int_{C_{R_m}} |\nabla u| \mathrm{d}s \to 0,$$

其中 $C_R := \{x \in \mathbb{R}^2 : |x| = R\}$. 这表明

$$\sup_{x \in C_{R_m}} |u(x) - \bar{u}_m| \to 0, \tag{4.59}$$

其中 $\bar{u}_m$ 是 u 在 C_{R_m} 上的均值. 事实上, 对 u 的任意分量 u_j, 利用积分中值定理, 存在一个点 $\theta_j^* \in [0, 2\pi)$ 使得

$$u_j(R_m, \theta_j^*) = (2\pi)^{-1} \int_0^{2\pi} u_j(R_m, \theta)\mathrm{d}\theta = \bar{u}_{jm}, \quad j = 1, 2$$

和

$$|u_j(R_m, \theta) - \bar{u}_{jm}| = |u_j(R_m, \theta) - u_j(R_m, \theta_j^*)|$$

$$\leqslant \int_{\theta_j^*}^{\theta} \left|\frac{\partial u_j}{\partial \theta}\right| \mathrm{d}\theta \leqslant \int_{C_{R_m}} |\nabla u| \mathrm{d}s \to 0.$$

因为 Φ 满足最大值原理 (参见 [42]), 特别地, 对任意的区域 $\Omega_{m_1, m_2} = \{x : R_{m_1} < |x| < R_{m_2}\}$, 且 $\partial\Omega_{m_1, m_2} = C_{R_{m_1}} \cup C_{R_{m_2}}$, 我们有

$$\sup_{x \in \Omega_{m_1, m_2}} \Phi(x) = \sup_{x \in C_{R_{m_1}} \cup C_{R_{m_2}}} \Phi(x).$$

关系式 (4.57), (4.59) 表明 $|\bar{u}_m| \to +\infty$; 因此, 利用 (4.56), (4.58), (4.59), 可知

$$\inf_{x \in C_{R_m}} \Phi(x) \to +\infty.$$

然后我们可以在不失一般性的情况下假设 (选择一个子序列)

$$\sup_{x \in C_{R_m}} \Phi(x) < \inf_{x \in C_{R_{m+1}}} \Phi(x).$$

回顾经典的 Morse-Sard 定理 [46], 应用到实解析函数 Φ, 对几乎所有的 $t \in \Phi(\Omega_0)$, 水平集 $\{\Phi = t\}$ 不包含临界点, 即: 如果 $x \in \Omega_0$ 且 $\Phi(x) = t$, 则 $\nabla\Phi \neq 0$. 此外, 这些值被称为正则值. 取任意的正则值

$$t > t_* = \sup_{x \in C_{R_1} \cup C_{R_0}} \Phi(x),$$

然后通过隐函数定理, 水平集 $\{x \in \Omega_0 : \Phi(x) = t\}$ 由有限族不相交的光滑曲线组成, 它们 (通过构造) 与无穷远处和边界 $\partial\Omega_0 = C_{R_0}$ 分离. 当然, 这意味着水平集 $\{\Phi = t\}$ 的每个连通分量同胚于一个圆. 我们把这些分量称为拟圆. 通过明显的几何论证, 对于每一个正则值 $t > t_*$, 至少存在一个拟圆 S 将 C_{R_1} 与无穷远处分隔开, 即 C_{R_1} 包含在开集 $\mathbb{R}^2 \setminus S$ 的有界连通分量中. 根据最大值原理, 这样的拟圆是唯一的, 我们用 S_t 表示.

对于 $t_* < \tau < t$, 设 $\Omega_{\tau,t}$ 是一个满足 $\partial\Omega_{\tau,t} = S_\tau \cup S_t$ 的区域. 关于下述等式

$$\Delta\Phi = \omega^2 + \operatorname{div}(\Phi u),$$

在 $\Omega_{\tau,t}$ 上积分, 我们得到

$$\int_{S_t} |\nabla\Phi| \mathrm{d}s - \int_{S_\tau} |\nabla\Phi| \mathrm{d}s = \int_{\Omega_{\tau,t}} \omega^2 \mathrm{d}x\mathrm{d}y + \int_{S_t} \Phi u \cdot n \mathrm{d}s - \int_{S_\tau} \Phi u \cdot n \mathrm{d}s$$

$$= \int_{\Omega_{\tau,t}} \omega^2 \mathrm{d}x\mathrm{d}y + (t - \tau)\mathscr{F}, \tag{4.60}$$

其中 $\mathscr{F} = \displaystyle\int_{C_{R_0}} u \cdot n$ 是总通量. 注意到通过构造水平集 $S_t = \{x : \Phi(x) = t\}$ 的单位向量 n 等于 $\dfrac{\nabla\Phi}{|\nabla\Phi|}$, 因此在 S_t 上 $\nabla\Phi \cdot n = |\nabla\Phi|$. 类似地, 在 S_τ 上 $\nabla\Phi \cdot n = -|\nabla\Phi|$. 接下来的证明分为两种情况.

情况 I(总通量不为零). $\mathscr{F} \neq 0$. 首先假设 $\mathscr{F} > 0$. 则由 (4.60) (固定 τ 并取大 t) 可以得到

$$C_1 t \leqslant \int_{S_t} |\nabla\Phi| \mathrm{d}s \leqslant C_2 t, \tag{4.61}$$

对充分大的 t 和正常数 C_1, C_2 (不依赖与 t). 用 $\mathscr{R}$ 表示所有正则点 $t > t_*$ 的集合, 然后记

$$E_t := \bigcup_{\tau \in [t, 2t] \cap \mathscr{R}} S_\tau.$$

应用经典的余面积公式

$$\int_{E_t} f|\nabla\Phi|\,\mathrm{d}x = \int_t^{2t} \left(\int_{S_\tau} f\,\mathrm{d}s \right) \mathrm{d}\tau,$$

对于 $f = |\omega|$ 和 $f = |\nabla\Phi|$, 我们得到

$$\int_t^{2t} \left(\int_{S_\tau} |\omega|\,\mathrm{d}s \right) \mathrm{d}\tau = \int_{E_t} |\omega||\nabla\Phi|\,\mathrm{d}x \leqslant \left(\int_{E_t} |\nabla\Phi|^2\,\mathrm{d}x \right)^{\frac{1}{2}} \left(\int_{E_t} \omega^2\,\mathrm{d}x \right)^{\frac{1}{2}}$$

$$= \left(\int_t^{2t} \left(\int_{S_\tau} |\nabla\Phi|\,\mathrm{d}s \right) \mathrm{d}\tau \right)^{\frac{1}{2}} \left(\int_{E_t} \omega^2\,\mathrm{d}x \right)^{\frac{1}{2}} \leqslant \epsilon t,$$

其中当 $t \to \infty$ 时 $\epsilon \to 0$ (这里我们利用了 (4.61) 和具有有限 Dirichlet 积分的假设). 则由积分中值定理知, 存在 $\tau \in [t, 2t] \cap \mathscr{R}$ 使得

$$\int_{S_\tau} |\omega|\,\mathrm{d}s \leqslant 2\epsilon.$$

由于压力是一致有界的, 我们得出结论: 对于大的 τ, S_τ 上 $|u| \sim \sqrt{2\tau} < 2\sqrt{\tau}$. 因此, 利用等式

$$\nabla\Phi = -\nabla^\perp \omega + \omega u^\perp,$$

我们得到

$$\int_{S_\tau} |\nabla\Phi|\,\mathrm{d}s = \int_{S_\tau} \omega u^\perp \cdot n\,\mathrm{d}s \leqslant 2\sqrt{\tau} \int_{S_\tau} |\omega|\,\mathrm{d}s \leqslant 4\sqrt{\tau}\epsilon.$$

($\nabla^\perp \omega \cdot n$ 在闭合曲线 S_τ 上的积分等于零.)

最后一个估计与 (4.61) 中的第一个不等式矛盾. 因此, 如果 $\mathscr{F} > 0$, 则假设 (4.57) 是错误的且解 u 是一致有界的.

令 $\mathscr{F} < 0$, 将 (4.60) 写成

$$\int_{S_t} |\nabla\Phi|\,\mathrm{d}s = \int_{S_\tau} |\nabla\Phi|\,\mathrm{d}s + \int_{\Omega_{\tau,t}} \omega^2\,\mathrm{d}x + (t - \tau)\mathscr{F},$$

我们立即看到, 对于大 t, 右侧变为负, 而左侧对所有的 t 都是正的. 我们再次得到了与假设 (4.57) 矛盾. 因此, 我们完成了情况 $\mathscr{F} \neq 0$ 的证明.

情况 II(总通量等于零). $\mathscr{F} = 0$. 公式 (4.60) 采用下述形式

$$\int_{S_t} |\nabla\Phi| \mathrm{d}s = \int_{S_\tau} |\nabla\Phi| \mathrm{d}s + \int_{\Omega_{\tau,t}} \omega^2 \mathrm{d}x\mathrm{d}y.$$

从最后一个恒等式可知 $\displaystyle\int_{S_t} |\nabla\Phi| \mathrm{d}s$ 是有界增长函数, 即它具有有限的正极限, 特别地,

$$C_1 \leqslant \int_{S_t} |\nabla\Phi| \mathrm{d}s \leqslant C_2, \tag{4.62}$$

对于足够大的 t 和正常数 C_1, C_2 (不依赖与 t). 应用余面积公式, 我们得到

$$\int_t^{2t} \left(\int_{S_\tau} |\omega| \mathrm{d}s \right) \mathrm{d}\tau = \int_{E_t} |\omega| |\nabla\Phi| \mathrm{d}x \leqslant \left(\int_{E_t} |\nabla\Phi|^2 \mathrm{d}x \right)^{\frac{1}{2}} \cdot \left(\int_{E_t} \omega^2 \mathrm{d}x \right)^{\frac{1}{2}}$$

$$= \left(\int_t^{2t} \left(\int_{S_\tau} |\nabla\Phi| \mathrm{d}s \right) \mathrm{d}\tau \right)^{\frac{1}{2}} \cdot \left(\int_{E_t} \omega^2 \mathrm{d}x \right)^{\frac{1}{2}} \leqslant \epsilon\sqrt{t},$$

其中 $\epsilon \to 0$ 当 $t \to \infty$. 则由积分中值定理知, 存在 $\tau \in [t, 2t] \cap \mathscr{R}$ 使得

$$\int_{S_\tau} |\omega| \mathrm{d}s \leqslant \epsilon \frac{2}{\sqrt{\tau}}.$$

与情况 I 一样, 我们有 $|u| \sim \sqrt{2\tau}$ 于 S_τ. 因此, 再次对恒等式积分

$$\nabla\Phi = -\nabla^\perp\omega + \omega u^\perp,$$

我们得到

$$\int_{S_\tau} |\nabla\Phi| \mathrm{d}s = \int_{S_\tau} \omega u^\perp \cdot n \mathrm{d}s \leqslant 2\sqrt{\tau} \int_{S_\tau} |\omega| \mathrm{d}x \leqslant 4\epsilon.$$

最后一个估计与 (4.62) 的第一个不等式矛盾. 因此, 在 $\mathscr{F} = 0$ 的假设下, (4.57) 再一次不成立, 且 u 是一致有界的. 我们完成了定理的证明.

4.3 锥型域中解的分类

下面, 我们通过分离变量对二维稳态 Navier-Stokes 方程 (4.1) 的解在锥型域上进行分类. 另外, 我们也证明了一个最佳的 Liouville 定理来回答 Fuchs-Zhong 在这种情况下的公开问题.

设 Ω 是整个空间 $\mathbb{R}^2$, 半空间 $\mathbb{R}_+^2$, 或者任意锥型区域 $\{(r,\theta); \alpha < \theta < \beta, 0 < r < \infty\}$ 满足 $0 \leqslant \alpha < \beta \leqslant 2\pi$. 我们的主要结果如下 (参考 [108]).

定理 4.9(Wang-Wu, 2023, [108])　假设 $(u, p) \in C^3(\Omega) \times C^1(\Omega)$ 是 (4.1) 的一个解, $u \in C^0(\bar{\Omega})$ 且 u 具有下述分离变量形式:

$$u(x, y) = \varphi(r) \begin{pmatrix} v_1(\theta) \\ v_2(\theta) \end{pmatrix}.$$

则 (u, p) 只能用以下类型之一表示:

(i)

$$u = \begin{pmatrix} C_1 \\ C_2 \end{pmatrix}, \quad p = C_3.$$

(ii)

$$u = \begin{pmatrix} C_1 x + C_2 y \\ C_3 x - C_1 y \end{pmatrix}, \quad p = -\frac{1}{2}(C_1^2 + C_2 C_3)(x^2 + y^2) + C_4. \tag{4.63}$$

(iii)

$$u = \begin{pmatrix} (C_2 + C_3)x^2 + (3C_2 - C_3)y^2 + 2(C_1 + C_4)xy \\ (C_4 - 3C_1)x^2 - (C_1 + C_4)y^2 - 2(C_2 + C_3)xy \end{pmatrix},$$

$$p = \frac{1}{2}(C_1^2 + C_2^2 - C_3^2 - C_4^2)(x^2 + y^2)^2 + 8C_2 x - 8C_1 y + C_5,$$

其中 C_1, C_2, C_3, C_4 满足

$$\begin{cases} C_1 C_3 + C_2 C_4 - 2C_1 C_2 = 0, \\ C_1 C_4 - C_2 C_3 + C_1^2 - C_2^2 = 0. \end{cases} \tag{4.64}$$

(iv)

$$u = r^\lambda \begin{pmatrix} C_1 \cos(\lambda\theta) + C_2 \sin(\lambda\theta) \\ C_2 \cos(\lambda\theta) - C_1 \sin(\lambda\theta) \end{pmatrix}, \quad p = -\frac{1}{2}(C_1^2 + C_2^2)r^{2\lambda} + C_3.$$

这里, 如果 $\Omega = \mathbb{R}^2$, $\lambda \geqslant 3$ 且 $\lambda \in \mathbb{N}$, 否则 $\lambda \in (0, 1) \cup (1, 2) \cup (2, \infty)$.

(v) 如果 $\Omega \neq \mathbb{R}^2$,

$$u = (C_1 + C_2 \ln r) \begin{pmatrix} -y \\ x \end{pmatrix},$$

$$p = \frac{1}{4}r^2 \left[2C_2^2 \ln^2 r + (4C_1 C_2 - 2C_2^2) \ln r + 2C_1^2 - 2C_1 C_2 + C_2^2 \right] + 2C_2\theta + C_3.$$

注 4.1 (1) 在类型 (iii) 中, u_1 的系数与 u_2 的系数成比例, 因为方程 (4.64) 等价于

$$\frac{C_2 + C_3}{C_4 - 3C_1} = \frac{3C_2 - C_3}{-(C_1 + C_4)} = \frac{C_1 + C_4}{-(C_2 + C_3)}.$$

(2) (边界爆破现象) 类型 (v) 的解表明

$$\nabla u(x,y) = \begin{pmatrix} -C_2 \sin\theta\cos\theta & -(C_1 + C_2 \ln r + C_2 \sin^2\theta) \\ C_1 + C_2 \ln r + C_2 \cos^2\theta & C_2 \sin\theta\cos\theta \end{pmatrix},$$

其在 $r = 0$ 的拐角处爆破. 然而, 对任意的 $0 < \gamma < 1$, 在局部上有 $u \in C^\gamma(\bar{\Omega})$. 这与 [51] 中的情况不同, 在该情况下, 作者考虑了一类时间上 Hölder 的连续边界值, 且证明了在边界处存在无界梯度. 这些解还表明, 解的奇异性并不取决于边界的正则性 (例如, 当 $\alpha = 0, \beta = \pi$ 时 $\mathbb{R}^2_+$ 的情况).

(3) 类型 (iv) 中的示例表明: 对于任意的 $0 < \gamma < 1$, 稳态 Navier-Stokes 方程的某些解具有与非平凡边界值相似的边界 C^γ 的正则性, 而对于具有零 Dirichlet 边界值的 6D 稳态 Navier-Stokes 方程, 可以证明当 $\gamma_0 > 0$ 时一致边界 C^{γ_0} 的正则性结果 (例如, 参见 [78]). 因此, 边界值在稳态 Navier-Stokes 方程的边界正则性理论中起着重要作用.

更一般地, 设 u 具有下述形式:

$$u(x,y) = \begin{pmatrix} \varphi_1(r) v_1(\theta) \\ \varphi_2(r) v_2(\theta) \end{pmatrix}, \tag{4.65}$$

我们得出以下结论.

定理 4.10 假设 $(u, p) \in C^3(\Omega) \times C^1(\Omega)$ 是形式为 (4.65) 的 (4.1) 的解, 且 $u \in C^0(\bar{\Omega})$. 则 (u, p) 只能表示为定理 4.9 中的 (i), (ii), (iii), (iv) 和 (v) 的形式之一, 或者以下两种类型之一:

$$u = \begin{pmatrix} C_1 \\ C_2 x \end{pmatrix}, \quad p = -C_1 C_2 y + C_3 \tag{4.66}$$

和

$$u = \begin{pmatrix} C_1 y \\ C_2 \end{pmatrix}, \quad p = -C_1 C_2 x + C_3. \tag{4.67}$$

这个定理立即得出以下结论.

推论 4.1 假设 (u, p) 满足定理 4.10 的条件, 其中 $\Omega = \mathbb{R}^2$, 则 u 和 p 必须是多项式, 这类似于整个空间上的调和函数.

作为定理 4.10 的另一个应用, 当 u 具有形式 (4.65) 时, 我们在任何锥域中获得了 (4.1) 的一个最佳的 Liouville 定理, 在这种情况下这回答了 [39] 中的问题.

推论 4.2　假设 (u,p) 满足定理 4.10 的假设, 且 $u \in C^1(\bar{\Omega})$ 和

$$\lim_{|x| \to \infty} |x|^{-1} |u(x)| = 0, \tag{4.68}$$

则 (u,p) 必须是常数.

注 4.2　条件 (4.68) 表明 u 的增长小于 $|x|$. 这个条件对于 u 的恒常性是最佳的. 如果 (4.68) 不成立, 则存在非平凡解, 例如 (4.63), (4.66) 和 (4.67).

4.3.1　预备引理

这里我们给出定理 4.9 的证明, 定理 4.10 的证明更为复杂, 可以参考 [108]. 在证明主要定理之前, 我们陈述了一些预备引理, 它们在我们的论证中起着重要作用.

在这一部分, 我们记 I 和 J 是 $\mathbb{R}$ 中的区间.

引理 4.11　假设

$$A(\theta)f(r) = B(\theta)g(r), \qquad \theta \in I, \quad r \in J. \tag{4.69}$$

如果 $g(r) \not\equiv 0$, 那么

$$A(\theta) = B(\theta) \equiv 0,$$

或者, 存在一个常数 λ 使得

$$B(\theta) = \lambda A(\theta), \qquad f(r) = \lambda g(r).$$

不失一般性, 假设 $g(r_0) \neq 0$.

情况 I($A(\theta) \equiv 0$).　对于 $\theta \in I$ 和 $r \in J$, $B(\theta)g(r) \equiv 0$. 由于 $g(r_0) \neq 0$, 这表明对于 $\theta \in I$, $B(\theta) \equiv 0$.

情况 II($A(\theta) \not\equiv 0$).　我们假设对某个 $\theta_0 \in I$, $A(\theta_0) \neq 0$, 则

$$f(r) = \frac{B(\theta_0)}{A(\theta_0)} g(r) := \lambda g(r), \qquad r \in J, \tag{4.70}$$

其中 $\lambda = \dfrac{B(\theta_0)}{A(\theta_0)}$. 将方程 (4.70) 代入 (4.69), 可知

$$\lambda A(\theta)g(r) = B(\theta)g(r), \qquad \theta \in I, \quad r \in J,$$

通过取 $r = r_0$, 这表明对于 $\theta \in I$, $B(\theta) = \lambda A(\theta)$. 我们完成了证明.

引理 4.12 设 $v = v(\theta)$, $\theta \in I$.

(1) 如果 $v \in C^1(I)$ 且满足 $\sin\theta v + \cos\theta v' = 0$, 则 $v = C\cos\theta$;

(2) 如果 $v \in C^2(I)$ 且满足 $2\sin\theta v + \cos\theta v' = 0$, 则 $v = C\cos^2\theta$.

为了简单起见, 假设 $I = (0, 2\pi)$ 并表示

$$I_1 = \left(0, \frac{\pi}{2}\right), \quad I_2 = \left(\frac{\pi}{2}, \frac{3\pi}{2}\right), \quad I_3 = \left(\frac{3\pi}{2}, 2\pi\right),$$

则

$$\cos\theta \neq 0, \quad \theta \in I_i, \ i = 1, 2, 3.$$

(1) 对于 I_i, $i = 1, 2, 3$,

$$\left(\cos^{-1}\theta v\right)' = \cos^{-2}\theta(\sin\theta v + \cos\theta v') = 0,$$

则

$$\cos^{-1}\theta v = C_i, \quad v = C_i\cos\theta, \quad \theta \in I_i,$$

和

$$v' = -C_i\sin\theta, \quad \theta \in I_i.$$

因为 v' 在 $\frac{\pi}{2}$ 和 $\frac{3\pi}{2}$ 是连续的, 则 $C_1 = C_2 = C_3 := C$, 因此 $v = C\cos\theta$.

(2) 论证是类似的, 我们省略它. 证毕.

引理 4.13 假设 φ_1, $\varphi_2 \in C^1\big((0, +\infty)\big)$ 且满足

$$\begin{cases} r\varphi_1'(r) = a\varphi_1 + b\varphi_2, \\ r\varphi_2'(r) = c\varphi_1 + d\varphi_2. \end{cases} \tag{4.71}$$

设 $\delta := (a-d)^2 + 4bc$, 则

(1) 如果 $b = 0$, $d = a$, 则

$$\begin{cases} \varphi_1 = C_1 r^a, \\ \varphi_2 = (cC_1\ln r + C_2)r^a. \end{cases}$$

(2) 如果 $b = 0$, $d \neq a$, 则

$$\begin{cases} \varphi_1 = C_1 r^a, \\ \varphi_2 = \dfrac{c}{a-d}C_1 r^a + C_2 r^d. \end{cases}$$

(3) 如果 $b \neq 0, \delta > 0$, 则

$$
\begin{cases}
\varphi_1 = C_1 r^m + C_2 r^n, \quad m > n, \\
\varphi_2 = \dfrac{m-a}{b} C_1 r^m + \dfrac{n-a}{b} C_2 r^n,
\end{cases}
$$

其中 m, n 是下述方程两个不同的实根:

$$
\rho^2 - (a+d)\rho + ad - bc = 0. \tag{4.72}
$$

(4) 如果 $b \neq 0, \delta = 0$, 则

$$
\begin{cases}
\varphi_1 = (C_1 \ln r + C_2) r^l, \\
\varphi_2 = \left[\dfrac{l-a}{b} C_1 \ln r + \dfrac{C_1 + (l-a)C_2}{b} \right] r^l,
\end{cases}
$$

其中 l 是 (4.72) 的唯一实根.

(5) 如果 $b \neq 0, \delta < 0$, 则

$$
\begin{cases}
\varphi_1 = \Big[C_1 \cos(\mu \ln r) + C_2 \sin(\mu \ln r) \Big] r^\lambda, \\
\varphi_2 = \left[\dfrac{(\lambda-a)C_1 + \mu C_2}{b} \cos(\mu \ln r) + \dfrac{(\lambda-a)C_2 - \mu C_1}{b} \sin(\mu \ln r) \right] r^\lambda,
\end{cases}
$$

其中 $\lambda \pm \mu i$ 是 (4.72) 的复数根.

设 $r = e^t$ 和 $D = \dfrac{\mathrm{d}}{\mathrm{d}t}$, 则方程 (4.71) 变为

$$
\begin{cases}
D\varphi_1 = a\varphi_1 + b\varphi_2, \\
D\varphi_2 = c\varphi_1 + d\varphi_2.
\end{cases} \tag{4.73}
$$

情况 1($b = 0$). (4.73) 的第一个方程变为 $D\varphi_1 = a\varphi_1$, 则

$$
\varphi_1 = C_1 e^{at} = C_1 r^a. \tag{4.74}
$$

将 (4.74) 代入到 (4.73) 的第二个方程里, 我们得到

$$
D\varphi_2 - d\varphi_2 = cC_1 e^{at}.
$$

则

$$
D\big(e^{-dt}\varphi_2\big) = e^{-dt}(D\varphi_2 - d\varphi_2) = cC_1 e^{(a-d)t}, \tag{4.75}
$$

可分为以下两种情况.

情况 1.1. 如果 $d = a$, 我们有

$$e^{-at}\varphi_2 = cC_1 t + C_2$$

和

$$\varphi_2 = (cC_1 t + C_2)e^{at} = (cC_1 \ln r + C_2)r^a.$$

情况 1.2. 如果 $d \neq a$, 由 (4.75) 可知

$$e^{-dt}\varphi_2 = \frac{c}{a-d}C_1 e^{(a-d)t} + C_2$$

和

$$\varphi_2 = \frac{c}{a-d}C_1 e^{at} + C_2 e^{dt} = \frac{c}{a-d}C_1 r^a + C_2 r^d.$$

情况 2($b \neq 0$). (4.73) 的第一个方程表明

$$\varphi_2 = \frac{1}{b}(D\varphi_1 - a\varphi_1). \tag{4.76}$$

将 (4.76) 代入到 (4.73) 的第二个方程, 我们有

$$D^2\varphi_1 - (a+d)D\varphi_1 + (ad - bc)\varphi_1 = 0, \tag{4.77}$$

其具有特征方程 (4.72).

情况 2.1. 如果 $\delta > 0$, 方程 (4.72) 有两个不同的实根 m, n $(m > n)$ 并且 (4.77) 的通解表示为

$$\varphi_1 = C_1 e^{mt} + C_2 e^{nt} = C_1 r^m + C_2 r^n.$$

将其代入到 (4.76), 可知

$$\varphi_2 = \frac{m-a}{b}C_1 e^{mt} + \frac{n-a}{b}C_2 e^{nt} = \frac{m-a}{b}C_1 r^m + \frac{n-a}{b}C_2 r^n.$$

情况 2.2. 如果 $\delta = 0$, 方程 (4.72) 有一个唯一实根 l 并且 (4.77) 的通解为

$$\varphi_1 = (C_1 t + C_2)e^{lt} = (C_1 \ln r + C_2)r^l.$$

将其代入到 (4.76), 我们得到

$$\varphi_2 = \left[\frac{l-a}{b}C_1 \ln r + \frac{C_1 + (l-a)C_2}{b}\right]r^l.$$

情况 2.3. 如果 $\delta < 0$, 方程 (4.72) 具有复数根 $\lambda \pm \mu i$ $(\mu \neq 0)$ 并且 (4.77) 的通解为

$$\varphi_1 = \left[C_1 \cos(\mu t) + C_2 \sin(\mu t)\right]e^{\lambda t} = \left[C_1 \cos(\mu \ln r) + C_2 \sin(\mu \ln r)\right]r^\lambda.$$

将其代入到 (4.76), 我们得到

$$\varphi_2 = \left[\frac{(\lambda - a)C_1 + \mu C_2}{b} \cos(\mu \ln r) + \frac{(\lambda - a)C_2 - \mu C_1}{b} \sin(\mu \ln r) \right] r^\lambda.$$

综上, 我们完成了证明.

引理 4.14　假设 v_1, $v_2 \in C^1(I)$ 满足

$$\begin{cases} a \cos\theta v_1 + c \sin\theta v_2 - \sin\theta v_1' = 0, \\ b \cos\theta v_1 + d \sin\theta v_2 + \cos\theta v_2' = 0 \end{cases} \tag{4.78}$$

和 $v_1 v_2 \equiv 0$. 则我们有

(i) 如果 $b \neq 0$ 则 $v_1 \equiv 0$;

(ii) 如果 $c \neq 0$ 则 $v_2 \equiv 0$.

对 $(4.78)_1$ 乘以 v_2, 注意到 $v_1 v_2 \equiv 0$, 我们有

$$c v_2^2 - v_1' v_2 = 0. \tag{4.79}$$

类似地, 对 $(4.78)_2$ 乘以 v_1, 可知

$$b v_1^2 + v_1 v_2' = 0. \tag{4.80}$$

用 (4.80) 减去 (4.79) 得到 $b v_1^2 - c v_2^2 + (v_1 v_2)' = 0$. 因为 $v_1 v_2 \equiv 0$, 则 $b v_1^2 = c v_2^2$. 因此,

$$b v_1^3 = c v_2 (v_1 v_2) \equiv 0, \quad c v_2^3 = b v_1 (v_1 v_2) \equiv 0.$$

如果 $b \neq 0$, 则 $v_1 \equiv 0$. 如果 $c \neq 0$, 则 $v_2 \equiv 0$. 我们完成了证明.

4.3.2　定理 4.9 的证明

定理 4.9 的证明. 设 $w := \partial_2 u_1 - \partial_1 u_2$ 是 u 对应的涡量, 则 w 满足方程:

$$\Delta w - u \cdot \nabla w = 0. \tag{4.81}$$

在本节中, 我们将 $v_i(\theta)$, $v_i'(\theta)$, $\varphi(r)$, $\varphi'(r)$ 记为 v_i, v_i', φ, φ', $i = 1, 2$.

直接计算可知

$$\mathrm{div}\, u = (\cos\theta v_1 + \sin\theta v_2)\varphi' - (\sin\theta v_1' - \cos\theta v_2')\frac{\varphi}{r}$$

$$=: A(\theta)\varphi' - B(\theta)\frac{\varphi}{r}, \tag{4.82}$$

$$w = (\sin\theta v_1 - \cos\theta v_2)\varphi' + (\cos\theta v_1' + \sin\theta v_2')\frac{\varphi}{r}. \tag{4.83}$$

方程 $\mathrm{div}\, u = 0$ 和 (4.82) 表明

$$A(\theta)\varphi' = B(\theta)\frac{\varphi}{r}.$$

根据引理 4.11, 要么

$$A(\theta) = B(\theta) \equiv 0,$$

要么

$$B(\theta) = \lambda A(\theta), \qquad \varphi' = \lambda \frac{\varphi}{r}.$$

接下来, 我们分别讨论这两种情况.

情况 $1(A(\theta) = B(\theta) \equiv 0)$. $A(\theta) \equiv 0$ 表明

$$v_1 = -\tan\theta v_2, \tag{4.84}$$

且由 $B(\theta) \equiv 0$ 可知

$$-\tan\theta v_1' + v_2' = 0. \tag{4.85}$$

将 (4.84) 代入 (4.85), 我们推断 $\sin\theta v_2 + \cos\theta v_2' = 0$. 由于 $v_2 \in C^1$, 应用引理 4.12, 我们得到

$$v_2 = C\cos\theta, \tag{4.86}$$

因此

$$v_1 = -C\sin\theta. \tag{4.87}$$

不失一般性, 我们假设 $C \neq 0$. 将 (4.86) 和 (4.87) 代入到 (4.83), 我们有

$$w = -C\Big(\varphi' + \frac{\varphi}{r}\Big),$$

且

$$\begin{aligned}
\Delta w &= \Big(\partial_r^2 + \frac{1}{r}\partial_r + \frac{1}{r^2}\partial_\theta^2\Big)w = -C\Big(\partial_r^2 + \frac{1}{r}\partial_r\Big)\Big(\varphi' + \frac{\varphi}{r}\Big) \\
&= -C\Big(\varphi''' + \frac{2\varphi''}{r} - \frac{\varphi'}{r^2} + \frac{\varphi}{r^3}\Big), \\
\partial_1 w &= -C\Big(\varphi' + \frac{\varphi}{r}\Big)'\cos\theta = -C\cos\theta\Big(\varphi'' + \frac{\varphi'}{r} - \frac{\varphi}{r^2}\Big), \\
\partial_2 w &= -C\sin\theta\Big(\varphi'' + \frac{\varphi'}{r} - \frac{\varphi}{r^2}\Big);
\end{aligned} \tag{4.88}$$

$$u \cdot \nabla w = \varphi(v_1\partial_1 w + v_2\partial_2 w) = 0.$$

结合 (4.81) 和 (4.88), 我们得到

$$r^3\varphi''' + 2r^2\varphi'' - r\varphi' + \varphi = 0. \tag{4.89}$$

令 $r = e^t$ 并记 $D = \dfrac{\mathrm{d}}{\mathrm{d}t}$, 则方程 (4.89) 变为

$$(D+1)(D-1)^2\varphi = 0,$$

其通解为

$$\varphi = C_1 e^t + C_2 t e^t + C_3 e^{-t} = C_1 r + C_2 r \ln r + C_3 r^{-1}.$$

注意到 $u \in C^3(\Omega) \cap C^0(\bar{\Omega})$, 则

$$\varphi = \begin{cases} C_1 r, & \text{如果 } \Omega = \mathbb{R}^2, \\ C_1 r + C_2 r \ln r, & \text{如果 } \Omega \neq \mathbb{R}^2. \end{cases} \tag{4.90}$$

由 (4.86), (4.87) 和 (4.90), 有

$$u = \begin{cases} C_1' \begin{pmatrix} -y \\ x \end{pmatrix}, & \text{如果 } \Omega = \mathbb{R}^2, \\ (C_1' + C_2' \ln r) \begin{pmatrix} -y \\ x \end{pmatrix}, & \text{如果 } \Omega \neq \mathbb{R}^2. \end{cases} \tag{4.91}$$

情况 2 $\left(B(\theta) = \lambda A(\theta), \ \varphi' = \lambda \dfrac{\varphi}{r} \right)$. 此时, 我们有

$$\varphi = C r^\lambda. \tag{4.92}$$

不失一般性, 我们假设 $C \neq 0$. 注意到 $u \in C^0(\bar{\Omega})$, 则 $\lambda \geqslant 0$. 记

$$L(\theta) = \sin\theta v_1 - \cos\theta v_2,$$

那么很容易验证

$$L' = A + B = (\lambda + 1)A, \quad \cos\theta v_1' + \sin\theta v_2' = A' + L. \tag{4.93}$$

根据 (4.83), (4.92) 和 (4.93), 我们有

$$w = C\lambda r^{\lambda-1}L + Cr^{\lambda-1}(A' + L) = Cr^{\lambda-1}[A' + (\lambda+1)L] =: Cr^{\lambda-1}H, \tag{4.94}$$

其中

$$H = A' + (\lambda + 1)L.$$

从而我们有

$$\Delta w = \Big(\partial_r^2 + \frac{1}{r}\partial_r + \frac{1}{r^2}\partial_\theta^2\Big)w$$

$$= CH\Big(\partial_r^2 + \frac{1}{r}\partial_r\Big)r^{\lambda-1} + Cr^{\lambda-3}H''$$

$$= Cr^{\lambda-3}\big[H'' + (\lambda-1)^2 H\big],$$

$$u \cdot \nabla w = \varphi(v_1\partial_1 w + v_2\partial_2 w) \tag{4.95}$$

$$= \varphi\Big[v_1\Big(\partial_\theta w\cos\theta - \partial_\theta w\frac{\sin\theta}{r}\Big) + v_2\Big(\partial_r w\sin\theta + \partial_\theta w\frac{\cos\theta}{r}\Big)\Big]$$

$$= \varphi\Big(\partial_r w A - \frac{\partial_\theta w}{r}L\Big)$$

$$= C^2 r^{2\lambda-2}\big[(\lambda-1)HA - H'L\big].$$

$\Delta w - u\cdot\nabla w = 0$ 表明

$$Cr^{\lambda+1}\big[(\lambda-1)HA - H'L\big] = H'' + (\lambda-1)^2 H.$$

因为 $\lambda \geqslant 0$, 上述方程等价于

$$\begin{cases} (\lambda-1)HA - H'L = 0, & (4.96) \\ H'' + (\lambda-1)^2 H = 0. & (4.97) \end{cases}$$

记

$$L' = (\lambda+1)A, \tag{4.98}$$

$$H = A' + (\lambda+1)L. \tag{4.99}$$

以上两个方程得出

$$A'' + (\lambda+1)^2 A = H'. \tag{4.100}$$

首先, 我们可以通过方程 (4.97) 求解 H. 如果 $\lambda = 1$, 这是很容易的. 如果 $\lambda \neq 1$, (4.97) 具有通解:

$$H = A' + (\lambda+1)L = C_1\cos\big((\lambda-1)\theta\big) + C_2\sin\big((\lambda-1)\theta\big), \qquad \lambda \neq 1. \tag{4.101}$$

其次, 我们根据方程 (4.100) 求解 A. 将 (4.101) 代入到 (4.100), 我们有

$$A'' + (\lambda+1)^2 A = (\lambda-1)\Big[C_2\cos\big((\lambda-1)\theta\big) - C_1\sin\big((\lambda-1)\theta\big)\Big], \qquad \lambda \neq 1.$$

这个方程具有通解:

$$
\begin{aligned}
A =& C_3 \cos\theta + C_4 \sin\theta + \frac{\theta}{2}(C_1 \cos\theta - C_2 \sin\theta) \\
=& \cos\theta\Big(\frac{C_1\theta}{2} + C_3\Big) + \sin\theta\Big(-\frac{C_2\theta}{2} + C_4\Big), \quad \lambda = 0, \\
A =& C_3 \cos\big((\lambda+1)\theta\big) + C_4 \sin\big((\lambda+1)\theta\big) \\
& + \frac{\lambda-1}{4\lambda}\Big[C_2 \cos\big((\lambda-1)\theta\big) - C_1 \sin\big((\lambda-1)\theta\big)\Big], \quad \lambda \neq 0, 1.
\end{aligned}
\tag{4.102}
$$

将 (4.101) 代入方程 (4.96), 我们有

$$
\begin{aligned}
& \Big[C_1 \cos\big((\lambda-1)\theta\big) + C_2 \sin\big((\lambda-1)\theta\big)\Big]A \\
& - \Big[C_2 \cos\big((\lambda-1)\theta\big) - C_1 \sin\big((\lambda-1)\theta\big)\Big]L = 0, \quad \lambda \neq 1.
\end{aligned}
\tag{4.103}
$$

接下来, 在以下情况下讨论解的分类.

情况 2.1($\lambda = 1$). 在这种简单的情况下, 方程 (4.96) 和 (4.97) 变成

$$
\begin{cases}
H'L = 0, \\
H'' = 0,
\end{cases}
$$

则 $H = a\theta + b$ 且 $aL = 0$. 如果 $a \neq 0$, 则 $L = 0$. 由 (4.98), $A = \frac{1}{2}L' = 0$, $H = A' + 2L = 0$, 这与 $a \neq 0$ 产生矛盾. 因此 $a = 0$ 和 $H = b$. 即 $A' + 2L = b$, 则 $A'' + 2L' = 0$. 由 (4.98), $L' = 2A$, 则 $A'' + 4A = 0$. 上述方程具有通解:

$$
A = C_1 \cos 2\theta + C_2 \sin 2\theta.
\tag{4.104}
$$

从而

$$
L = \frac{1}{2}(H - A') = \frac{b}{2} + C_1 \sin 2\theta - C_2 \cos 2\theta.
\tag{4.105}
$$

结合 (4.104) 和 (4.105), 我们得到

$$
\begin{cases}
v_1 = C_1 \cos\theta + \Big(C_2 + \dfrac{b}{2}\Big)\sin\theta, \\
v_2 = \Big(C_2 - \dfrac{b}{2}\Big)\cos\theta - C_1 \sin\theta.
\end{cases}
$$

因此

$$u = Cr \begin{pmatrix} C_1 \cos\theta + \left(C_2 + \dfrac{b}{2}\right)\sin\theta \\ \left(C_2 - \dfrac{b}{2}\right)\cos\theta - C_1 \sin\theta \end{pmatrix} = \begin{pmatrix} C_1'x + C_2'y \\ C_3'x - C_1'y \end{pmatrix}. \tag{4.106}$$

情况 2.2($\lambda = 0$). 如 (4.102) 中所述, 在这种情况下

$$A = \cos\theta\left(\frac{C_1\theta}{2} + C_3\right) + \sin\theta\left(-\frac{C_2\theta}{2} + C_4\right). \tag{4.107}$$

利用 (4.98), (4.101) 和 (4.107), 我们有

$$L = H - A' = \cos\theta\left(\frac{C_1 + C_2\theta}{2} - C_4\right) + \sin\theta\left(\frac{C_1\theta - C_2}{2} + C_3\right). \tag{4.108}$$

我们将 (4.107) 和 (4.108) 代入到 (4.103), 可以得到

$$\left[\frac{(C_1^2 - C_2^2)\theta - C_1 C_2}{2} + C_1 C_3 + C_2 C_4\right]\cos 2\theta$$

$$- \left[C_1 C_2\theta - C_1 C_4 + C_2 C_3 + \frac{C_1^2 - C_2^2}{4}\right]\sin 2\theta = 0.$$

再次应用引理 4.11, 我们有

$$\frac{(C_1^2 - C_2^2)\theta - C_1 C_2}{2} + C_1 C_3 + C_2 C_4 = C_1 C_2\theta - C_1 C_4 + C_2 C_3 + \frac{C_1^2 - C_2^2}{4} \equiv 0,$$

因此

$$C_1 = C_2 = 0. \tag{4.109}$$

由 (4.107)-(4.109), 可知

$$\begin{cases} A = C_3 \cos\theta + C_4 \sin\theta, \\ L = C_3 \sin\theta - C_4 \cos\theta. \end{cases}$$

则

$$v_1 = C_3, \quad v_2 = C_4,$$

以及

$$u = C\begin{pmatrix} C_3 \\ C_4 \end{pmatrix} = \begin{pmatrix} C_1' \\ C_2' \end{pmatrix}. \tag{4.110}$$

另外, 对于 $\lambda \neq 0, 1$, 如 (4.102) 中所述, 我们得到

$$A = C_3 \cos\big((\lambda + 1)\theta\big) + C_4 \sin\big((\lambda + 1)\theta\big)$$
$$+ \frac{\lambda - 1}{4\lambda}\Big[C_2 \cos\big((\lambda - 1)\theta\big) - C_1 \sin\big((\lambda - 1)\theta\big)\Big], \tag{4.111}$$

由 (4.98), (4.101) 和 (4.111), 我们有

$$L = \frac{1}{\lambda + 1}(H - A')$$
$$= C_3 \sin\big((\lambda + 1)\theta\big) - C_4 \cos\big((\lambda + 1)\theta\big)$$
$$+ \frac{\lambda + 1}{4\lambda}\Big[C_1 \cos\big((\lambda - 1)\theta\big) + C_2 \sin\big((\lambda - 1)\theta\big)\Big]. \tag{4.112}$$

此外, 通过将 (4.111) 和 (4.112) 代入到 (4.103), 我们得到

$$(C_1 C_3 + C_2 C_4)\cos 2\theta + (C_1 C_4 - C_2 C_3)\sin 2\theta$$
$$- \frac{1}{2\lambda}\Big[C_1 C_2 \cos\big((2\lambda - 2)\theta\big) + \frac{C_2^2 - C_1^2}{2}\sin\big((2\lambda - 2)\theta\big)\Big] = 0. \tag{4.113}$$

情况 2.3($\lambda = 2$). (4.113) 变成

$$\Big(C_1 C_3 + C_2 C_4 - \frac{C_1 C_2}{4}\Big)\cos 2\theta + \Big(C_1 C_4 - C_2 C_3 + \frac{C_1^2 - C_2^2}{8}\Big)\sin 2\theta = 0, \tag{4.114}$$

从而

$$\begin{cases} C_1 C_3 + C_2 C_4 - \dfrac{C_1 C_2}{4} = 0, \\[2mm] C_1 C_4 - C_2 C_3 + \dfrac{C_1^2 - C_2^2}{8} = 0. \end{cases} \tag{4.115}$$

在这种情况下, 我们通过 (4.111) 和 (4.112) 得出

$$\begin{cases} A = C_3 \cos 3\theta + C_4 \sin 3\theta + \dfrac{1}{8}(C_2 \cos\theta - C_1 \sin\theta), \\[2mm] L = C_3 \sin 3\theta - C_4 \cos 3\theta + \dfrac{3}{8}(C_1 \cos\theta + C_2 \sin\theta), \end{cases}$$

从而

$$\begin{cases} v_1 = \Big(C_3 + \dfrac{C_2}{8}\Big)\cos^2\theta + \Big(\dfrac{3C_2}{8} - C_3\Big)\sin^2\theta + \Big(C_4 + \dfrac{C_1}{8}\Big)\sin 2\theta, \\[2mm] v_2 = \Big(C_4 - \dfrac{3C_1}{8}\Big)\cos^2\theta - \Big(C_4 + \dfrac{C_1}{8}\Big)\sin^2\theta - \Big(C_3 + \dfrac{C_2}{8}\Big)\sin 2\theta, \end{cases} \tag{4.116}$$

和

$$
u = Cr^2 \begin{pmatrix} v_1 \\ v_2 \end{pmatrix} = C \begin{pmatrix} \left(C_3 + \dfrac{C_2}{8}\right)x^2 + \left(\dfrac{3C_2}{8} - C_3\right)y^2 + \left(2C_4 + \dfrac{C_1}{4}\right)xy \\ \left(C_4 - \dfrac{3C_1}{8}\right)x^2 - \left(C_4 + \dfrac{C_1}{8}\right)y^2 - \left(2C_3 + \dfrac{C_2}{4}\right)xy \end{pmatrix},
$$

其中 C_1, C_2, C_3, C_4 满足方程 (4.115). 如果我们用 C_1 代替 $\dfrac{CC_1}{8}$, 用 C_2 代替 $\dfrac{CC_2}{8}$, 用 C_3 代替 CC_3, 用 C_4 代替 CC_4, 则有

$$
u = \begin{pmatrix} (C_2 + C_3)x^2 + (3C_2 - C_3)y^2 + 2(C_1 + C_4)xy \\ (C_4 - 3C_1)x^2 - (C_1 + C_4)y^2 - 2(C_2 + C_3)xy \end{pmatrix}, \tag{4.117}
$$

其中 C_1, C_2, C_3, C_4 满足

$$
\begin{cases} C_1C_3 + C_2C_4 - 2C_1C_2 = 0, \\ C_1C_4 - C_2C_3 + C_1^2 - C_2^2 = 0. \end{cases} \tag{4.118}
$$

情况 2.4($\lambda \neq 0, 1, 2$). 根据 (4.113), 我们有

$$
\begin{cases} C_1C_3 + C_2C_4 = 0, \\ C_1C_4 - C_2C_3 = 0, \\ C_1C_2 = 0, \\ C_2^2 - C_1^2 = 0, \end{cases}
$$

即

$$
C_1 = C_2 = 0. \tag{4.119}
$$

由 (4.111), (4.112) 和 (4.119) 可知

$$
\begin{cases} A = C_3 \cos\big((\lambda+1)\theta\big) + C_4 \sin\big((\lambda+1)\theta\big), \\ L = C_3 \sin\big((\lambda+1)\theta\big) - C_4 \cos\big((\lambda+1)\theta\big), \end{cases}
$$

从而

$$
\begin{cases} v_1 = C_3 \cos(\lambda\theta) + C_4 \sin(\lambda\theta), \\ v_2 = C_4 \cos(\lambda\theta) - C_3 \sin(\lambda\theta) \end{cases}
$$

和

$$u = Cr^\lambda \begin{pmatrix} C_3 \cos(\lambda\theta) + C_4 \sin(\lambda\theta) \\ C_4 \cos(\lambda\theta) - C_3 \sin(\lambda\theta) \end{pmatrix}$$

$$= r^\lambda \begin{pmatrix} C_1' \cos(\lambda\theta) + C_2' \sin(\lambda\theta) \\ C_2' \cos(\lambda\theta) - C_1' \sin(\lambda\theta) \end{pmatrix}, \tag{4.120}$$

其中 $\lambda \neq 0, 1, 2$.

此外, 如果 $\Omega = \mathbb{R}^2$, 则成立 $v_i(0) = v_i(2\pi), i = 1, 2$, 即

$$\begin{cases} C_1'[1 - \cos(2\lambda\pi)] - C_2' \sin(2\lambda\pi) = 0, \\ C_2'[1 - \cos(2\lambda\pi)] + C_1' \sin(2\lambda\pi) = 0. \end{cases}$$

注意到上述方程是关于 $1 - \cos(2\lambda\pi)$ 和 $\sin(2\lambda\pi)$ 的线性方程, 以及行列式

$$\begin{vmatrix} C_1' & -C_2' \\ C_2' & C_1' \end{vmatrix} = C_1'^2 + C_2'^2 \neq 0,$$

否则解 $u = 0$, 这包含在前面的情况 (4.110) 中. 由 Cramer 法则可知

$$1 - \cos(2\lambda\pi) = \sin(2\lambda\pi) = 0,$$

因此 $\lambda \in \mathbb{N}$. 注意到 $\lambda \neq 0, 1, 2$, 故 $\lambda \geqslant 3$ 和 $\lambda \in \mathbb{N}$.

最后, 结合 (4.91), (4.106), (4.110), (4.117) 和 (4.120), 我们得到了解 u 有五种形式, 如定理 4.9 所示.

压力表达式. 接下来, 我们将这些类型的解分别代入方程 (4.1). 这些解均满足

$$\mathrm{div} u = 0,$$

然后寻找合适的压力.

在类型 (i) 中, 很容易推导出

$$u = \begin{pmatrix} C_1 \\ C_2 \end{pmatrix}, \quad p = C_3.$$

在类型 (ii) 中, 直接的计算表明

$$u = \begin{pmatrix} C_1 x + C_2 y \\ C_3 x - C_1 y \end{pmatrix}, \quad p = -\frac{1}{2}(C_1^2 + C_2 C_3)(x^2 + y^2) + C_4$$

是解.

在类型 (iii) 中, 通过直接的计算, 我们得到

$$\partial_1 p - 8C_2 + 2(C_3^2 + C_4^2 - 2C_1C_4 + 2C_2C_3 + C_2^2 - 3C_1^2)x^3$$
$$+ 2(C_3^2 + C_4^2 + 2C_1C_4 - 2C_2C_3 + C_1^2 - 3C_2^2)xy^2$$
$$+ 8(C_1C_3 + C_2C_4 - 2C_1C_2)x^2y = 0,$$
$$\partial_2 p + 8C_1 + 2(C_3^2 + C_4^2 + 2C_1C_4 - 2C_2C_3 + C_1^2 - 3C_2^2)y^3$$
$$+ 2(C_3^2 + C_4^2 - 2C_1C_4 + 2C_2C_3 + C_2^2 - 3C_1^2)x^2y$$
$$+ 8(C_1C_3 + C_2C_4 - 2C_1C_2)xy^2 = 0.$$

我们对上述方程应用 (4.118), 则

$$\partial_1 p - 8C_2 + 2(C_3^2 + C_4^2 - C_1^2 - C_2^2)(x^3 + xy^2) = 0,$$
$$\partial_2 p + 8C_1 + 2(C_3^2 + C_4^2 - C_1^2 - C_2^2)(y^3 + x^2y) = 0.$$

因此

$$p = \frac{1}{2}(C_1^2 + C_2^2 - C_3^2 - C_4^2)(x^2 + y^2)^2 + 8C_2x - 8C_1y + C_5,$$

其中 C_1, C_2, C_3, C_4 满足方程 (4.118).

在类型 (iv) 中, 注意到在 (4.119) 中, $C_1 = C_2 = 0$, 由于 (4.101) 和 (4.94), 其表明 $H = 0$ 和 $w \equiv 0$. 利用

$$(u_2, -u_1)^{\mathrm{T}}w = u \cdot \nabla u - \nabla\left(\frac{|u|^2}{2}\right),$$

压力可表示为 $-\frac{1}{2}|u|^2 + C$. 从而

$$p = -\frac{1}{2}(C_1^2 + C_2^2)r^{2\lambda} + C_3.$$

在类型 (v) 中, $\Omega \neq \mathbb{R}^2$ 以及

$$u = (C_1 r + C_2 r \ln r)\begin{pmatrix} -\sin\theta \\ \cos\theta \end{pmatrix},$$

直接计算得出

$$w = -(2C_2 \ln r + C_2 + 2C_1)$$

和

$$u \cdot \nabla u = (C_1 + C_2 \ln r)\partial_\theta u.$$

因此

$$\nabla p = \Delta u - u \cdot \nabla u = \nabla^{\mathrm{T}} w - u \cdot \nabla u$$
$$= \frac{2C_2}{r}\begin{pmatrix} -\sin\theta \\ \cos\theta \end{pmatrix} + (C_1 + C_2 \ln r)^2 r \begin{pmatrix} \cos\theta \\ \sin\theta \end{pmatrix},$$

通过分部积分, 其表明

$$p = \frac{1}{4}r^2\Big[2C_2^2 \ln^2 r + (4C_1C_2 - 2C_2^2)\ln r + 2C_1^2 - 2C_1C_2 + C_2^2\Big] + 2C_2\theta + C_3.$$

综上, 我们完成了定理的证明.

4.4　一般的 q-能量下的 Liouville 定理

对一般的能量积分, 我们有下述的 Liouville 定理.

定理 4.11 (Wang, 2021, [105]) 设 (u, π) 是定义在整个平面上二维 Navier-Stokes 方程 (4.1) 的光滑解, 且对某个 $1 < q < \infty$ 满足增长估计 $\nabla u \in L^q(\mathbb{R}^2)$, 则 u 和 π 是常数.

上述结果表明, 二维 NS 方程存在一个转捩阈值, 即对于任意的 $q > 1$, 零解在 $\mathcal{D}^{1,q}$ ($\nabla u \in L^q$) 下是稳定的, 但在 $\mathcal{D}^{1,\infty}$ 下是不稳定的. 另一种证明, 参考 [66].

对于 Couette 流附近的扰动, 我们也有下面的 Liouville 定理:

定理 4.12 (Wang, 2023, [106]) 设 (u, π) 是定义在整个平面上二维 Navier-Stokes 方程 (4.1) 的一个光滑解. 对于 $U = (y, 0)$, 假设 $v = u - U \in \mathcal{D}^{1,q}(\mathbb{R}^2)$ 且 $1 < q < \infty$, 则 v 和 π 是常数.

设 $v = u - U$, 则其满足

$$\begin{cases} -\Delta v + v \cdot \nabla v + \nabla \pi + (v_2, 0) + y\partial_x v = 0, \\ \operatorname{div} v = 0, \end{cases} \tag{4.121}$$

设涡量 $w = \partial_2 v_1 - \partial_1 v_2$, 则

$$-\Delta w + v \cdot \nabla w + y\partial_x w = 0. \tag{4.122}$$

注 4.3 显然, 上述结果在 $\mathcal{D}^{1,\infty}(\mathbb{R}^2)$ 的空间中不成立, 因为线性解不是唯一的 (例如剪切流 $(cy, 0)$). 上述结果还表明, 稳定空间类似于常数解 (参见 [104]). 值得一提的是, 二维含时间的 Navier-Stokes 方程在 Sobolev 空间中的稳定性阈值更为复杂, 例如, 参见 Bedrossian-Germain-Masmoudi [7], Bedrossian-Wang-Vicol [9] 和 Chen-Li-Wei-Zhang [25], 其中如果初始速度在 Couette 流附近

$$\|u_0 - (y, 0)\|_{H^2} \leqslant cRe^{-\frac{1}{2}},$$

对于一个小 c, 则在任何时间解都在这个空间中.

为了证明定理 4.12, 首先, 我们证明一个 (与 Gilbarg-Weinberger 在 [42] 中关于有限 Dirichlet 积分类似) 具有有限 $\mathcal{D}^{1,q}$ 梯度积分的函数衰减的类似结果.

引理 4.15 设一个 C^1 向量值函数 $f(x) = (f_1, f_2)(x) = f(r, \theta)$ 且 $r = |x|$ 和 $x_1 = r\cos\theta$, 则

$$\int_{r>r_0} |\nabla f|^q \, \mathrm{d}x < \infty, \quad 1 < q < 2.$$

从而, 我们有

$$\limsup_{r\to\infty} \int_0^{2\pi} |f(r, \theta)|^q \mathrm{d}\theta < \infty.$$

引理 4.15 的证明. 由 Hölder 不等式, 可知

$$\frac{\mathrm{d}}{\mathrm{d}r}\left(\int_0^{2\pi} |f(r,\theta)|^q \mathrm{d}\theta\right)^{\frac{1}{q}} \leqslant \left(\int_0^{2\pi} |f|^q \mathrm{d}\theta\right)^{\frac{1}{q}-1} \int_0^{2\pi} |f|^{q-1} |f_r| \mathrm{d}\theta$$

$$\leqslant \left(\int_0^{2\pi} |f_r|^q \mathrm{d}\theta\right)^{\frac{1}{q}}.$$

对上式从 $r_1(r_1 \geqslant r_0)$ 进行积分, 我们得到

$$\left(\int_0^{2\pi} |f(r,\theta)|^q \mathrm{d}\theta\right)^{\frac{1}{q}} - \left(\int_0^{2\pi} |f(r_1,\theta)|^q \mathrm{d}\theta\right)^{\frac{1}{q}}$$

$$\leqslant \int_{r_1}^r \left(\int_0^{2\pi} |f_r|^q \mathrm{d}\theta\right)^{\frac{1}{q}} \mathrm{d}r$$

$$\leqslant \left(\int_{r>r_0} |\nabla f|^q \, \mathrm{d}x\right)^{\frac{1}{q}} \left(\int_{r_1}^r r^{-\frac{1}{q-1}} \mathrm{d}r\right)^{1-\frac{1}{q}}$$

$$\leqslant \left(\int_{r>r_0} |\nabla f|^q \, \mathrm{d}x\right)^{\frac{1}{q}} \left(\frac{q-1}{2-q}\right)^{1-\frac{1}{q}} r_1^{\frac{q-2}{q}}.$$

这就得到了我们所需的结果.

定理 4.12 的证明.

第 I 步 ($2 < q < \infty$ 的情况). 设 $\eta(x,y) \in C_0^\infty(\mathbb{R}^2)$ 是一个截断函数, 且 $0 \leqslant \eta \leqslant 1$ 满足 $\eta(x,y) = \eta_1(x)\eta_2(y)$, 其中

$$\eta_1(x) = \begin{cases} 1, & |x| \leqslant R^\beta, \\ 0, & |x| > 2R^\beta. \end{cases}$$

这里 $1 < \beta < \left(1 - \dfrac{2}{q}\right)^{-1}$, 另外

$$\eta_2(y) = \begin{cases} 1, & |y| \leqslant R, \\ 0, & |y| > 2R. \end{cases}$$

在涡量方程两边乘以 $q\eta|w|^{q-2}w$, 我们有

$$
\begin{aligned}
I :=& \frac{4(q-1)}{q} \int_{\mathbb{R}^2} |\nabla(|w|^{\frac{q}{2}})|^2 \eta \mathrm{d}x\mathrm{d}y \\
\leqslant& \int_{\mathbb{R}^2} |w|^q \Delta \eta \mathrm{d}x\mathrm{d}y + \int_{\mathbb{R}^2} |w|^q y \partial_x \eta \mathrm{d}x\mathrm{d}y \\
& + \int_{\mathbb{R}^2} |w|^q v \cdot \nabla \eta \mathrm{d}x\mathrm{d}y := I_1 + I_2 + I_3.
\end{aligned}
\tag{4.123}
$$

因为 $v \in \mathcal{D}^{1,q}$ 和 $\beta > 1$, 显然 $I_1 \to 0$ 以及

$$I_2 \leqslant CR^{1-\beta} \to 0,$$

当 $R \to \infty$. 对于 I_3, 利用定理 1.7, 对于大的 $R > 0$, 我们有

$$|v(x,y)| \leqslant |(x,y)|^{1-\frac{2}{q}}.$$

因此

$$I_3 \leqslant CR^{\beta(1-\frac{2}{q})-1} \to 0,$$

当 $R \to \infty$, 这里我们利用了

$$\beta\left(1 - \frac{2}{q}\right) < 1.$$

从而, 我们得到 $\nabla(|w|^{\frac{q}{2}}) \equiv 0$, 这表明 $w \equiv C$. 由 $\operatorname{div}v = 0$ 可知

$$\Delta v \equiv 0.$$

其与已知条件 $v \in \mathcal{D}^{1,q}$ 表明

$$\nabla v \equiv 0.$$

因此 v 和 π 是常数.

第 II 步 ($1 < q \leqslant 2$ 的情况). 我们取一个截断函数 ϕ 如下.

(i) 设 $r = \sqrt{x^2 + y^2}$. ϕ 是径向递减的并满足

$$\phi(x, y) = \phi(r) = \begin{cases} 1, & r \leqslant \rho, \\ 0, & r \geqslant \tau, \end{cases}$$

其中 $0 < \dfrac{R}{2} \leqslant \dfrac{2}{3}\tau < \dfrac{3}{4}R \leqslant \rho < \tau \leqslant R$;

(ii) $|\nabla\phi|(x, y) \leqslant \dfrac{C}{\tau - \rho}$ 对所有的 $(x, y) \in \mathbb{R}^2$.

将涡量方程两端乘以 ϕw, 然后分部积分, 我们得出

$$\int_{\mathbb{R}^2} \phi |\nabla w|^2 \,\mathrm{d}x\mathrm{d}y$$

$$= -\int_{\mathbb{R}^2} \nabla w \cdot \nabla \phi w \,\mathrm{d}x\mathrm{d}y + \frac{1}{2}\int_{\mathbb{R}^2} v \cdot \nabla \phi w^2 \,\mathrm{d}x\mathrm{d}y + \frac{1}{2}\int_{\mathbb{R}^2} y\partial_x \phi w^2 \,\mathrm{d}x\mathrm{d}y$$

$$:= I_1' + I_2' + I_3'. \tag{4.124}$$

接下来, 我们将逐一估计 I_j', $j = 1, 2, 3$.

对于 I_1', 由 Hölder 不等式可知

$$I_1' \leqslant \frac{C}{\tau - \rho}\|\nabla w\|_{L^2(B_\tau)}\|w\|_{L^2(B_\tau)}.$$

利用下述 Gagliardo-Nirenberg 不等式 (例如, 参见 [40] 引理 II.3.3):

$$\|w\|_{L^2(B_\tau)} \leqslant C\|\nabla w\|_{L^2(B_\tau)}^{1-\frac{q}{2}}\|w\|_{L^q(B_\tau)}^{\frac{q}{2}} + C\tau^{1-\frac{2}{q}}\|w\|_{L^q(B_\tau)}, \tag{4.125}$$

其表明

$$I_1' \leqslant \frac{1}{8}\int_{B_\tau} |\nabla w|^2 \,\mathrm{d}x + \frac{C}{(\tau - \rho)^{\frac{4}{q}}} + \frac{C\tau^{2-\frac{4}{q}}}{(\tau - \rho)^2}, \tag{4.126}$$

这里我们利用了 $\|w\|_{L^q(B_\tau)} \leqslant \|\nabla v\|_{L^q(\mathbb{R}^2)} < \infty$.

对于 I_2', 令

$$\bar{f}(r) = \frac{1}{2\pi}\int_0^{2\pi} f(r,\theta)\mathrm{d}\theta,$$

则根据 Wirtinger 不等式 (例如, 对于 $p=2$ 参见 [40] 的 II.5 章节), 我们有

$$\int_0^{2\pi} |f-\bar{f}|^p\,\mathrm{d}\theta \leqslant C(p)\int_0^{2\pi}|\partial_\theta f|^p\mathrm{d}\theta, \quad 1\leqslant p < \infty \tag{4.127}$$

从而利用 (4.127), 定理 4.1 和引理 4.15, 我们得到

$$I_2' \leqslant \left|\int_{\mathbb{R}^2} w^2\,(v-\bar{v})\cdot\nabla\phi\,\mathrm{d}x\mathrm{d}y\right| + \left|\int_{\mathbb{R}^2} w^2\,\bar{v}\cdot\nabla\phi\,\mathrm{d}x\mathrm{d}y\right|$$

$$\leqslant \frac{C}{\tau-\rho}\left(\int_{B_\tau} w^{2q'}\right)^{\frac{1}{q'}}\left(\int_{\frac{R}{2}<r<R}\int_0^{2\pi}|v(r,\theta)-\bar{v}|^q\,\mathrm{d}\theta\,r\mathrm{d}r\right)^{\frac{1}{q}}$$

$$+ \frac{C}{\tau-\rho}\int_{B_\tau\setminus B_{\frac{R}{2}}} w^2\left(\int_0^{2\pi}|v(r,\theta)|^q\,\mathrm{d}\theta\right)^{\frac{1}{q}}\mathrm{d}x\mathrm{d}y$$

$$\leqslant \frac{CR}{\tau-\rho}\left(\int_{B_\tau} w^{2q'}\right)^{\frac{1}{q'}}\left(\int_{\frac{R}{2}<r<R}\frac{1}{r^q}\int_0^{2\pi}|\partial_\theta v|^q\mathrm{d}\theta\,r\mathrm{d}r\right)^{\frac{1}{q}}$$

$$+ C\frac{(\ln R)^{\frac{1}{2}}}{\tau-\rho}\int_{B_\tau} w^2\,\mathrm{d}x\mathrm{d}y.$$

再次利用 Gagliardo-Nirenberg 不等式, 可知

$$\|w\|_{L^{2q'}(B_\tau)} \leqslant C\|\nabla w\|_{L^2(B_\tau)}^{1-\frac{q}{2q'}}\|w\|_{L^q(B_\tau)}^{\frac{q}{2q'}} + C\tau^{1-\frac{3}{q}}\|w\|_{L^q(B_\tau)}, \tag{4.128}$$

其与 (4.125) 表明

$$I_2' \leqslant \frac{1}{8}\left(\int_{B_\tau}|\nabla w|^2\right) + C\left(\frac{R}{\tau-\rho}\|\nabla v\|_{L^q(B_R\setminus B_{R/2})}\right)^{\frac{2q'}{q}} + \frac{CR\tau^{2-\frac{6}{q}}}{\tau-\rho}$$

$$+ C\left(\frac{\sqrt{\ln R}}{\tau-\rho}\right)^{\frac{2}{q}} + C\left(\frac{\sqrt{\ln R}}{\tau-\rho}\right)\tau^{2-\frac{4}{q}}, \tag{4.129}$$

其中我们利用了 $\mathcal{D}^{1,q}$ 积分的有界性. 对于 I_3', 我们有

$$I_3' \leqslant \left| \iint_{\mathbb{R}^2} w^2\, y\partial_x\phi\, \mathrm{d}x\mathrm{d}y \right| \leqslant \frac{CR}{\tau-\rho} \left(\int_{B_\tau\setminus B_{\frac{2}{3}\tau}} w^2\mathrm{d}x\mathrm{d}y \right),$$

并使用环域中的 Gagliardo-Nirenberg 不等式, 与 (4.125) 的一个稍微不同的形式为

$$\|w\|_{L^2(B_\tau\setminus B_{\frac{2}{3}\tau})} \leqslant C\|\nabla w\|_{L^2(B_\tau\setminus B_{\frac{2}{3}\tau})}^{1-\frac{q}{2}} \|w\|_{L^q(B_\tau\setminus B_{\frac{2}{3}\tau})}^{\frac{q}{2}} + C\tau^{1-\frac{2}{q}} \|w\|_{L^q(B_\tau\setminus B_{\frac{2}{3}\tau})},$$

这表明

$$I_3' \leqslant \frac{1}{8} \left(\int_{B_\tau} |\nabla w|^2 \right) + C\left(\frac{R}{\tau-\rho} \right)^{\frac{2}{q}} \|w\|_{L^q(B_\tau\setminus B_{\frac{2}{3}\tau})}^2$$

$$+ C\frac{R}{\tau-\rho}\tau^{2-\frac{4}{q}} \|w\|_{L^q(B_\tau\setminus B_{\frac{2}{3}\tau})}^2. \tag{4.130}$$

结合 $I_1', \cdots, I_3'$ 的估计, 根据 (4.126), (4.129) 和 (4.130), 我们有

$$\int_{B_\rho} |\nabla w|^2\mathrm{d}x\mathrm{d}y$$

$$\leqslant \frac{1}{2}\int_{B_\tau} |\nabla w|^2 + \frac{C}{(\tau-\rho)^{\frac{4}{q}}} + \frac{C\tau^{2-\frac{4}{q}}}{(\tau-\rho)^2} + \frac{CR\tau^{2-\frac{6}{q}}}{\tau-\rho}$$

$$+ C\left(\frac{\sqrt{\ln R}}{\tau-\rho} \right)^{\frac{2}{q}} + C\left(\frac{\sqrt{\ln R}}{\tau-\rho} \right)\tau^{2-\frac{4}{q}} + C\left(\frac{R}{\tau-\rho}\|\nabla v\|_{L^q(B_R\setminus B_{R/2})} \right)^{\frac{2q'}{q}}$$

$$+ C\left(\frac{R}{\tau-\rho} \right)^{\frac{2}{q}} \|w\|_{L^q(B_R\setminus B_{R/2})}^2 + C\frac{R}{\tau-\rho}\tau^{2-\frac{4}{q}} \|w\|_{L^q(B_R\setminus B_{R/2})}^2.$$

然后利用 Giaquinta 迭代引理 [41, 引理 3.1] 得到

$$\int_{B_{R/2}} |\nabla w|^2\mathrm{d}x\mathrm{d}y \leqslant CR^{-\frac{4}{q}} + C\left(\frac{\sqrt{\ln R}}{R} \right)$$

$$+ C\left(\|\nabla v\|_{L^q(B_R\setminus B_{R/2})} \right)^{\frac{2q'}{q}} + C(R^{2-\frac{4}{q}} + 1)\|w\|_{L^q(B_R\setminus B_{R/2})}^2.$$

令 $R \to \infty$, 我们有

$$\nabla w \equiv 0,$$

和 $w \equiv C$. 类似于第 I 步的论证, 我们完成了证明.

4.5　Fuchs-Zhong 的问题

Koch-Nadirashvili-Seregin-Sverak [55] 在 2009 年证明了 (1.21) 的任何有界解都有 $u \equiv C$. 其主要想法:

$$MR^4 \leqslant \int_{Q_R} \omega \mathrm{d}x \mathrm{d}t = \int_{\partial Q_R} u^{\mathrm{T}} \cdot n \mathrm{d}S \mathrm{d}t \leqslant CR^3,$$

由于最大值原理, 上式导致矛盾.

Fuchs-Zhong 在 2011 年 [39] 中猜测下述的问题: 对某个 $\alpha > 0$, 当 $|x| \to \infty$ 时, 如果 $\sup |x|^{-\alpha} |u(x)| < \infty$, 则解是常数. 他们**猜测 $\alpha < 1$, 有 $u \equiv C$?**

因为当 $\alpha = 1$, $(-x_1, x_2)$, Couette 流 $(x_2, 0)$ 等显然都是解. 他们首先获得了下述结果.

定理 4.13(Fuchs-Zhong, 2011, [39])　设 u 和 p 表示 (4.1) 在二维全空间中的解, 如果

$$\limsup_{|x| \to \infty} |x|^{-\alpha} |u(x)| < \infty,$$

对某个 $\alpha \in \left[0, \dfrac{1}{7}\right)$, 则速度场 u 和压力 p 是常数.

在他们文 [39] 中, 提出下列 **公开问题:**

(i) 假设

$$\lim_{|x| \to \infty} |x|^{-1} |u(x)| = 0,$$

u 的恒常性是否随之而来? 或者 $\alpha \geqslant \dfrac{1}{3}$?

(ii) 在下述情况下:

$$\limsup_{|x| \to \infty} |x|^{-1} |u(x)| < \infty,$$

u 是仿射函数吗? 或者在更强的假设下: $\sup_{\mathbb{R}^2} |\nabla u| < \infty$.

(iii) 如果我们要求

$$\limsup_{|x| \to \infty} |x|^{-\alpha} |u(x)| = 0,$$

对某个 $\alpha > 1$ 或者 $\sup_{\mathbb{R}^2} |\nabla^k u| < \infty$ 对某个 $k \geqslant 2$, 那么可知 u 满足哪些性质?

Bildhauer-Fuchs-Zhang [10] 在 2013 年得到 $\alpha < \dfrac{1}{3}$ 的情况.

定理 4.14(Bildhauer-Fuchs-Zhang, 2013, [10]) 设 u 和 p 表示 (4.1) 在二维全空间中的解, 如果

$$\limsup_{|x|\to\infty} |x|^{-\alpha}|u(x)| < \infty,$$

对某个 $\alpha \in \left[0, \dfrac{1}{3}\right)$. 则速度场 u 和压力 p 是常数.

证明 引入涡量

$$w = \nabla^\perp \cdot u = (\partial_2, -\partial_1) \cdot u = \partial_2 u_1 - \partial_1 u_2,$$

则对于充分大的 $q, \ell \in N$ 且 $\eta \in C_0^\infty(\mathbb{R}^2)$, 我们有

$$
\begin{aligned}
\int_{\mathbb{R}^2} w^{2q}\eta^{2\ell}\mathrm{d}x &= \int_{\mathbb{R}^2} (\partial_2 u_1 - \partial_1 u_2)w^{2q-1}\eta^{2\ell}\mathrm{d}x \\
&= -\int_{\mathbb{R}^2} (-u_2, u_1) \cdot \nabla[w^{2q-1}\eta^{2\ell}]\mathrm{d}x \\
&= (2q-1)\int_{\mathbb{R}^2} (u_2, -u_1) \cdot \nabla w[w^{2q-2}\eta^{2\ell}]\mathrm{d}x \\
&\quad + 2\ell\int_{\mathbb{R}^2} (u_2, -u_1) \cdot \nabla\eta[w^{2q-1}\eta^{2\ell-1}]\mathrm{d}x \\
&\leqslant \delta\int_{\mathbb{R}^2} w^{2q}\eta^{2\ell}\mathrm{d}x + C(\delta, q)\int_{\mathbb{R}^2} |u|^2|\nabla w|^2 w^{2q-4}\eta^{2\ell}\mathrm{d}x \\
&\quad + 2\ell\int_{\mathbb{R}^2} |u||\nabla\eta|w^{2q-1}\eta^{2\ell-1}\mathrm{d}x,
\end{aligned}
\tag{4.131}
$$

其中 $\delta \in (0,1)$. 另一方面, 由于

$$\Delta w = u \cdot \nabla w,$$

对上述等式两边乘以 $\eta^{2\ell} w^{2q-3}$, 我们有

$$
\begin{aligned}
&(2q-3)\int_{\mathbb{R}^2} |\nabla w|^2 w^{2q-4}\eta^{2\ell}\mathrm{d}x \\
&= \frac{1}{2q-2}\int_{\mathbb{R}^2} w^{2q-2}\Delta(\eta^{2\ell})\mathrm{d}x + \frac{1}{2q-2}\int_{\mathbb{R}^2} w^{2q-2}u \cdot \nabla(\eta^{2\ell})\mathrm{d}x.
\end{aligned}
\tag{4.132}
$$

令 $\eta(x) \in C_0^\infty(B_R)$ 和 $0 \leqslant \eta \leqslant 1$ 满足

$$
\eta(x) = \begin{cases} 1, & x \in B_{R/2}, \\ 0, & x \in B_R^c \end{cases}
$$

和

$$|u(x)| \leqslant C|x|^{\alpha}.$$

则由 (4.131) 和 (4.132) 可知

$$(1-\delta)\int_{\mathbb{R}^2} w^{2q}\eta^{2\ell}\mathrm{d}x$$

$$= C(\delta,\ell,q)R^{2\alpha}\int_{\mathbb{R}^2} w^{2q-2}|\Delta(\eta^{2\ell})|\mathrm{d}x + C(\delta,\ell,q)R^{2\alpha}\int_{\mathbb{R}^2} w^{2q-2}|u||\nabla(\eta^{2\ell})|\mathrm{d}x$$

$$+ 2\ell\int_{\mathbb{R}^2} |u||\nabla\eta|w^{2q-1}\eta^{2\ell-1}\mathrm{d}x$$

$$= I_1 + \cdots + I_3.$$

对上式直接估计有

$$I_1 \leqslant \delta\int_{\mathbb{R}^2} w^{2q}\eta^{(2\ell-2)\frac{q}{q-1}}\mathrm{d}x + C(\delta,\ell,q)R^{2+q(2\alpha-2)},$$

$$I_2 \leqslant \delta\int_{\mathbb{R}^2} w^{2q}\eta^{(2\ell-1)\frac{q}{q-1}}\mathrm{d}x + C(\delta,\ell,q)R^{2+q(3\alpha-1)},$$

$$I_3 \leqslant \delta\int_{\mathbb{R}^2} w^{2q}\eta^{(2\ell-1)\frac{2q}{2q-1}}\mathrm{d}x + C(\delta,\ell,q)R^{2+2q(\alpha-1)}.$$

首先, 我们选择 $\delta < \dfrac{1}{8}$; 其次, 对于固定的 $\alpha < \dfrac{1}{3}$, 我们取 q 使得

$$2 + q(2\alpha - 2) < 0, \quad 2 + q(3\alpha - 1) < 0, \quad 2 + 2q(\alpha - 1) < 0.$$

最后, 取 ℓ 充分大使得

$$2\ell \leqslant (2\ell - 2)\frac{q}{q-1}, \quad 2\ell \leqslant (2\ell - 1)\frac{2q}{2q-1}.$$

则我们得到

$$\int_{\mathbb{R}^2} w^{2q}\eta^{2\ell}\mathrm{d}x \leqslant C(\ell,q)\left[R^{2+q(2\alpha-2)} + R^{2+q(3\alpha-1)} + R^{2+2q(\alpha-1)}\right].$$

令 $R \to 0$, 我们有 $w \equiv 0$ 于 $\mathbb{R}^2$. 因此 u 在 $\mathbb{R}^2$ 上是调和的, 且满足增长估计, 其表明 $u \equiv C$. 我们完成了证明.

4.6 二维外域上的衰减估计

设 Ω 为二维空间中的外区域, 我们有下述结果.

定理 4.15 (Men-Wang-Zhao, 2020, [84]) 假设 v 是 (4.1) 的一个光滑解且 $\|v\|_{L^p(\Omega)} \lesssim 1$ 对于 $2 < p \leqslant \infty$. 则存在一个常数 $C_0 > 0$ 使得

$$M(R) = \inf_{|x_0|=R} \int_{B_1(x_0)} |v(y)|^2 \mathrm{d}y \geqslant \exp(-C_0 R \log^2(R)),$$

假如

$$M(10) \neq 0.$$

注 4.4 上述结果改进了 [64] 中的衰减估计, 在 [64] 中证明了衰减为 $\exp(-C|x|^{3/2+})$. 文献 [33] 考虑了 MHD 情形.

当 $p = \infty$ 时, 这个问题涉及 Landis 的猜想 (Kondratiev-Landis, 1988, [56]). 即设 u 是 $-\Delta u + Vu = 0$ 的一个解且 $\|V\|_{L^\infty(\mathbb{R}^n)} \leqslant C_0$ 满足 $|u(x)| \leqslant C\exp(-C|x|^{1+})$, 则 $u \equiv 0$. Landis 的猜想在 1992 年被 Meshkov [85] 推翻, 他构造了这样的 V 和非平凡的 u 满足 $|u(x)| \leqslant C\exp(-C|x|^{\frac{4}{3}})$. 他还指出, 如果 $|u(x)| \leqslant C\exp(-C|x|^{\frac{4}{3}+})$, 则 $u \equiv 0$. 应该注意到 Meshkov 构造的反例是复值的, 对于实函数是否成立, 这仍然是公开问题.

为了证明上述定理, 关键一步是下面的椭圆估计.

定理 4.16 设 u 是下述方程的解

$$\Delta u - W \cdot \nabla u = 0, \quad 于 B_1^c = \mathbb{R}^2 \setminus B_1, \tag{4.133}$$

其中 W 满足

$$\|W\|_{L^p(B_1^c)} \leqslant 1, \quad 2 < p \leqslant \infty. \tag{4.134}$$

另外, 假设 $\|\nabla u\|_{L^\infty(B_1^c)} \leqslant 1$ 并且存在 $C_0 > 0$ 使得

$$\inf_{|z_0|=3} \int_{B_1(z_0)} |\nabla u|^2 \geqslant C_0. \tag{4.135}$$

则有

$$\inf_{|z_0|=R} \sup_{|z-z_0|<1} |u(z)| \geqslant C_2 \exp(-C_1 R \log^2 R), \quad 对于 R \gg 1, \tag{4.136}$$

其中 C_2 和 C_1 是依赖于 p 和 C_0 的常数.

注 4.5　事实上, 当 $p = \infty$ 时上述衰减率是最佳的. 例如, $u(x) = \exp(-|x|)$ $(1+|x|)$ 和 $W(x) = \dfrac{2 - |x|}{|x|^2} x \in L^\infty(B_1^c)$ 解方程 (4.133). 这个结果也推广了 Kenig-Silvestre-Wang 在整个空间上的衰减定理, 得到了更好的衰减, 例如 $\exp(-CR \log R)$. 然而, 目前还不知道 $\mathbb{R}^2$ 中的衰减估计是否最佳.

正如在 [54] 中一样, 也可以用逐点下界代替 (4.135) 的条件.

推论4.3　设 u 是(4.133)的实解, 其中 W 满足 (4.134). 另外, 假设 $\|\nabla u\|_{L^\infty(B_1^c)}$ $\leqslant 1$ 且存在 $C_0 > 0$ 使得

$$\inf_{|z_0|=3} |\nabla u| \geqslant C_0'. \tag{4.137}$$

从而有

$$\inf_{|z_0|=R} \sup_{|z-z_0|<1} |u(z)| \geqslant C_2' \exp(-C_1' R \log^2 R), \quad 对于 R \gg 1, \tag{4.138}$$

其中 C_2' 和 C_1' 是依赖于 p 和 C_0' 的常数.

4.6.1　定理 4.15 的证明

在本节中, 我们在定理 4.16 的帮助下完成了定理 4.15 的证明. 一个主要步骤是通过条件 $\|v\|_{L^p(\Omega)} < \infty$ 获得方程 (4.1) 的更高正则性. 我们按照与 Liouville 型定理类似的想法证明, 例如参见 [96, 107], 其中用到了散度定理、Poincaré-Sobolev 不等式和迭代引理.

接下来我们证明定理 4.15.

第 I 步 (正则性估计).　假设 $B_R(x_0) \subset \Omega$ 且 $0 < R \leqslant 1$, 其中 $|x_0| \geqslant 2$, 不失一般性令 $\mu = 1$. 选一个截断函数 $\phi(x) \in C_0^\infty(B_R(x_0))$ 且 $0 \leqslant \phi \leqslant 1$ 满足下述性质:

(i) ϕ 径向递减并满足

$$\phi(x) = \phi(|x - x_0|) = \begin{cases} 1, & |x - x_0| \leqslant \rho, \\ 0, & |x - x_0| \geqslant \tau, \end{cases}$$

其中 $0 < \dfrac{R}{2} \leqslant \rho < \tau \leqslant R$;

(ii) $|\nabla \phi|(x) \leqslant \dfrac{C}{\tau - \rho}$, $|\nabla^2 \phi|(x) \leqslant \dfrac{C}{(\tau - \rho)^2}$, $|\nabla^3 \phi|(x) \leqslant \dfrac{C}{(\tau - \rho)^3}$ 对所有的 $x \in \mathbb{R}^2$.

对于 $1 < s < \infty$, 利用 [40] 中的定理 III. 3.1 或本书的引理 1.4, 存在一个常数 $C(s)$ 和一个向量值函数 $\bar{w} : B_\tau(x_0) \to \mathbb{R}^2$ 使得 $\bar{w} \in W_0^{1,s}(B_\tau(x_0))$ 和

$\nabla \cdot \bar{w}(x) = \nabla_x \cdot [\phi(x)v(x)]$. 另外, 我们得到

$$\int_{B_\tau(x_0)} |\nabla \bar{w}(x)|^s \, \mathrm{d}x \leqslant C(s) \int_{B_\tau(x_0)} |\nabla \phi \cdot v|^s \, \mathrm{d}x. \tag{4.139}$$

对 (4.1) 两边做内积 $(\phi v - \bar{w})$, 根据 $\nabla \cdot \bar{w} = \nabla \cdot [\phi v]$, 我们有

$$\int_{B_\tau(x_0)} \phi |\nabla v|^2 \, \mathrm{d}x$$

$$= - \int_{B_\tau(x_0)} \nabla \phi \cdot \nabla v \cdot v \, \mathrm{d}x + \int_{B_\tau(x_0)} \nabla \bar{w} : \nabla v \, \mathrm{d}x - \int_{B_\tau(x_0)} v \cdot \nabla v \cdot \phi v \, \mathrm{d}x$$

$$+ \int_{B_\tau(x_0)} v \cdot \nabla v \cdot \bar{w} \, \mathrm{d}x$$

$$:= I_1 + \cdots + I_4.$$

对于 I_1, 由 Hölder 不等式可知

$$|I_1| \leqslant \frac{C}{\tau - \rho} \left(\int_{B_\tau(x_0)} |\nabla v|^2 \, \mathrm{d}x \right)^{\frac{1}{2}} \left(\int_{B_\tau(x_0)} |v|^2 \, \mathrm{d}x \right)^{\frac{1}{2}}.$$

对于 I_2, Hölder 不等式和 (5.7) 表明

$$|I_2| \leqslant C \left(\int_{B_\tau(x_0)} |\nabla v|^2 \, \mathrm{d}x \right)^{\frac{1}{2}} \|\nabla \bar{w}\|_{L^2(B_\tau(x_0))}$$

$$\leqslant \frac{C}{\tau - \rho} \|\nabla v\|_{L^2(B_\tau(x_0))} \|v\|_{L^2(B_\tau(x_0))}.$$

利用分部积分和 (5.7), 我们发现

$$I_3 + I_4 \leqslant \frac{C}{\tau - \rho} \|v\|_{L^3(B_\tau(x_0))}^3.$$

结合 I_1-I_4 的估计, 有

$$\int_{B_\tau(x_0)} \phi |\nabla v|^2 \, \mathrm{d}x$$

$$\leqslant \frac{1}{4} \|\nabla v\|_{L^2(B_\tau(x_0))}^2 + \frac{C}{(\tau - \rho)^2} \|v\|_{L^2(B_\tau(x_0))}^2 + \frac{C}{\tau - \rho} \|v\|_{L^3(B_\tau(x_0))}^3.$$

回顾下述的 Poincaré-Sobolev 不等式 (例如: 参见 [77] 中的定理 8.11 和定理 8.12):

$$\|f\|_{L^3(B_\tau)} \leqslant C \|\nabla f\|_{L^2(B_\tau)}^{\frac{1}{3}} \|f\|_{L^2(B_\tau)}^{\frac{2}{3}} + C \tau^{-\frac{1}{3}} \|f\|_{L^2(B_\tau)},$$

其表明

$$\int_{B_\tau(x_0)} \phi|\nabla v|^2 \, \mathrm{d}x \leqslant \frac{1}{2}\|\nabla v\|^2_{L^2(B_\tau(x_0))} + \frac{C}{(\tau-\rho)^2}\|v\|^2_{L^2(B_\tau(x_0))}$$
$$+ \frac{C}{(\tau-\rho)^2}\|v\|^4_{L^2(B_\tau(x_0))} + \frac{C\tau^{-1}}{\tau-\rho}\|v\|^3_{L^2(B_\tau(x_0))}.$$

应用 Giaquinta 迭代引理 (参见 [41] 引理 3.1), 我们有

$$\int_{B_\rho(x_0)} |\nabla v|^2 \, \mathrm{d}x$$
$$\leqslant \frac{C}{(\tau-\rho)^2}\|v\|^2_{L^2(B_\tau(x_0))} + \frac{C}{(\tau-\rho)^2}\|v\|^4_{L^2(B_\tau(x_0))} + \frac{C\tau^{-1}}{\tau-\rho}\|v\|^3_{L^2(B_\tau(x_0))}.$$
$$(4.140)$$

取 $\rho = R/2$ 和 $\tau = R$, 且不失一般性假设 $R = 1$. 因此当 $2 < p \leqslant \infty$ 时

$$\|v\|_{L^p(\Omega)} \leqslant C,$$

$$\int_{B_{1/2}(x_0)} |\nabla v|^2 \, \mathrm{d}x \leqslant C, \qquad (4.141)$$

对任意的 $|x_0| \geqslant 2$. 注意到涡量 $\omega = \partial_2 v_1 - \partial_1 v_2$ 如下所述:

$$-\Delta\omega + v \cdot \nabla\omega = 0, \quad \text{于} \Omega. \qquad (4.142)$$

对 (4.142) 两边做内积 $\phi\omega$, 我们有

$$\int_{B_R(x_0)} \phi|\nabla\omega|^2 \, \mathrm{d}x = -\int_{B_R(x_0)} \nabla\phi \cdot \nabla\omega \cdot \omega \, \mathrm{d}x - \int_{B_R(x_0)} v \cdot \nabla\omega \cdot \phi\omega \, \mathrm{d}x$$
$$:= I'_1 + I'_2.$$

对于 I'_1, 由 Hölder 不等式可知

$$|I'_1| \leqslant \frac{C}{\tau-\rho} \left(\int_{B_\tau(x_0)} |\nabla\omega|^2 \, \mathrm{d}x\right)^{\frac{1}{2}} \left(\int_{B_R(x_0)} |\omega|^2 \, \mathrm{d}x\right)^{\frac{1}{2}}$$
$$\leqslant \frac{C}{\tau-\rho} \left(\int_{B_\tau(x_0)} |\nabla\omega|^2 \, \mathrm{d}x\right)^{\frac{1}{2}},$$

这里我们使用了 (4.141). 通过分部积分, 我们发现

$$I'_2 = \int_{B_R(x_0)} v \cdot \nabla\phi\omega^2 \, \mathrm{d}x,$$

则

$$\int_{B_R(x_0)} \phi |\nabla \omega|^2 \, dx \leqslant \frac{1}{4} \int_{B_\tau(x_0)} |\nabla \omega|^2 \, dx + \frac{C}{(\tau - \rho)^2}$$
$$+ \frac{C}{\tau - \rho} \|v\|_{L^p(B_\tau(x_0))} \|\omega\|^2_{L^{2p'}(B_\tau(x_0))},$$

其中 $\dfrac{1}{p'} + \dfrac{1}{p} = 1$. 注意到当 $p = \infty$ 时, 由 (4.141), 我们有 $p' = 1$ 和 $\|\omega\|^2_{L^{2p'}(B_\tau(x_0))}$ $\leqslant C$. 接下来, 假设 $2 < p < \infty$. 再次利用 Poincaré-Sobolev 不等式, 可知

$$\|f\|_{L^{2p'}(B_\tau)} \leqslant C \|\nabla f\|^{1-\frac{1}{p'}}_{L^2(B_\tau)} \|f\|^{\frac{1}{p'}}_{L^2(B_\tau)} + C \tau^{-1+\frac{1}{p'}} \|f\|_{L^2(B_\tau)},$$

这表明

$$\int_{B_R(x_0)} \phi |\nabla \omega|^2 \, dx \leqslant \frac{1}{2} \int_{B_\tau(x_0)} |\nabla \omega|^2 \, dx + \frac{C}{(\tau-\rho)^2} + \frac{C}{(\tau-\rho)^{p'}} + \frac{C}{\tau-\rho} \tau^{-2+\frac{2}{p'}}.$$

利用 Giaquinta 迭代引理, 对任意的 $|x_0| \geqslant 3$, 我们有

$$\int_{B_{1/2}(x_0)} |\nabla \omega|^2 \, dx \leqslant C. \tag{4.143}$$

事实上, (4.143) 表明

$$\int_{B_{1/2}(x_0)} |\nabla^2 v|^2 \, dx \leqslant C, \tag{4.144}$$

这里我们利用了分部积分和 $\Delta v = \nabla \nabla \cdot v - \mathrm{curl}(\mathrm{curl} v)$. 另外, 由 Gagliardo-Nirenberg 不等式, (4.144) 和 $\|v\|_{L^p(\Omega)} \leqslant C$ 表明

$$\|v\|_{L^\infty(\mathbb{R}^2 \setminus B_3)} \leqslant C. \tag{4.145}$$

此外, 利用方程 (4.142), 我们得到

$$\int_{B_1(x_0)} |\Delta \omega|^2 \, dx \leqslant C \int_{B_1(x_0)} |v|^2 |\nabla \omega|^2 \, dx \leqslant C,$$

其中我们利用了 (4.145) 和 (4.144). 由此可见

$$\int_{B_1(x_0)} |\nabla^3 v|^2 \, dx \leqslant C, \tag{4.146}$$

其与 (4.141) 表明

$$\|\nabla v\|_{L^\infty(\mathbb{R}^2 \setminus B_3)} \leqslant C. \tag{4.147}$$

类似地, 再次利用方程 (4.142), 我们有

$$\int_{B_1(x_0)} |\Delta \nabla \omega|^2 \, \mathrm{d}x \leqslant C \int_{B_1(x_0)} |\nabla(v \cdot \nabla \omega)|^2 \, \mathrm{d}x \leqslant C,$$

其中, 我们利用了 (4.145), (4.146), (4.143), (4.147) 和 Gagliardo-Nirenberg 不等式. 从而

$$\int_{B_1(x_0)} |\nabla^4 v|^2 \, \mathrm{d}x \leqslant C,$$

其与 (4.144) 表明

$$\|\nabla^2 v\|_{L^\infty(\mathbb{R}^2 \setminus B_3)} \leqslant C. \tag{4.148}$$

第 II 步 (涡量的衰减估计). 注意到涡量满足最大值原理, 因为 $M(10) \neq 0$, 则存在常数 C_0' 和 $R_0 > 2$ 使得

$$\inf_{|x_1|=R_0} \int_{B_1(x_1)} |\nabla \omega|^2 \mathrm{d}x \geqslant C_0'.$$

由于 (4.148) 和伸缩性质, 应用定理 4.16, 注意到 (4.136), 我们有

$$\inf_{|x_0|=R} \int_{B_1(x_0)} |\omega|^2 \mathrm{d}x \geqslant C_2' \exp(-C_1' R \log^2(R)), \quad \text{对于 } R \gg 1. \tag{4.149}$$

第 III 步 (速度的衰减估计). 通过能量不等式 (4.140) 和 (4.145), 我们有

$$\inf_{|x_0|=R} \int_{B_1(x_0)} |\omega|^2 \leqslant \inf_{|x_0|=R} \int_{B_1(x_0)} |\nabla v|^2 \mathrm{d}x$$

$$\leqslant \inf_{|x_0|=R} \int_{B_1(x_0)} |v|^2 \mathrm{d}x.$$

其与 (4.149) 共同表明

$$M(R) = \inf_{|x_0|=R} \int_{B_1(x_0)} |v(y)|^2 \mathrm{d}y \geqslant \exp(-C_0 R \log^2(R)).$$

从而我们完成了证明.

4.6.2 定理 4.16 的证明

定理 4.16 的证明. 我们利用与 [53] 类似的想法. 不同的是, 由于外域的原因, 我们选择了一个不同的截断函数并处理 L^p 漂移. 设 $z_0' \in \mathbb{R}^2$ 且 $|z_0'| \gg 1$. 因为 (4.133) 在旋转下是不变的, 我们可以假设 $z_0' = |z_0'|e_1$, 其中 $e_1 = (1,0)$. 将原点转换为 $-3e_1$, (4.133) 变为

$$\Delta u - W(x,y) \cdot \nabla u = 0, \quad \mp B_1^c(-3e_1). \tag{4.150}$$

为了简单起见, 我们在新坐标系下的方程中仍记为 u 和 W. 现在我们记 $z_0 = (|z_0'| - 3)e_1$ 和 $R = |z_0|$. 定义伸缩解 $u_R(z) = u(ARz + z_0)$, 其中 $A > 0$ 待定. 因此, u_R 满足

$$\Delta u_R - W_R \cdot \nabla u_R = 0, \quad \mp B_{\frac{1}{AR}}^c(z_1), \tag{4.151}$$

其中

$$z_1 = -\left(\frac{1}{A} + \frac{3}{AR}\right)e_1,$$

以及 $W_R(z) = ARW(ARz + z_0)$. 因此, 对任意的 $2 < p \leqslant \infty$, 我们有

$$\|W_R\|_{L^p(B_{\frac{1}{AR}}^c(z_1))} \leqslant (AR)^{1-\frac{2}{p}}, \tag{4.152}$$

这里我们利用了 (4.134). 将原点 $(ARz + z_0 = 0)$ 移动到

$$\hat{z} = -\frac{z_0}{AR} = -\frac{1}{A}e_1.$$

选择一个大的 A 使得

$$B_{\frac{1}{AR}}(z_1) \subset B_{7/5}.$$

注意到 $\Delta = 4\partial\bar{\partial}$, 其中

$$\partial = \frac{1}{2}(\partial_x - i\partial_y), \quad \bar{\partial} = \frac{1}{2}(\partial_x + i\partial_y).$$

从 (4.151) 得出 u_R 满足

$$4\partial\bar{\partial}u_R - W_R \cdot \left((\partial + \bar{\partial})u_R, -i(\bar{\partial} - \partial)u_R\right) = 0,$$

这表明

$$\bar{\partial}(\partial u_R) = \alpha\partial u_R,$$

这里我们定义

$$\alpha := \frac{1}{4} W_R \cdot \left(1 + \frac{\bar{\partial} u_R}{\partial u_R}, -i \frac{\bar{\partial} u_R}{\partial u_R} + i \right), \tag{4.153}$$

对于 $|z - z_1| \geqslant \dfrac{1}{AR}$, 否则 $\alpha = 0$.

设 $g = \chi \partial u_R$, 这里 χ 是 $|z - z_1| \geqslant \dfrac{9}{8AR}$ 上的一个截断函数, 且对于 $|z - z_1| \leqslant \dfrac{17}{16AR}$ 有 $\chi \equiv 0$. 注意到 $\nabla \chi$ 支撑在 $\dfrac{17}{16AR} \leqslant |z - z_1| \leqslant \dfrac{9}{8AR}$ 上, 则我们有

$$\bar{\partial} g = \alpha g + \bar{\partial} \chi \partial u_R, \quad \text{于 } B_2. \tag{4.154}$$

现在我们将 $\hat{z}$ 写成复平面中的一个点, 即 $\hat{z} = -\dfrac{1}{A} + i0$. 设 $w(z)$ 定义为

$$w(z) = \frac{1}{\pi} \int_{B_{7/5}} \frac{\alpha}{\xi - z} \mathrm{d}\xi - \frac{1}{\pi} \int_{B_{7/5}} \frac{\alpha}{\xi - \hat{z}} \mathrm{d}\xi,$$

则 $\bar{\partial} w = -\alpha$ 于 $B_{7/5}$. 回顾 (4.152) 和 (4.153), 我们有

$$\|\alpha\|_{L^p(B_{7/5})} \leqslant C(AR)^{1 - \frac{2}{p}},$$

鉴于 [102] (例如, 参考 (6.4)-(6.7), (6.9a)), 我们得到 $w(z)$ 的如下估计. 对于 $2 < p < \infty$, 我们得到

$$\begin{aligned}
|w(z)| &\leqslant C(p) \|\alpha\|_{L^p(B_{7/5})} |z - \hat{z}|^{1 - \frac{2}{p}} \\
&\leqslant C(AR)^{1 - \frac{2}{p}} |z - \hat{z}|^{1 - \frac{2}{p}}, \quad z \in B_{7/5},
\end{aligned} \tag{4.155}$$

另外, 对于 $p = \infty$,

$$|w(z)| \leqslant C(AR)|z - \hat{z}| \log \left(\frac{C}{|z - \hat{z}|} \right), \quad z \in B_{7/5}. \tag{4.156}$$

令 $h = e^w g$, 则由 (4.154) 得出

$$\bar{\partial} h = e^w (\bar{\partial} \chi) \partial u_R, \quad \text{于 } B_{7/5}. \tag{4.157}$$

接下来, 我们将使用下述 $\bar{\partial}$ 形式的 [31, 命题 2.1]Carleman 型估计. 设

$$\varphi_\tau(z) = \varphi_\tau(|z|) = -\tau \log |z| + |z|^2,$$

则对任意的 $f \in C_0^\infty(B_{7/5} \setminus \{0\})$, 我们有

$$\int |\bar{\partial} f|^2 e^{\varphi_\tau} \geqslant \frac{1}{4} \int (\Delta \varphi_\tau) |f|^2 e^{\varphi_\tau} = \int |f|^2 e^{\varphi_\tau}. \tag{4.158}$$

注意到在 $|z|$ 中, 对于 $\tau > 8$, φ_τ 是递减的且 $|z| \leqslant 2$. 我们引入另一个截断函数 $0 \leqslant \zeta \leqslant 1$ 满足

$$\zeta(z) = \begin{cases} 0, & \text{当 } |z| < \dfrac{1}{4AR}, \\[2mm] 1, & \text{当 } \dfrac{1}{2AR} < |z| < 1, \\[2mm] 0, & \text{当 } |z| > 6/5. \end{cases}$$

因此, 以下估计成立:

$$|\nabla \zeta(z)| \leqslant C(AR), \quad \text{对于 } z \in X; \quad |\nabla \zeta(z)| \leqslant C, \quad \text{对于 } z \in Y,$$

其中

$$X = \left\{ \frac{1}{4AR} < |z| < \frac{1}{2AR} \right\} \quad \text{和 } Y = \{1 < |z| < 6/5\}.$$

我们记

$$Z = \left\{ \frac{1}{2AR} < |z| < 1 \right\}.$$

注意到 (4.157), 另外对 ζh 应用 Carleman 估计 (4.158), 我们有

$$\begin{aligned} \int_Z |h|^2 e^{\varphi_\tau} &\leqslant 2 \int (|\bar{\partial}\zeta h|^2 + |\zeta \bar{\partial} h|^2) e^{\varphi_\tau} \\ &\leqslant C(AR)^2 \int_X |h|^2 e^{\varphi_\tau} + C \int_Y |h|^2 e^{\varphi_\tau} \\ &\quad + \int_{\widetilde{Z}} |e^w (\bar{\partial}\chi) \partial u_R|^2 e^{\varphi_\tau}, \end{aligned} \tag{4.159}$$

其中

$$\widetilde{Z} = \left\{ \frac{1}{4AR} < |z| < \frac{6}{5} \right\}.$$

首先, 对于 (4.159) 左端的第一项, 对于 A 和足够大的 R, 我们有

$$\int_Z |h|^2 e^{\varphi_\tau} \geqslant \int_{B_{\frac{1}{AR}}(\hat{z})} |h|^2 e^{\varphi_\tau}.$$

接下来, 分两种情况估计 (4.159) 中的项.

第 I 步 (2 < p < ∞ 时的情况). 一方面, 由 (4.155) 得出

$$|w(z)| \leqslant C, \quad z \in B_{\frac{1}{AR}}(\hat{z}),$$

即

$$e^{w(z)} \geqslant \frac{1}{C}, \quad z \in B_{\frac{1}{AR}}(\hat{z}).$$

并将其用于 $z \in B_{\frac{1}{AR}}(\hat{z})$, $|z| \leqslant \dfrac{1}{AR} + \dfrac{1}{A}$, 我们有

$$\int_Z |h|^2 e^{\varphi_\tau} \geqslant \frac{e^{\varphi_\tau\left(\frac{1}{A}+\frac{1}{AR}\right)}}{C} \int_{B_{\frac{1}{AR}}(\hat{z})} |\partial u_R|^2. \tag{4.160}$$

其次, 我们考虑 $\displaystyle\int_{\widetilde{Z}} |e^w(\bar{\partial}\chi)\partial u_R|^2 e^{\varphi_\tau}$. 注意到 $\bar{\partial}\chi$ 支撑在 $\dfrac{17}{16AR} \leqslant |z-z_1| \leqslant \dfrac{9}{8AR}$ 上, 因此

$$e^{w(z)} \leqslant C, \quad 对于 \quad \frac{17}{16AR} \leqslant |z-z_1| \leqslant \frac{9}{8AR}. \tag{4.161}$$

利用 (4.161) 和已知的条件 $\|\nabla u\|_\infty \leqslant C$, 我们有

$$\int_{\widetilde{Z}} |e^w(\bar{\partial}\chi)\partial u_R|^2 e^{\varphi_\tau}$$
$$\leqslant C(AR)^2 \int_{\frac{17}{16AR} \leqslant |z-z_1| \leqslant \frac{9}{8AR}} |\partial u_R|^2 e^{\varphi_\tau} \leqslant C(AR)^2 e^{\varphi_\tau\left(\frac{1}{A}+\frac{15}{8AR}\right)}. \tag{4.162}$$

从 (4.155) 可知

$$|w(z)| \leqslant C(AR)^{1-\frac{2}{p}}, \quad z \in B_{7/5}.$$

在 (4.159) 两端乘以 $\exp\left(-\varphi_\tau\left(\dfrac{1}{A} + \dfrac{1}{AR}\right)\right)$, 利用 (4.160), (4.162) 和 ∂u 的界, 我们得到

$$\int_{B_{\frac{1}{AR}}(\hat{z})} |\partial u_R|^2 \leqslant C(AR)^2 e^{C(AR)^{1-\frac{2}{p}}} \frac{\exp\left(\varphi_\tau\left(\dfrac{1}{4AR}\right)\right)}{\exp\left(\varphi_\tau\left(\dfrac{1}{A}+\dfrac{1}{AR}\right)\right)} \int_{B_{\frac{1}{2AR}}(0)} |\partial u_R|^2$$
$$+ Ce^{C(AR)^{1-\frac{2}{p}}} \frac{\exp(\varphi_\tau(1))}{\exp\left(\varphi_\tau\left(\dfrac{1}{A}+\dfrac{1}{AR}\right)\right)}$$

$$+ C(AR)^2 \frac{\exp\left(\varphi_\tau\left(\frac{1}{A} + \frac{15}{8AR}\right)\right)}{\exp\left(\varphi_\tau\left(\frac{1}{A} + \frac{1}{AR}\right)\right)}. \tag{4.163}$$

重新变换到原始变量, 由 (4.135) 我们观察到

$$\fint_{B_{\frac{1}{AR}(\hat{z})}} |\partial u_R|^2 = \fint_{B_1(0)} |\partial u|^2 \geqslant C_0 \ \text{和} \ \fint_{B_{\frac{1}{2AR}(0)}} |\partial u_R|^2 = \fint_{B_{\frac{1}{2}}(z_0)} |\partial u|^2. \tag{4.164}$$

最后, 选 $\tau = C(AR)\log(AR)$ 并取 R 充分大, 不难看出

$$\begin{cases} C(AR)^2 e^{C(AR)^{1-\frac{2}{p}}} \dfrac{\exp\left(\varphi_\tau\left(\frac{1}{4AR}\right)\right)}{\exp\left(\varphi_\tau\left(\frac{1}{A} + \frac{1}{AR}\right)\right)} \leqslant \exp(C(AR)\log^2(AR)), \\[4mm] C(AR)^2 e^{C(AR)^{1-\frac{2}{p}}} \dfrac{\exp(\varphi_\tau(1))}{\exp\left(\varphi_\tau\left(\frac{1}{A} + \frac{1}{AR}\right)\right)} \to 0, \\[4mm] C(AR)^2 \dfrac{\exp\left(\varphi_\tau\left(\frac{1}{A} + \frac{15}{8AR}\right)\right)}{\exp\left(\varphi_\tau\left(\frac{1}{A} + \frac{1}{AR}\right)\right)} \to 0. \end{cases}$$

因此, 如果 R 充分大, 则 (4.163) 右侧的最后两个项可以被左侧的项吸收掉. 从而我们得到

$$\fint_{B_{\frac{1}{2}}(z_0)} |\partial u|^2 \geqslant C \exp(-C(AR)\log^2(AR)). \tag{4.165}$$

利用能量估计, 我们有

$$\fint_{B_{\frac{1}{2}}(z_0)} |\partial u|^2 \leqslant C \fint_{B_1(z_0)} |u|^2 + C \left(\fint_{B_1(z_0)} |u|^2\right)^{1/2},$$

其表明

$$\fint_{B_1(z_0)} |u|^2 \geqslant C \min\left\{\fint_{B_{\frac{1}{2}}(z_0)} |\partial u|^2, \left(\fint_{B_{\frac{1}{2}}(z_0)} |\partial u|^2\right)^2\right\}.$$

从而我们完成了 $2 < p < \infty$ 情况的证明.

最后, 我们处理 $p = \infty$ 的情况.

第 II 步 (情况 $p = \infty$). 另一方面, (4.156) 表明

$$|w(z)| \leqslant C \ln(AR), \quad z \in B_{\frac{1}{AR}}(\hat{z}),$$

因此

$$e^{w(z)} \geqslant \frac{1}{(AR)^C}, \quad z \in B_{\frac{1}{AR}}(\hat{z}).$$

类似于 (4.160), 我们有

$$\int_Z |h|^2 e^{\varphi_\tau} \geqslant \frac{e^{\varphi_\tau(\frac{1}{A} + \frac{1}{AR})}}{(AR)^C} \int_{B_{\frac{1}{AR}}(\hat{z})} |\partial u_R|^2 \tag{4.166}$$

和

$$\int_{\widetilde{Z}} |e^w (\bar{\partial} \chi) \partial u|^2 e^{\varphi_\tau}$$

$$\leqslant C(AR)^C \int_{\frac{17}{16AR} \leqslant |z - z_1| \leqslant \frac{9}{8AR}} |\partial u_R|^2 e^{\varphi_\tau} \leqslant C(AR)^C e^{\varphi_\tau(\frac{1}{A} + \frac{15}{8AR})}. \tag{4.167}$$

注意到

$$|w(z)| \leqslant C(AR), \quad z \in B_{7/5},$$

对 (4.159) 两边乘以 $C(AR)^C \exp\left(-\varphi_\tau\left(\frac{1}{A} + \frac{1}{AR}\right)\right)$, 利用 (4.166), (4.167)和 ∂u 的界, 我们得到

$$\int_{B_{\frac{1}{AR}}(\hat{z})} |\partial u_R|^2 \leqslant C(AR)^C \exp(C(AR)) \frac{\exp\left(\varphi_\tau\left(\frac{1}{4AR}\right)\right)}{\exp\left(\varphi_\tau\left(\frac{1}{A} + \frac{1}{AR}\right)\right)} \int_{B_{\frac{1}{2AR}}(0)} |\partial u_R|^2$$

$$+ C(AR)^C \exp(C(AR)) \frac{\exp(\varphi_\tau(1))}{\exp\left(\varphi_\tau\left(\frac{1}{A} + \frac{1}{AR}\right)\right)}$$

$$+ C(AR)^C \frac{\exp\left(\varphi_\tau\left(\frac{1}{A} + \frac{15}{8AR}\right)\right)}{\exp\left(\varphi_\tau\left(\frac{1}{A} + \frac{1}{AR}\right)\right)}. \tag{4.168}$$

类似于 (4.164), 重新变换到原始变量, 可知

$$\int_{B_{\frac{1}{AR}}(\hat{z})}|\partial u_R|^2 = \int_{B_1(0)}|\partial u|^2 \geqslant C_0 \quad 和 \quad \int_{B_{\frac{1}{2AR}}(0)}|\partial u_R|^2 = \int_{B_{\frac{1}{2}}(z_0)}|\partial u|^2.$$

最后, 选 $\tau = C(AR)\log(AR)$ 和 R 充分大, 我们有

$$\begin{cases} C(AR)^C \exp(C(AR))\dfrac{\exp\left(\varphi_\tau\left(\frac{1}{4AR}\right)\right)}{\exp\left(\varphi_\tau\left(\frac{1}{A}+\frac{1}{AR}\right)\right)} \leqslant \exp(CAR(\log^2(AR))), \\[3mm] C(AR)^C \exp(C(AR))\dfrac{\exp(\varphi_\tau(1))}{\exp\left(\varphi_\tau\left(\frac{1}{A}+\frac{1}{AR}\right)\right)} \to 0, \\[3mm] C(AR)^C \dfrac{\exp\left(\varphi_\tau\left(\frac{1}{A}+\frac{15}{8AR}\right)\right)}{\exp\left(\varphi_\tau\left(\frac{1}{A}+\frac{1}{AR}\right)\right)} \to 0. \end{cases}$$

因此, 如果 R 充分大, 则 (4.168) 右侧的最后两个项可以被左侧的项吸收. 从而

$$\int_{B_{\frac{1}{2}}(z_0)}|\partial u|^2 \geqslant C\exp(-CAR(\log^2(AR))). \tag{4.169}$$

故如第 I 步的做法, 通过内部估计来完成证明.

推论 4.3 的证明. 因为 $W \in L^p$ 对于 $p > 2$ 且 $\|\nabla u\|_\infty \leqslant 1$, 我们有

$$u \in W_{loc}^{2,p}(\mathbb{R}^2 \setminus B_1),$$

其表明 $u \in C^1(\mathbb{R}^2 \setminus B_1)$. 此外, 由 (4.137) 知, 存在一个正常数 δ 使得

$$\inf_{|z_0|=3}\int_{B_\delta(z_0)}|\nabla u|^2 \geqslant C_0.$$

借助定理 4.16, 我们完成了证明.

第 5 章 关于 Liouville 问题的其他主题介绍: 周期、平板或其他模型

5.1 无穷远处趋向非零向量的 Liouville 定理

定理 5.1 令 (u, p) 是稳态 Navier-Stokes 系统 (0.1) 的光滑解, 满足 Dirichlet 积分有限 (D-条件)

$$\int_{\mathbb{R}^3} |\nabla u|^2 \mathrm{d}x < \infty, \tag{5.1}$$

和在无穷远处的逼近行为

$$u(x) \to u_\infty, \quad 一致地 \quad |x| \to \infty,$$

其中 $u_\infty \neq 0$. 则有 $u \equiv u_\infty$.

我们首先介绍 Lizorkin 的乘子引理 (参考 [80], [81], 或者 [40] 的 VII.4 章节), 这个引理在定理 5.1 的证明中起到了关键作用. 定理 5.1的证明可以参考 [40] 中的 VII.4 章节, [75] 或 [109].

引理 5.1(Lizorkin) 设 $\Phi : \mathbb{R}^n \to \mathbb{C}$ 及其导数

$$\frac{\partial^n \Phi}{\partial \xi_1 \cdots \partial \xi_n},$$

对于所有的 $|\xi_i| > 0 (i = 1, \cdots, n)$ 都是连续的. 那么, 如果对一些 $\beta \in [0, 1)$ 和 $M > 0$,

$$|\xi_1|^{\kappa_1 + \beta} \cdots |\xi_n|^{\kappa_n + \beta} \left| \frac{\partial^\kappa \Phi}{\partial \xi_1^{\kappa_1} \cdots \partial \xi_n^{\kappa_n}} \right| \leqslant M, \tag{5.2}$$

其中 κ_i 是 0 或者 1, $\kappa = \sum_{i=1}^n \kappa_i = 0, 1, \cdots, n$, 则积分变换

$$Tu = \frac{1}{(2\pi)^{n/2}} \int_{\mathbb{R}^n} e^{i\boldsymbol{x} \cdot \boldsymbol{\xi}} \Phi(\xi) \widehat{u}(\xi) \mathrm{d}\xi, \quad u \in \mathcal{S}(\mathbb{R}^n),$$

定义了一个从 $L^q(\mathbb{R}^n)$ 到 $L^r(\mathbb{R}^n) (1 < q < \infty, 1/r = 1/q - \beta)$ 的有界线性算子, 且

$$\|Tu\|_{L^r(\mathbb{R}^n)} \leqslant C(q, \beta, M) \|u\|_{L^q(\mathbb{R}^n)}.$$

引理 5.2　令 $f \in L^q\left(\mathbb{R}^3\right), g \in W^{1,q}\left(\mathbb{R}^3\right)$, 其中 $1 < q < 2, r = \left(\dfrac{1}{q} - \dfrac{1}{2}\right)^{-1}$. 则对于三维稳态线性 Oseen 系统

$$
\begin{cases}
-\Delta v + \partial_{x_1} v + \nabla p = f, \\
\nabla \cdot v = g,
\end{cases} \quad \text{于 } \mathbb{R}^3,
$$

存在唯一解 $(v, p) \in \left(\dot{W}^{2,q}\left(\mathbb{R}^3\right) \cap L^r\left(\mathbb{R}^3\right)\right)^3 \times \left(\dot{W}^{1,q}\left(\mathbb{R}^3\right) / \mathcal{P}_0\left(\mathbb{R}^3\right)\right)$ 使得

$$
\left\|\nabla^2 v\right\|_{L^q(\mathbb{R}^3)} + \|v\|_{L^r(\mathbb{R}^3)} + \|\nabla p\|_{L^q(\mathbb{R}^3)} \leqslant C(q)\left(\|f\|_{L^q(\mathbb{R}^3)} + \|g\|_{W^{1,q}(\mathbb{R}^3)}\right).
$$

引理 5.2 的证明. 做 Fourier 变换后可以得到

$$
\begin{cases}
|\xi|^2 \hat{v}(\xi) + i\xi_1 \hat{v}(\xi) + i\xi \hat{p}(\xi) = \hat{f}(\xi), \\
i\xi \cdot \hat{v} = \hat{g}(\xi),
\end{cases} \quad \text{于 } \mathbb{R}^3.
$$

可以直接解出

$$
\hat{v}(\xi) = \left(|\xi|^2 + i\xi_1\right)^{-1}\left[\left(\mathrm{Id} - \frac{\xi \otimes \xi}{|\xi|^2}\right) \cdot \hat{f}(\xi) + \left(\frac{\xi\xi_1}{|\xi|^2} - i\xi\right)\hat{g}(\xi)\right],
$$

$$
\hat{p}(\xi) = -\frac{i\xi \cdot \hat{f}(\xi)}{|\xi|^2} + \left(1 + \frac{i\xi_1}{|\xi|^2}\right)\hat{g}(\xi).
$$

为了证明引理中估计成立, 我们只需证明 $\Phi_0(\xi) := \left(|\xi|^2 + i\xi_1\right)^{-1}$ 满足引理 5.1 中 $\beta = \dfrac{1}{2}$ 的条件和 $\Phi_{jk}(\xi) := \xi_j\xi_k\left(|\xi|^2 + i\xi_1\right)^{-1}$ 也满足引理 5.1 中 $\beta = 0$ 的条件. 第二个是显然的, 接下来我们只需证明第一个成立. 对于所有的 $\xi \in H = \{\xi \in \mathbb{R}^3 : |\xi_i| > 0,\ i = 1, 2, 3\}$, 由 Young 不等式可以得到

$$
|\xi_1|^{1/2}|\xi_2|^{1/2}|\xi_3|^{1/2}|\Phi_0(\xi)| \leqslant \frac{C\left(|\xi_1| + \xi_2^2 + \xi_3^2\right)}{\sqrt{\xi_1^2 + |\xi|^4}} \leqslant C.
$$

这就表明了当 $k_1 = k_2 = k_3 = 0$ 时对任意的 $\xi \in H$, (5.2) 成立. 对于非零的情况也是同理的.

引理 5.3　设 $1 < q < 2, f \in L^q\left(\mathbb{R}^3\right), g \in W^{1,q}\left(\mathbb{R}^3\right)$ 且 $\mathcal{M} \in \left(L^2\left(\mathbb{R}^3\right)\right)^{3\times3}$. (v, p) 满足稳态线性系统

$$
\begin{cases}
-\Delta v + \partial_{x_1} v + \mathcal{M}v + \nabla p = f, \\
\nabla \cdot v = g,
\end{cases} \quad \text{于 } \mathbb{R}^3. \tag{5.3}
$$

如果存在一个小常数 $\varepsilon_0(q) > 0$ 使得

$$\|\mathcal{M}\|_{L^2(\mathbb{R}^3)} < \varepsilon_0,$$

那么存在唯一解 $(v, p) \in \left(\dot{W}^{2,q}\left(\mathbb{R}^3\right) \cap L^r\left(\mathbb{R}^3\right)\right)^3 \times \left(\dot{W}^{1,q}\left(\mathbb{R}^3\right) / \mathcal{P}_0\left(\mathbb{R}^3\right)\right)$ 使得

$$\left\|\nabla^2 v\right\|_{L^q(\mathbb{R}^3)} + \|v\|_{L^r(\mathbb{R}^3)} + \|\nabla p\|_{L^q(\mathbb{R}^3)} \leqslant C\left(q, \varepsilon_0\right)\left(\|f\|_{L^q(\mathbb{R}^3)} + \|g\|_{W^{1,q}(\mathbb{R}^3)}\right),$$

其中 $r = \left(\dfrac{1}{q} - \dfrac{1}{2}\right)^{-1}$.

　　引理 5.3 的证明. 我们定义 Banach 空间

$$\mathcal{X} := \left(\dot{W}^{2,q}\left(\mathbb{R}^3\right) \cap L^p\left(\mathbb{R}^3\right)\right)^3 \times \dot{W}^{1,q}\left(\mathbb{R}^3\right) / \mathcal{P}_0\left(\mathbb{R}^3\right),$$

$$\mathcal{Y} := \left(L^q\left(\mathbb{R}^3\right)\right)^3 \times W^{1,q}\left(\mathbb{R}^3\right)$$

与范数

$$\|(v, p)\|_{\mathcal{X}} := \left\|\nabla^2 v\right\|_{L^q(\mathbb{R}^3)} + \|v\|_{L^r(\mathbb{R}^3)} + \|\nabla p\|_{L^q(\mathbb{R}^3)},$$

$$\|(f, g)\|_{\mathcal{Y}} := \|f\|_{L^q(\mathbb{R}^3)} + \|g\|_{W^{1,q}(\mathbb{R}^3)}.$$

由引理 5.2, 算子 $\mathcal{T}$ 定义为

$$\mathcal{T} : \mathcal{X} \mapsto \mathcal{Y}$$

$$(v, p) \mapsto \left(-\Delta v + \partial_{x_1} v + \nabla p, \nabla \cdot v\right),$$

存在一个有界逆算子 $\mathcal{T}^{-1}$ 且满足

$$\left\|\nabla^2 v\right\|_{L^q(\mathbb{R}^3)} + \|v\|_{L^r(\mathbb{R}^3)} + \|\nabla p\|_{L^q(\mathbb{R}^3)} \leqslant C\|\mathcal{T}(v, p)\|_{\mathcal{Y}}.$$

由 Hölder 不等式, 算子 $\mathcal{E} : \mathcal{X} \mapsto \mathcal{Y}$ 定义为

$$\mathcal{E}(v, p) = (\mathcal{M}v, 0),$$

满足

$$\|\mathcal{E}(v, p)\|_{\mathcal{Y}} = \|\mathcal{M}v\|_{L^q(\mathbb{R}^3)} \leqslant \|\mathcal{M}\|_{L^2(\mathbb{R}^3)} \|v\|_{L^r(\mathbb{R}^3)}$$

$$\leqslant C\|\mathcal{M}\|_{L^2(\mathbb{R}^3)} \|\mathcal{T}(v, p)\|_{\mathcal{Y}}.$$

选取 $\varepsilon_0 = (C(q) + 1)^{-1}$, 则

$$C(q)\|\mathcal{M}\|_{L^2(\mathbb{R}^3)} < 1.$$

那么由一个标准的有界算子扰动理论 [52] 可得, 如果 $\|\mathcal{M}\| \leqslant \varepsilon_0$, 那么算子 $\mathcal{T} + \mathcal{E}$ 存在一个有界逆且能被表示为

$$(\mathcal{T} + \mathcal{E})^{-1} = \sum_{j=0}^{\infty} (-1)^j \mathcal{E}^j \mathcal{T}^{-j-1},$$

因此引理中的估计成立.

定理 5.1 的证明. 不失一般性, 我们可以假设 $u_\infty = (1, 0, 0)^{\mathrm{T}}$. 定义 $v := u - u_\infty$, 则

$$v \cdot \nabla v + \partial_{x_1} v + \nabla p - \Delta v = 0. \tag{5.4}$$

由 D-条件 (5.1), 存在一个 $M > 0$ 使得

$$\int_{B_M^c} |\nabla v|^2 \mathrm{d}x < \varepsilon_0^2,$$

其中 B_M^c 表示 $\mathbb{R}^3$ 的一个球 B_M 的外部. 定义截断函数 $\psi \in C^\infty(\mathbb{R}^3)$ 使得

$$\psi(x) = \psi(|x|) = \begin{cases} 1, & \text{如果} \quad |x| > 2M, \\ 0, & \text{如果} \quad |x| < M, \end{cases}$$

且 $\forall x \in B_{2M} - B_M, 0 \leqslant \psi(x) \leqslant 1$. 将 ψ 乘在 (5.4) 的两端, 则

$$\begin{cases} \partial_{x_1}(\psi v) - \Delta(\psi v) + (\nabla v)\chi_{B_M^c} \cdot (\psi v) + \nabla(\psi p) = F(\psi), \\ \nabla \cdot (\psi v) = \nabla \psi \cdot v, \end{cases} \tag{5.5}$$

其中

$$F(\psi) = -2\nabla\psi \cdot \nabla v - (\Delta\psi)v + v\partial_{x_1}\psi + (\nabla\psi)p.$$

同时, 由 Sobolev 嵌入

$$\|v\|_{L^6(\mathbb{R}^3)} \leqslant C\|\nabla v\|_{L^2(\mathbb{R}^3)} < \infty,$$

再在 (5.4) 两端作用散度算子, 我们有

$$-\Delta p = \sum_{i,j=1}^{3} \partial_i \partial_j (v^i v^j),$$

这表明

$$p = \sum_{i,j=1}^{3} R_i R_j \left(v^i v^j \right) \in L^3 \left(\mathbb{R}^3 \right),$$

其中 $R_j (j = 1, 2, 3)$ 是 Riesz 变换. 因此, 由 Hölder 不等式, 有

$$\|F(\psi)\|_{L^{\frac{6}{5}}(\mathbb{R}^3)} \leqslant C \left(\|\nabla \psi\|_{L^3(\mathbb{R}^3)} \|\nabla v\|_{L^2(\mathbb{R}^3)} + \|\Delta \psi\|_{L^{\frac{3}{2}}(\mathbb{R}^3)} \|v\|_{L^6(\mathbb{R}^3)} \right.$$

$$\left. + \|\partial_{x_1} \psi\|_{L^{\frac{3}{2}}(\mathbb{R}^3)} \|v\|_{L^6(\mathbb{R}^3)} + \|\nabla \psi\|_{L^2(\mathbb{R}^3)} \|p\|_{L^3(\mathbb{R}^3)} \right)$$

$$\leqslant C(M) < \infty,$$

$$\|\nabla \psi \cdot v\|_{W^{1,\frac{6}{5}}(\mathbb{R}^3)} \leqslant \|\nabla \psi\|_{L^{\frac{3}{2}}(\mathbb{R}^3)} \|v\|_{L^6(\mathbb{R}^3)} + \|\nabla^2 \psi\|_{L^{\frac{3}{2}}(\mathbb{R}^3)} \|v\|_{L^6(\mathbb{R}^3)}$$

$$+ \|\nabla \psi\|_{L^3(\mathbb{R}^3)} \|\nabla v\|_{L^2(\mathbb{R}^3)}$$

$$\leqslant C(M) < \infty.$$

将引理 5.3 应用于系统 (5.5), 令 $q = 6/5$, 则 $\psi v \in L^3 (\mathbb{R}^3)$. 接下来,

$$\int_{\mathbb{R}^3} |v|^3 \mathrm{d}x \leqslant \int_{\mathbb{R}^3} |\psi v|^3 \mathrm{d}x + \int_{B_{2M}} |v|^3 \mathrm{d}x$$

$$\leqslant \int_{\mathbb{R}^3} |\psi v|^3 \mathrm{d}x + \left(\int_{\mathbb{R}^3} |v|^6 \mathrm{d}x \right)^{1/2} \left(\int_{B_{2M}} \mathrm{d}x \right)^{1/2} < \infty.$$

下面, 我们证明 $v \equiv 0$. 再次选取截断函数 $\varphi \in C_c^\infty (\mathbb{R}^3)$ 使得

$$\varphi(x) = \varphi(|x|) = \begin{cases} 1, & 若 \quad |x| < 1, \\ 0, & 若 \quad |x| > 2, \end{cases}$$

且 $0 \leqslant \varphi(x) \leqslant 1$, 对任意的 $1 \leqslant |x| \leqslant 2$. 则对任意的 $R > 0$, 定义

$$\varphi_R(x) := \varphi \left(\frac{|x|}{R} \right).$$

在 (5.4) 的两端乘以 $v\varphi_R$ 并在 $\mathbb{R}^3$ 上积分

$$\int_{\mathbb{R}^3} v \cdot \nabla v \cdot v\varphi_R \mathrm{d}x + \int_{\mathbb{R}^3} \partial_{x_1} v \cdot v\varphi_R \mathrm{d}x + \int_{\mathbb{R}^3} \nabla p \cdot v\varphi_R \mathrm{d}x = \int_{\mathbb{R}^3} \Delta v \cdot v\varphi_R \mathrm{d}x.$$

分部积分后有

$$\int_{\mathbb{R}^3} \varphi_R |\nabla v|^2 \mathrm{d}x$$

$$= \underbrace{\frac{1}{2}\int_{\mathbb{R}^3} \Delta\varphi_R |v|^2 \mathrm{d}x}_{I_1} + \underbrace{\frac{1}{2}\int_{\mathbb{R}^3} |v|^2 \partial_{x_1}\varphi_R \mathrm{d}x}_{I_2}$$

$$+ \underbrace{\int_{\mathbb{R}^3} pv \cdot \nabla\varphi_R \mathrm{d}x}_{I_3} + \underbrace{\frac{1}{2}\int_{\mathbb{R}^3} \left(|v|^2 v\right)\cdot\nabla\varphi_R \mathrm{d}x}_{I_4}.$$

由 Hölder 不等式和 $|\nabla^L\varphi_R| \leqslant CR^{-|L|}$, 我们有

$$|I_1| \leqslant C\,\|\Delta\varphi_R\|_{L^\infty(\mathbb{R}^3)} \left(\int_{B_{2R}\backslash B_R} |v|^3\mathrm{d}x\right)^{2/3} \left(\int_{B_{2R}\backslash B_R} \mathrm{d}x\right)^{1/3}$$

$$\leqslant CR^{-1}\|v\|_{L^3(B_{2R}\backslash B_R)}^2,$$

$$|I_2| \leqslant C\,\|\nabla\varphi_R\|_{L^\infty(\mathbb{R}^3)} \left(\int_{B_{2R}\backslash B_R} |v|^3\mathrm{d}x\right)^{2/3} \left(\int_{B_{2R}\backslash B_R} \mathrm{d}x\right)^{1/3}$$

$$\leqslant C\|v\|_{L^3(B_{2R}\backslash B_R)}^2,$$

$$|I_3| \leqslant C\,\|\nabla\varphi_R\|_{L^\infty(\mathbb{R}^3)} \left(\int_{B_{2R}\backslash B_R} |p|^{\frac{3}{2}}\mathrm{d}x\right)^{2/3} \left(\int_{B_{2R}\backslash B_R} |v|^3\mathrm{d}x\right)^{1/3}$$

$$\leqslant CR^{-1}\|p\|_{L^{\frac{3}{2}}(B_{2R}\backslash B_R)}\|v\|_{L^3(B_{2R}\backslash B_R)},$$

$$|I_4| \leqslant C\,\|\nabla\varphi_R\|_{L^\infty(\mathbb{R}^3)} \int_{B_{2R}\backslash B_R} |v|^3\mathrm{d}x \leqslant CR^{-1}\|v\|_{L^3(B_{2R}\backslash B_R)}^3.$$

因此

$$\lim_{R\to\infty} I_j = 0, \quad j = 1,2,3,4.$$

这表明 $v \equiv 0$, 则 $u \equiv u_\infty$. 证毕.

5.2 平板上的 Navier-Stokes 方程的 Liouville 定理

考虑 (0.1) 在一个平板 $\mathbb{R}^2 \times (0,1)$ 上的有界解, 具有下述 Dirichlet 边界条件:

$$u(x)|_{x_3=0} = u(x)|_{x_3=1} = 0. \tag{5.6}$$

Carrillo-Pan-Zhang-Zhao 在文献 [13] 中证明了 D-解的 Liouville 定理如下:

定理 5.2(Carrillo-Pan-Zhang-Zhao, 2020, [13])　考虑 (0.1) 在一个平板 $\mathbb{R}^2 \times [0,1]$ 上的光滑有界解, 满足条件 (5.6) 和 (0.3), 则 Liouville 定理成立.

我们简述 [13] 的部分关键点: 一是非线性项的控制

$$\int_{\mathbb{R}^2 \times (0,1)} |u|^2 \mathrm{d}x \leqslant C \int_{\mathbb{R}^2 \times (0,1)} |\partial_z u|^2 \mathrm{d}x \leqslant C.$$

因此

$$u \in L^2 \cap L^\infty (\mathbb{R}^2 \times (0,1)).$$

从而, 非线性项可以通过下述方式控制:

$$\int_{\mathbb{R}^2 \times (0,1)} |u|^2 u \cdot \nabla \psi \mathrm{d}x \quad \leqslant \quad CR^{-1} \int_{B(2R) \backslash B(R) \times (0,1)} |u|^3 \mathrm{d}x \to 0,$$

其中 $B(R)$ 为二维中的圆. 二是压力也可以通过板中的散度方程控制, 见如下引理.

引理 5.4　对于 $s > 1$, $\Omega = B_R \times (0,1)$ 和 定义在 $B_R \times (0,1)$ 上的 $f(x,y)$, 满足 $\int_\Omega f \mathrm{d}x \mathrm{d}y = 0$, 则存在一个常数 $C(s)$ 和一个向量值函数 $\tilde{w} : B_\tau \times (0,1) \to \mathbb{R}^3$ 使得 $\tilde{w} \in W_0^{1,s}(B_\tau \times (0,1))$ 和 $\nabla \cdot \tilde{w}(x,y) = f(x,y)$. 另外,

$$\int_{B_\tau \times (0,1)} |\nabla \tilde{w}(x,y)|^s \mathrm{d}x \mathrm{d}y \leqslant C(s)R^s \int_{B_\tau \times (0,1)} |f|^s \mathrm{d}x \mathrm{d}y. \tag{5.7}$$

证明　利用与 [13] 中命题 2.1 类似的论证, 我们假设

$$\bar{f}(\bar{x}, \bar{y}) = f(R\bar{x}, \bar{y}) = f(x,y),$$

其中 $R\bar{x} = x, \bar{y} = y$. 则 $\bar{f}(\bar{x}, \bar{y})$ 被定义在 $B_1 \times (0,1)$, 其是一个星形域 (参见 P38, [40]). 由 [40] 中的定理 III. 3.1, 存在一个常数 $C(s)$ 和一个向量值函数 $\bar{w} = (\bar{w}_1, \bar{w}_2) : B_1 \times (0,1) \to \mathbb{R}^3$ 使得 $\bar{w} \in W_0^{1,s}(B_1 \times (0,1))$ 和 $\nabla \cdot \bar{w} = \bar{f}$ 满足

$$\int_{B_1 \times (0,1)} |\nabla \bar{w}(x,y)|^s \mathrm{d}x \mathrm{d}y \leqslant C(s) \int_{B_1 \times (0,1)} |\bar{f}|^s \mathrm{d}x \mathrm{d}y. \tag{5.8}$$

令 $\tilde{w}_1(x,y) = R\bar{w}_1 \left(\dfrac{x}{R}, y \right)$ 和 $\tilde{w}_2(x,y) = \bar{w}_2 \left(\dfrac{x}{R}, y \right)$, 则有

$$\nabla \cdot \tilde{w} = f(x,y)$$

和

$$\int_0^1 \mathrm{d}y \int_{B_R} |\nabla \tilde{w}|^s$$

$$\leqslant C(s) \int_0^1 \mathrm{d}y \int_{B_R} \left|\frac{\partial \tilde{w}_1}{\partial x}\right|^s + \left|\frac{\partial \tilde{w}_1}{\partial y}\right|^s + \left|\frac{\partial \tilde{w}_2}{\partial x}\right|^s + \left|\frac{\partial \tilde{w}_2}{\partial y}\right|^s$$

$$\leqslant C(s) \int_0^1 \mathrm{d}y \int_{B_R} \left|\frac{\partial \bar{w}_1}{\partial x}\right|^s \left(\frac{x}{R}, y\right) + R^s \left|\frac{\partial \bar{w}_1}{\partial y}\right|^s \left(\frac{x}{R}, y\right)$$

$$+R^{-s} \left|\frac{\partial \bar{w}_2}{\partial x}\right|^s \left(\frac{x}{R}, y\right) + \left|\frac{\partial \bar{w}_2}{\partial y}\right|^s \left(\frac{x}{R}, y\right)$$

$$\leqslant C(s)R^2 \int_0^1 \mathrm{d}y \int_{B_1} \left|\frac{\partial \bar{w}_1}{\partial x}\right|^s (x,y) + R^s \left|\frac{\partial \bar{w}_1}{\partial y}\right|^s (x,y)$$

$$+R^{-s} \left|\frac{\partial \bar{w}_2}{\partial x}\right|^s (x,y) + \left|\frac{\partial \bar{w}_2}{\partial y}\right|^s (x,y)\mathrm{d}x.$$

注意到

$$\int_0^1 \mathrm{d}y \int_{B_R} |f|^s \mathrm{d}x = R^2 \int_{B_1 \times (0,1)} |\bar{f}|^s \,\mathrm{d}x\mathrm{d}y,$$

其表明 (5.7) 成立.

通过让 $f = \nabla\phi \cdot u$, 压力转化成下述估计:

$$\int_{\mathbb{R}^2 \times (0,1)} u \cdot \nabla \tilde{w} \cdot u \mathrm{d}x \leqslant C\|u\|_\infty \int_{B'(2R)\backslash B'(R) \times (0,1)} |u|^2 \mathrm{d}x \to 0.$$

更新的进展见 [5], 那里只需要一个局部能量的增长控制. 在该区域上考虑 Navier-slip 边值的结果, 见 [97] 或 [45] 等.

5.3 轴对称 Navier-Stokes 方程在周期性区域上的 Liouville 定理

定理 5.3(Carrillo-Pan-Zhang-Zhao, 2020, [13]) 考虑 $\mathbb{R}^2 \times \mathbb{S}^1 = \mathbb{R}^2 \times [-\pi, \pi]$ 中的三维稳态 Navier-Stokes 方程:

$$\begin{cases} -\Delta u + u \cdot \nabla u = -\nabla p, \\ \nabla \cdot u = 0, \\ u(x_1, x_2, z) = u(x_1, x_2, z + 2\pi), \end{cases} \tag{5.9}$$

满足无穷大时的消失性

$$\lim_{|x|\to\infty} u(x) = 0, \tag{5.10}$$

和有界的 Dirichlet 能量

$$D(u) = \int_{\mathbb{R}^2\times\mathbb{S}^1} |\nabla u|^2 \mathrm{d}x < \infty, \tag{5.11}$$

则 $u \equiv 0$.

注 5.1   对于时间依赖的轴对称 Navier-Stokes 方程在周期性区域上的 Liouville 定理, 可以参考 Lei-Ren-Zhang [68]. 作者假设有界古代温和解与 $\Gamma = ru_\theta$ 有界, 证明了 Liouville 定理.

在 [13] 中的一个新的发现是证明

$$\int_{\mathbb{S}^1} u_r(r, z)\mathrm{d}z = 0, \tag{5.12}$$

其表明

$$\int_{\mathbb{R}^2\times\mathbb{S}^1} |u_r|^2 \mathrm{d}x$$
$$= \int_{\mathbb{R}^2\times\mathbb{S}^1} |u_r - \int_{\mathbb{S}^1} u_r(r, z)\mathrm{d}z|^2 \mathrm{d}x$$
$$\leqslant \int_{\mathbb{R}^2\times\mathbb{S}^1} |\partial_z u_r|^2 \mathrm{d}x \leqslant C,$$

与平板情况相同的论证可以用于处理非线性项. 接下来, 我们证明 (5.12). 事实上, 由 $\partial_r(ru_r) + \partial_z(ru_z) = 0$ 可知

$$r\partial_r \int_{-\pi}^{\pi} u_r \mathrm{d}z + \int_{-\pi}^{\pi} u_r \mathrm{d}z = 0,$$

即

$$\partial_r \left(r \int_{-\pi}^{\pi} u_r \mathrm{d}z \right) = 0,$$

其表明

$$r \int_{-\pi}^{\pi} u_r \mathrm{d}z = 0.$$

5.4 广义 Navier-Stokes 方程的 Liouville 定理

我们考虑以下二维广义的稳态 Navier-Stokes 方程, 或者剪切增稠广义牛顿流体的稳定流动:

$$\text{(2D-GNS)} \quad \begin{cases} -\operatorname{div}[T(\varepsilon(u))] + u \cdot \nabla u = -\nabla p, \\ \nabla \cdot u = 0, \end{cases} \tag{5.13}$$

其中,

$$\varepsilon(u) = \frac{1}{2}[\nabla u + (\nabla u)^{\mathrm{T}}],$$

和 $T(\varepsilon(u)) = DH(\varepsilon(u))$ 且 $H(\varepsilon) = h(|\varepsilon|)$, 这里 $h \in C^2 : [0, \infty) \to [0, \infty)$. 令 $DH(\varepsilon) = \mu(|\varepsilon|)\varepsilon$, 则 $\mu(t) = \dfrac{h'(t)}{t}$. 参见 [37] 或者 [38].

假设:

(A1) h 是严格增和凸的函数满足 $h''(0) > 0$ 和 $\lim_{t \to 0} \dfrac{h(t)}{t} = 0$;

(A2) (Doubling 性质) 存在一个常数 $a > 0$ 使得 $h(2t) \leqslant ah(t)$ 对所有的 $t \geqslant 0$ 成立;

(A3) $\dfrac{h'(t)}{t} \leqslant h''(t)$ 对于 $t > 0$.

从 (A1)-(A3) 可以立即得出

(i) $\mu(t) = \dfrac{h'(t)}{t}$ 是一个递增函数, 因此我们处于剪切增稠的情况.

(ii) 我们有 $h(0) = h'(0) = 0$ 和 $h(t) \geqslant \dfrac{1}{2}h''(0)t^2$.

(iii) 函数 h 满足平衡条件, 即

$$\frac{1}{a}h'(t)t \leqslant h(t) \leqslant th'(t), \quad t \geqslant 0.$$

(iv) 对于指数 $m \geqslant 2$ 和一个常数 $c \geqslant 0$, 我们有

$$h(t) \leqslant c(t^m + 1), \quad t \geqslant 0.$$

例如, $h = t^2$(即经典的 NS), $h = t^2 + t^3$ 等.

定理 5.4(Fuchs, 2012, [38]) (1) 假设我们有 (5.13) 的有限能量解, 即满足

$$\int_{\mathbb{R}^2} h(|\varepsilon(u)|)\mathrm{d}x < \infty, \quad \int_{\mathbb{R}^2} |u|^2 \mathrm{d}x < \infty,$$

则 u 恒为零.

(2) 假设 u 在 (5.13) 的 $L^\infty(\mathbb{R}^2; \mathbb{R}^2)$ 空间中, 如果对流项消失或者当 $R \to \infty$ 时, 对某个常数向量 $u_\infty \in \mathbb{R}^2$ 有 $\sup_{\mathbb{R}^2 \backslash B_R(0)} |u - u_\infty| \to 0$, 则 u 是一个常数向量.

Fuchs 猜想可以去掉上述定理中关于 u 在无穷远处消失的假设, 并证明任何有界解 u 都必须是常向量. 张国对这个猜想给出一个肯定的答案.

定理 5.5(Zhang, 2013, [115])　假设 u 是 (5.13) 在空间 $L^\infty(\mathbb{R}^2; \mathbb{R}^2) \cap C^1(\mathbb{R}^2; \mathbb{R}^2)$ 中的弱解, 即

$$\int_{\mathbb{R}^2} T(\varepsilon(u)) : \varepsilon(\phi)\mathrm{d}x - \int_{\mathbb{R}^2} u^k u^i \partial_k \phi_i \mathrm{d}x = 0,$$

对所有的 $\phi \in C_0^\infty(\mathbb{R}^2, \mathbb{R}^2)$ 且 $\mathrm{div}\phi = 0$, 则 u 是一个常数向量.

在缓慢流动 (意味着对流项消失) 的能量有限的假设下, Fuchs [38] 表明速度场 u 是一个常数向量. 张国消除了缓慢流动的附加约束, 并证明了以下定理, 该定理可看做 Gilbarg-Weinberger 定理在剪切增稠流体情况下的推广.

定理 5.6(Zhang, 2015, [116])　假设 u 是 (5.13) 在空间 $C^1(\mathbb{R}^2; \mathbb{R}^2)$ 上的整体解, 即

$$\int_{\mathbb{R}^2} T(\varepsilon(u)) : \varepsilon(\phi)\mathrm{d}x - \int_{\mathbb{R}^2} u^k u^i \partial_k \phi_i \mathrm{d}x = 0,$$

对所有的 $\phi \in C_0^\infty(\mathbb{R}^2, \mathbb{R}^2)$ 且 $\mathrm{div}\phi = 0$. 如果 $\displaystyle\int_{\mathbb{R}^2} h(|\nabla u|)\mathrm{d}x < \infty$, 则 u 是一个常数向量.

更多的推广见 [72].

设 $\Omega = \mathbb{R}^2 \backslash \overline{B_{R_0}(0)}$; 对于 $r > R_0 > 0$, 设 $T_r = B_r(0) \backslash \overline{B_{R_0}(0)}$. 另外, 设
(v)

$$1 + C_1 t^{\gamma_1} \leqslant h''(t) \leqslant 1 + C_2 t^{\gamma_2}, \quad t \geqslant 0, \tag{5.14}$$

这里 $\gamma_2 \geqslant \gamma_1 \geqslant 1$, $C_2 > C_1 > 0$. 这推出

$$t^2 + C_1' t^{2+\gamma_1} \leqslant 2h(t) \leqslant t^2 + C_2' t^{2+\gamma_2},$$
$$t + C_1'' t^{1+\gamma_1} \leqslant h'(t) \leqslant t + C_2'' t^{1+\gamma_2}, \quad t \geqslant 0, \tag{5.15}$$

其中 C_1', C_2', C_1'', C_2'' 依赖 C_1, C_2, γ_1 与 γ_2.
(vi)

$$h'''(t) \leqslant C_3 + C_3' t^{\gamma_0}, \quad \gamma_0 \geqslant 0, \quad t \geqslant 0. \tag{5.16}$$

其中 $C_3, C_3' \geqslant 0$.

我们有下述的衰减估计.

定理 5.7(Li-Wang-Wang, 2020, [71]) 假设 $u \in C^3(\Omega, \mathbb{R}^2)$ 为 (5.13) 满足性质 (i)-(vi) 的一个解. 并且, 设 $|\varepsilon(u)| \leqslant C$ 与 $\displaystyle\int_\Omega h(|Du|)\mathrm{d}x < \infty$. 则存在一个常数 $r_2 > 0$ 使得

$$||Du||_{L^\infty(T_{2r} \setminus T_r)} \leqslant Cr^{-\frac{1}{2}}(\ln r)^{\frac{3}{4}},$$

对任意的 $r > r_2$ 成立.

5.5 二维 MHD 模型的 Liouville 定理

- 整个平面 $\mathbb{R}^2$ 上二维稳态 MHD 方程

$$\begin{cases} -\mu\Delta u + u \cdot \nabla u + \nabla\pi = b \cdot \nabla b, \\ -\nu\Delta b + u \cdot \nabla b = b \cdot \nabla u, \\ \mathrm{div}u = 0, \quad \mathrm{div}b = 0. \end{cases} \tag{5.17}$$

- Dirichlet 能量

$$D(u,b) = \int_{\mathbb{R}^2} |\nabla u|^2 + |\nabla b|^2 \, \mathrm{d}x.$$

定理 5.8(Wang-Wang, 2019, [107]) 设 (u,b) 是定义在整个平面上二维 MHD 方程 (5.17) 的弱解, 假设 $D(u,b) \leqslant D_0 < \infty$ 且存在一个绝对常数 C_* 使得

$$||b||_{L^1(\mathbb{R}^2)} D_0^{\frac{1}{2}} \leqslant C_* \min\{\mu\nu, \mu^{\frac{1}{2}}\nu^{\frac{3}{2}}\},$$

则 u 和 b 是常数.

注 5.2 我们强调, 小性条件只适用于磁场 b. 注意到, 如果 (u,b) 是 (5.17) 的一个解, 则

$$u^\lambda(x) := \lambda u(\lambda x), \quad b^\lambda(x) := \lambda b(\lambda x)$$

也是 (5.17) 的一个解. $||b||_{L^1(\mathbb{R}^2)}||\nabla u||_{L^2(\mathbb{R}^2)}$ 和 $||b||_{L^1(\mathbb{R}^2)}||\nabla b||_{L^2(\mathbb{R}^2)}$ 在自然伸缩下是不变的. 需要注意的是, 我们的证明不像 Gilbarg-Weinberger 那样, 利用二维 NS 方程的涡量方程的特殊结构, 因此它在推广到更一般情况下更常用.

定理 5.9 (Wang-Wang, 2019, [107]) 假设 (u,b) 是定义在整个平面上二维 MHD 方程 (5.17) 的弱解, 则 u, b 是常数如果下列条件之一成立:

(1) $u, b \in L^p(\mathbb{R}^2, \mathbb{R}^2)$ 对某个 $p \in (2, 6]$;

(2) $\|u\|_{L^p(\mathbb{R}^2)} + \|b\|_{L^p(\mathbb{R}^2)} \leqslant L < \infty$ 对某个 $p \in (6, \infty]$, 且存在一个绝对常数 C_* 使得 $\|b\|_{L^1(\mathbb{R}^2)} L^{\frac{p}{p-2}} \leqslant C_* \min\{\mu\nu, \mu^{\frac{1}{2}}\nu^{\frac{3}{2}}\}$.

注5.3　条件 $p > 2$ 是为了保证 (5.17) 弱解的正则性. 当 $p \in (2, 6]$ 时, 不需要小性条件, 也就是说, 对于 (5.17) 不存在非平凡 L^p 解. 然而, 当 $p > 6$ 时, 情况就不同了. 主要区别来自一个简单的事实: 如果 $b \in L^p(\mathbb{R}^2)$ 满足 $p \leqslant 6$, 根据非线性项 $u \cdot \nabla u$ 或者 $b \cdot \nabla b$ 的估计, 可以得到当 $R \to \infty$ 时 $R^{-1} \int_{B_R \backslash B_{R/2}} |b|^3 \mathrm{d}x = o(R)$.

当 $p \in (6, \infty]$ 时, 我们需要假设伸缩不变范数 $\|b\|_{L^1(\mathbb{R}^2)} \|u\|_{L^p(\mathbb{R}^2)}^{\frac{p}{p-2}}$ 和 $\|b\|_{L^1(\mathbb{R}^2)} \|b\|_{L^p(\mathbb{R}^2)}^{\frac{p}{p-2}}$ 是充分小的. 此外, 上述结果将 [55] 中 Navier-Stokes 方程 (1.21) 的相应定理推广到 MHD 方程组.

定理 5.10 (De Nitti-Hounkpe-Schulz, 2021, [29])　设 (u, b) 是定义在整个平面上二维 MHD 方程 (5.17) 的弱解. 假设 $D(u, b) \leqslant D_0 < \infty$ 且存在一个绝对常数 C_* 使得

$$\|b\|_{L^2(\mathbb{R}^2)} < \infty$$

或者

$$\|(u, b)\|_{BMO^{-1}(\mathbb{R}^2)},$$

则 u 和 b 是常数.

他们去掉小性的新想法如下:

(1) $b = \nabla^{\mathrm{T}} \psi$, 且

$$\nabla^{\mathrm{T}}(-\Delta \psi + u \cdot \nabla \psi) = 0,$$

其表明

$$-\Delta \psi + u \cdot \nabla \psi = c_0.$$

此外

$$c_0 \int \phi_R \mathrm{d}x = \int (-\Delta \psi + u \cdot \nabla \psi) \phi_R \mathrm{d}x$$

$$\leqslant CR\|\nabla b\|_2 \|\phi\|_2 + C\|u\|_2 \|b\|_2,$$

其表明: 如果 $b \in L^2(\mathbb{R}^2)$ 或者 $BMO^{-1}(\mathbb{R}^2)$, 则 $c_0 = 0$.

(2) 振荡引理 (引理 A.2, [29]) 表明

$$\sup_{x \in B_{1/2}} |\psi(Rx) - \psi(0)| \leqslant C\|\nabla[\psi(Rx)]\|_{L^2(B_1 \setminus B_{1/2})},$$

因此

$$\sup_{x \in B_{R/2}} |\psi(x) - \psi(0)| \leqslant C\|b\|_{L^2(B_R \setminus B_{R/2})} \to 0.$$

5.6 三维 MHD 或 Hall-MHD 模型的 Liouville 定理

稳态 MHD & Hall-MHD 系统 在 $\mathbb{R}^3$ 中表示如下:

$$\begin{cases} -\kappa\Delta u + u \cdot \nabla u + \nabla p = B \cdot \nabla B, \\ -\nu\Delta B + u \cdot \nabla B - B \cdot \nabla u = \alpha\nabla \times ((\nabla \times B) \times B), \\ \mathrm{div}u = 0, \quad \mathrm{div}B = 0. \end{cases} \tag{5.18}$$

这里 $u = (u_1, u_2, u_3)$ 是速度, $B = (B_1, B_2, B_3)$ 是磁场, p 是流体的压力. 此外, $\kappa > 0$, $\nu > 0$ 与 $\alpha \geqslant 0$ 表示粘性, 电阻率和霍尔系数. 当 $\alpha = 0$ 时, 系统 (5.18) 被简化为 MHD 系统, 该系统描述了导电流体磁性的稳态, 包括等离子体、液态金属等; 对于物理背景我们参考 Schnack [90] 及其他参考文献. 当 $\alpha > 0$ 时, 该系统像在太阳耀斑中一样控制强剪切磁场的动力学等离子体流, 并在天体物理学中有许多重要应用 (例如, 见 Chae-Degond-Liu [17]).

对于三维 MHD 方程, Chae-Weng 在 [19] 中证明了如果光滑解满足

$$\int_{\mathbb{R}^3} \left(|\nabla u|^2 + |\nabla B|^2\right) \mathrm{d}x < \infty \tag{5.19}$$

和 $u \in L^3(\mathbb{R}^3)$, 则解 (u, B) 为零. 在 [91] 中, Schulz 证明了如果平稳 MHD 方程的光滑解 (u, B) 在 $L^6(\mathbb{R}^3)$ 和 $u, B \in BMO^{-1}(\mathbb{R}^3)$, 则它完全为零. Chae-Wolf [22] 利用 [21] 的技术表明, 速度和磁场的势函数的 L^6 平均振荡具有一定的线性增长蕴含 Liouville 定理. 最近, Li-Pan [75] 证明了 D-解的 Liouville 定理的两种形式, 一种是任意粘度和电阻率的 $u \to (1, 0, 0)$ 和 $B \to 0$ 的情况; 另一种是取相同的粘度和电阻率 $u \to 0$ 和 $B \to (-1, 0, 0)$. 当 $u \to 0$ 和 $B \to (-1, 0, 0)$, 对于不相同的粘度和电阻率, Liouville 定理在 [109] 中得证, 欲了解更多参考文献, 请参阅 [32, 34, 74] 及其参考文献.

正如在 [17] 中所说: "霍尔磁流体动力学被认为是磁重联问题中的一个重要特征. 磁重联对应于在空间中普遍观察到的磁力线拓扑结构的变化." 研究 Hall-MHD 系统的数学原理很有趣. 两种流体或动力学模型的 Hall-MHD 方程的数

学推导可以在 [1] 中找到, 全局弱解的第一个存在性结果在 [17] 中给出. Chae-Degond-Liu 对 (5.18) 提出了 Hall-MHD 方程的 Liouville 型问题, 证明了如果 $(u, B) \in L^\infty(\mathbb{R}^3) \cap L^{\frac{9}{2}}(\mathbb{R}^3)$ 且满足 D-条件, 则 $u = B = 0$, 这在 [117] 中通过去除有界性条件得到了改进. Chae-Weng [19] 证明了如果 $u \in L^3(\mathbb{R}^3)$ 中并且满足方程的 D-条件, 则 $u = B = 0$. Chen-Li-Wang [26] 改进了这一结果, 通过平稳 Stokes 系统的 L^q 估计, 仅假设 $u \in BMO^{-1}(\mathbb{R}^3)$ 与 $B \in L^{6,\infty}(\mathbb{R}^3)$. 最近, Cho-Neustuba-Yang 在 [27] 中建立了一些新的弱解的 Liouville 型定理. 关于更多的参考文献, 可以参考 [18, 22, 79, 114] 及其参考文献. 对于系统 (5.18), 当无穷远处趋于非零向量时, 对于任意的 $\alpha \geqslant 0$, 假设能量有限 (5.19) 与 B 的梯度有界, Liouville 定理成立, 见 [109].

当无穷远处 (u, B) 趋于零向量, 仅假设 (5.19) 能量有限的条件下证明 Liouville 定理, 仍然是一个具有挑战性的公开问题.

参 考 文 献

[1] Acheritogaray M, Degond P, Frouvelle A, et al. Kinetic formulation and global existence for the Hall-Magneto-hydrodynamics system. Kinet. Relat. Models, 2011, 4: 901-918.

[2] Amick C J. On Leray's problem of steady Navier-Stokes flow past a body. Acta Math. 1988, 161: 71-130.

[3] Babenko K I, Vasilev M M. On the asymptotic behavior of a steady flow of viscous fluid at some distance from an immersed body. J. Appl. Math. Mech., 1973, 37: 651–665. Translated from Prikl. Mat. Meh., 1973, 37: 690–705(Russian).

[4] Bang J H, Gui C F, Liu H, et al. Rigidity of steady solutions to the Navier-Stokes equations in high dimensions and its applications. arXiv: 2306.05184v2.

[5] Bang J H, Gui C F, Wang Y, et al. Liouville-type theorems for steady solutions to the Navier-Stokes system in a slab. arXiv: 2205.13259v4.

[6] Bang J H, Yang Z L. Saint-Venant estimates and Liouville-type theorems for the stationary Navier-Stokes equation in $\mathbb{R}^3$. arXiv: 2402.11144.

[7] Bedrossian J, Germain P, Masmoudi N. Stability of the Couette flow at high Reynolds number in 2D and 3D. arXiv: 1712.02855.

[8] Bedrossian J, Vicol V. The Mathematical Analysis of the Incompressible Euler and Navier-Stokes Equations——an introduction. Graduate Studies in Mathematics, 225. Providence, RI: American Mathematical Society, 2022.

[9] Bedrossian J, Vicol V, Wang F. The Sobolev stability threshold for 2D shear flows near Couette. J Nonlinear Sci, 2018, 28: 2051-2075.

[10] Bildhauer M, Fuchs M, Zhang G. Liouville-type theorems for steady flows of degenerate power law fluids in the plane. J. Math. Fluid Mech. 2013, 15: 3, 583-616.

[11] Brezis H, Gallouet T. Nonlinear Schrodinger evolution equations. Nonlinear Anal. 1980, 4(4): 677-681.

[12] Carrillo B, Pan X H, Zhang Q S. Decay and vanishing of some axially symmetric D-solutions of the Navier-Stokes equations. J. Funct. Anal., 2020, 279(1): 108504,49.

[13] Carrillo B, Pan X H, Zhang Q S, et al. Decay and vanishing of some D-solutions of the Navier-Stokes equations. Arch. Ration. Mech. Anal., 2020, 237(3): 1383-1419.

[14] Chae D. Liouville-type theorem for the forced Euler equations and the Navier-Stokes equations. Commun. Math. Phys., 2014, 326: 37-48.

[15] Chae D. Note on the Liouville type problem for the stationary Navier-Stokes equations in R^3. J. Differential Equations, 2020, 268(3): 1043-1049.

[16] Chae D. Relative decay conditions on Liouville type theorem for the steady Navier-Stokes system. J. Math. Fluid Mech., 2021, 23(1): Paper No. 21.

[17] Chae D, Degond P, Liu J G. Well-posedness for Hall-magnetohydrodynamics. Ann. Inst. H. Poincaré C Anal. Non Linéaire, 2014, 31(3): 555-565.

[18] Chae D, Kim J, Wolf J. On Liouville-type theorems for the stationary MHD and the Hall-MHD systems in $\mathbb{R}^3$. Z. Angew. Math. Phys., 2022, 73(2): Paper No.66, 15.

[19] Chae D, Weng S. Liouville type theorems for the steady axially symmetric Navier-Stokes and Magnetohydrodynamic equations. Discrete Contin. Dyn. Syst., 2016, 36: 5267-5285.

[20] Chae D, Wolf J. On Liouville type theorems for the steady Navier- Stokes equations in R^3. J. Differential Equations, 2016, 261(10): 5541-5560.

[21] Chae D, Wolf J. On Liouville type theorem for the stationary Navier-Stokes equations. Calc. Var. Partial Differential Equations, 2019, 58(3): Paper No.111,11.

[22] Chae D, Wolf J. On Liouville type theorems for the stationary MHD and Hall-MHD systems. J. Differential Equations, 2021, 295: 233-248.

[23] Chae D, Yoneda T. On the Liouville theorem for the stationary Navier-Stokes equations in a critical space. J. Math. Anal. Appl. 2013, 405(2): 706-710.

[24] Chamorro D, Jarrín O, Lemarié-Rieusset P G. Some Liouville theorems for stationary Navier-Stokes equations in Lebesgue and Morrey spaces. Ann. Inst. H. Poincaré C Anal. Non Linéaire, 2021, 38(3): 689-710.

[25] Chen Q, Li T, Wei D. et al. Transition threshold for the 2-D Couette flow in a finite channel. Arch. Ration. Mech. Anal., 2020, 238(1): 125-183.

[26] Chen X, Li S, Wang W. Remarks on Liouville-type theorems for the steady MHD and Hall-MHD equations. J. Nonlinear Sci., 2022, 32(1): Paper No.12,20.

[27] Cho Y, Neustupa J, Yang M. New Liouville type theorems for the stationary Navier-Stokes, MHD, and Hall-MHD equations. Nonlinearity, 2024, 37(3): Paper No.035007, 22.

[28] Choe H, Jin B. Asymptotic properties of axis-symmetric D-solutions of the Navier-Stokes equations. J. Math. Fluid Mech., 2009, 11(2): 208-232.

[29] De N N, Hounkpe F, Schulz S. On Liouville-type theorems for the 2D stationary MHD equations. Nonlinearity, 2022, 35(2): 870-888.

[30] Ding H T, Wu F. Liouville-type theorems for 3D stationary tropical climate model in mixed local Morrey spaces. Bull. Malays. Math. Sci. Soc., 2023, 46(2): Paper No.60, 17.

[31] Donnelly H, Fefferman C. Nodal sets for eigenfunctions of the Laplacian on surfaces. J. of AMS, 1990, 3: 333-353.

[32] Fan H Y, Wang M. The Liouville type theorem for the stationary magnetohydrody-namic equations in weighted mixed-norm Lebesgue spaces. Dyn. Partial Differ. Equ., 2021, 18(4): 327–340.

[33] Fan H Y, Wang M. Asymptotic behavior of the stationary magnetohydrodynamic equations in an exterior domain. J. Math. Phys., 2021, 62(11): Paper No.111501,12.

[34] Fan H Y, Wang M. The Liouville type theorem for the stationary magnetohydrody-namic equations. J. Math. Phys., 2021, 62(3): Paper No. 031503, 12.

[35] Finn R. On the steady-state solutions of the Navier-Stokes equations, III. Acta Math., 1961, 105: 197-244.

[36] Finn R, Smith D R. On the stationary solutions of the Navier-Stokes equations in two dimensions. Arch. Ration. Mech. Anal., 1967, 25: 26-39.

[37] Fuchs M. Stationary flows of shear thickening fluids in 2D. J. Math. Fluid Mech., 2012, 14(1): 43-54.

[38] Fuchs M. Liouville theorems for stationary flows of shear thickening fluids in the plane. J. Math. Fluid Mech., 2012, 14(3): 421-444.

[39] Fuchs M, Zhong X. A note on a Liouville type result of Gilbarg and Weinberger for the stationary Navier-Stokes equations in 2D. Problems in Mathematical Analysis. No. 60. J. Math. Sci. (N.Y.), 2011, 178(6): 695-703.

[40] Galdi G P. An Introduction to the Mathematical Theory of the Navier-Stokes Equa-tions. Steady-State Problems. Second edition. Springer Monographs in Mathematics. New York: Springer, 2011.

[41] Giaquinta M. Multiple Integrals in the Calculus of Variations and Nonlinear Elliptic Systems. New Jersey: Princeton University Press, Princeton, 1983.

[42] Gilbarg D, Weinberger H F. Asymptotic properties of steady plane solutions of the Navier-Stokes equations with bounded Dirichlet integral. Ann. Scuola Norm. Sup. Pisa Cl. Sci., 1978, (4)5: 381-404.

[43] Grafakos L. Classical Fourier Analysis. Graduate Texts in Mathematics, 249 (2nd ed.). Berlin, New York: Springer-Verlag, 2008.

[44] Guo Z G, Wang W D. On the uniqueness and non-uniqueness of the steady planar Navier-Stokes equations in an exterior domain. arXiv: 2206.14565.

[45] Han J W, Wang Y, Xie C J. Liouville-type theorems for steady Navier-Stokes system under helical symmetry or Navier boundary conditions. arXiv: 2312.10382.

[46] Hirsch M W. Differential Topology. Graduate Texts in Mathematics, vol. 33. New York: Springer-Verlag, 1994.

[47] Jarrín O. A remark on the Liouville problem for stationary Navier-Stokes equations in Lorentz and Morrey spaces. J. Math. Anal. Appl., 2020, 486(1): 123871, 16.

[48] Jarrín O. Liouville theorems for a stationary and non-stationary coupled system of liquid crystal flows in local Morrey spaces. J. Math. Fluid Mech., 2022, 24(2): Paper No. 50, 29.

[49] Jia H, Sverak V. Asymptotics of stationary Navier Stokes equations in higher dimensions. Acta Math. Sin. (Engl. Ser.), 2018, 34(4): 598-611.

[50] Kang K. On regularity of stationary Stokes and Navier-Stokes equations near boundary. J. Math. Fluid Mech., 2004, 6(1): 78-101.

[51] Kang K, Lai B, Lai C C, et al. Finite energy Navier-Stokes flows with unbounded gradients induced by localized flux in the half-space. Trans. Amer. Math. Soc., 2022, 375(9): 6701-6746.

[52] Kato T. Perturbation Theory for Linear Operators. Reprint of the 1980 edition. Classics in Mathematics. Berlin: Springer-Verlag, 1995.

[53] Kenig C, Silvestre L, Wang J N. On Landis' conjecture in the plane. Comm. Partial Differential Equations, 2015, 40(4): 766-789.

[54] Kenig C, Wang J N. Quantitative uniqueness estimates for second order elliptic equations with unbounded drift. Math. Res. Lett., 2015, 22(4): 1159-1175.

[55] Koch G, Nadirashvili N, Seregin G, et al. Liouville theorems for the Navier-Stokes equations and applications. Acta Mathematica, 2009, 203: 83-105.

[56] Kondratiev V A, Landis E M. Qualitative properties of the solutions of a second-order nonlinear equation. Encyclopedia of Math. Sci. 32 (Partial Differential equations III). Berlin: Springer-Verlag, 1988.

[57] Korobkov M, Pileckas K, Russo R. The existence of a solution with finite Dirichlet integral for the steady Navier-Stokes equations in a plane exterior symmetric domain. J. Math. Pures Appl., 2014, 101(9): 257-274.

[58] Korobkov M, Pileckas K, Russo R. The Liouville theorem for the steady-state Navier-Stokes problem for axially symmetric 3D solutions in absence of swirl. J. Math. Fluid Mech., 2015, 17: 287-293.

[59] Korobkov M, Pileckas K, Russo R. Solution of Leray's problem for stationary Navier-Stokes equations in plane and axially symmetric spatial domains. Ann. of Math., 2015, 181(2): 769-807.

[60] Korobkov M, Pileckas K, Russo R. The existence theorem for the steady Navier-Stokes problem in exterior axially symmetric 3D domains. Math. Ann., 2018, 370(1-2): 727-784.

[61] Korobkov M, Pileckas K, Russo R. On convergence of arbitrary D-solution of steady Navier-Stokes system in 2D exterior domains. Arch. Ration. Mech. Anal., 2019, 233(1): 385-407.

[62] Korobkov M, Pileckas K, Russo R. On the steady Navier-Stokes equations in 2D exterior domains. J. Differential Equations, 2020, 269(3): 1796-1828.

[63] Korobkov M, Ren X. Uniqueness of plane stationary Navier-Stokes flow past an obstacle. Arch. Ration. Mech. Anal., 2021, 240(3): 1487-1519.

[64] Kow P Z, Lin C L. On decay rate of solutions for the stationary Navier-Stokes equation in an exterior domain. J. Differential Equations, 2019, 266(6): 3279-3309.

[65] Kozono H, Terasawa Y, Wakasugi Y. A remark on Liouville-type theorems for the stationary Navier-Stokes equations in three space dimensions. Journal of Functional Analysis, 2017, 272: 804-818.

[66] Kozono H, Terasawa Y, Wakasugi Y. Asymptotic behavior of solutions to elliptic and parabolic equations with unbounded coefficients of the second order in unbounded domains. Math. Ann., 2021, 380(3-4): 1105-1117.

[67] Ladyzhenskaya, O A. The Mathematical Theory of Viscous Incompressible Fluid. Philadelphia: Gordon and Breach, 1969.

[68] Lei Z, Ren X, Zhang Q S. A Liouville theorem for Axi-symmetric Navier-Stokes equations on $\mathbb{R}^2 \times \mathbb{T}^1$. Math. Ann., 2022, 383(1-2): 415-431.

[69] Lemarie-Rieusset P G. Recent developments in the Navier-Stokes problem. (English summary) Chapman & Hall/CRC Research Notes in Mathematics, 431. Boca Raton, FL: Chapman & Hall/CRC, 2002.

[70] Leray J. Étude de diverses équations intégrales non linéaire et de quelques problèmes que pose l'hydrodynamique. J. Math. Pures Appl., 1933, 12: 1-82.

[71] Li S, Wang T, Wang W D. Asymptotic properties of the plane shear thickening fluids with bounded energy integral. J. Math. Fluid Mech., 2020, 22(3): Paper No.33, 14.

[72] Li S, Wang W D. A Liouville theorem for the plane shear thickening fluids. Appl. Math. Lett., 2020, 105: 106334, 66.

[73] Li S, Wang W D. Interior and boundary regularity criteria for the 6D steady Navier-Stokes equations. J. Differential Equations, 2023, 342: 418-440.

[74] Li Z, Liu P, Niu P. Remarks on Liouville type theorems for the 3D stationary MHD equations. Bull. Korean Math. Soc., 2020, 57(5): 1151-1164.

[75] Li Z, Pan X. Liouville theorem of the 3D stationary MHD system: for D-solutions converging to non-zero constant vectors. NoDEA Nonlinear Differential Equations Appl., 2021, 28(2): Paper No. 12, 14.

[76] Li Z Y, Su Y F. Liouville type theorems for the stationary Hall-magnetohydrodynamic equations in local Morrey spaces. Math. Methods Appl. Sci., 2022, 45(17): 10891-10903.

[77] Lieb E H, Loss M. Analysis. Second edition, Providence, RI: Amer. Math. Soc., 2001.

[78] Liu J, Wang W. Boundary regularity criteria for the 6D steady Navier-Stokes and MHD equations. J. Differential Equations, 2018, 264(3): 2351-2376.

[79] Liu P. Liouville-type theorems for the stationary incompressible inhomogeneous Hall-MHD and MHD equations. Banach J. Math. Anal., 2023, 17(1): Paper No.13, 33.

[80] Lizorkin P I. (L_p,L_q)-multipliers of Fourier integrals. (Russian) Dokl. Akad. Nauk SSSR, 1963, 152: 808-811.

[81] Lizorkin P I. Multipliers of Fourier integrals in the spaces $L_{p,\theta}$. (Russian) Trudy Mat. Inst. Steklov., 1967, 89: 231-248.

[82] Lorentz H A. Ein Allgemeiner Satz, die Bewegung Einer Reibenden Fl"ussigkeit Betreffend, Nebst Einegen Anwendungen Desselben, Zittingsverlag Akad. Wet. Amsterdam, 1896, 5: 168-175.

[83] Maremonti P, Russo R, Starita G. Classical solutions to the stationary Navier–Stokes system in exterior domains. The Navier – Stokes equations: theory and numerical methods (Varenna, 2000), 53-64, Lecture Notes in Pure and Appl. Math., 223, Dekker, New York, 2002.

[84] Men Y Y, Wang W D, Zhao L L. Asymptotic behavior of the steady Navier-Stokes flow in the exterior domain. J. Differential Equations, 2020, 269(9): 7311-7325.

[85] Meshkov V Z. On the possible rate of decay at infinity of solutions of second order partial differential equations. Math. USSR Sbornik, 1992, 72: 343-360.

[86] Odqvist F K G. Uber die Randwertaufgaben der Hydrodynamik Zaher Flussigkeiten. Math. Z., 1930, 32: 329-375.

[87] Pan X H, Li Z J. Liouville theorem of axially symmetric Navier-Stokes equations with growing velocity at infinity. Nonlinear Anal. Real World Appl., 2020, 56: 103159, 8.

[88] Plecháč P, Šverák V. Singular and regular solutions of a nonlinear parabolic system. Nonlinearity, 2003, 16(6): 2083-2097.

[89] Russo A. A note on the exterior two-dimensional steady-state Navier-Stokes problem. J. Math. Fluid Mech., 2009, 11(3): 407-414.

[90] Schnack D D. Lectures in magnetohydrodynamics. With an appendix on extended MHD. Lecture Notes in Physics, 780. Berlin: Springer-Verlag, 2009.

[91] Schulz S. Liouville type theorem for the stationary equations of magnetohydrodynamics. Acta Mathematica Scientia, 2019, 39B(2): 491-497.

[92] Seregin G. Liouville type theorem for stationary Navier-Stokes equations. Nonlinearity, 2016, 29: 2191-2195.

[93] Seregin G. A liouville type theorem for steady-state Navier-Stokes equations. arXiv: 1611.01563.

[94] Seregin G. Remarks on Liouville type theorems for steady-state Navier-Stokes equations, arXiv: 1703.10822v1.

[95] Seregin G A, Shilkin T N. Liouville-type theorems for the Navier-Stokes equations. (Russian) Uspekhi Mat. Nauk, 2018, 4(442): 103-170; translation in Russian Math. Surveys, 2018, n.4: 661-724.

[96] Seregin G, Wang W. Sufficient conditions on Liouville type theorems for the 3D steady Navier-Stokes equations. Algebra i Analiz, 2019, 31(2): 269-278; reprinted in St. Petersburg Math. J., 2020, 31(2): 387-393.

[97] Sha K J, Wang Y, Xie C J. On the Steady Navier-Stokes system with Navier slip boundary conditions in two-dimensional channels. arXiv: 2210.15204v2.

[98] Stein E M. Harmonic Analysis: Real-Variable Methods, Orthogonality, and Oscillatory Integrals. Princeton: Princeton University Press, 1993.

[99] Temam R. Une méthode d'approximation de la solution des équations de Navier-Stokes. Bull. Soc. Math. France, 1968, 96: 115-152 (French).

[100] Tsai T P. Liouville type theorems for stationary Navier-Stokes equations. arXiv: 2005.09691 [math.AP]

[101] Tsai T P. Lectures on Navier-Stokes Equations. Graduate Studies in Mathematics, 192. Providence, RI: American Mathematical Society, 2018.

[102] Vekua I N. Generalized Analytic Functions. London: Pergamon Press, 1962.

[103] Wang L L, Wang W D. Asymptotic properties of steady plane solutions of the Navier-Stokes equations in a cone-like domain. J. Math. Fluid Mech., 2023, 25(3): Paper No. 75, 17.

[104] Wang W D. Remarks on Liouville type theorems for the 3D steady axially symmetric Navier-Stokes equations. J. Differential Equations, 2019, 266(10): 6507-6524.

[105] Wang W D. Liouville type theorems for the planar stationary MHD equations with growth at infinity. J. Math. Fluid Mech., 2021, 23(4): Paper No.88, 12.

[106] Wang W D. Stability of the Couette flow under the 2D steady Navier-Stokes flow. Math. Nachr., 2023, 296(3): 1296-1309.

[107] Wang W D, Wang Y Z. Liouville-type theorems for the stationary MHD equations in 2D. Nonlinearity, 2019, 32(11): 4483-4505.

[108] Wang W D, Wu J. Classification of solutions of the 2D steady Navier-Stokes equations with separated variables in cone-like domains. Nonlinearity, 2023, 36(5): 2839-2866.

[109] Wang W D, Yang G X. Liouville type theorems for the 3D stationary MHD and Hall-MHD equations with non-zero constant vectors at infinity. arXiv: 2404.18051.

[110] Wang Y, Xiao J. A Liouville problem for the stationary fractional Navier-Stokes-Poisson system. J. Math. Fluid Mech., 2018, 20(2): 485-498.

[111] Weng S. Decay properties of axially symmetric D-solutions to the steady Navier-Stokes equations. J. Math. Fluid Mech., 2017, DOI 10.1007/s00021-016-0310-5.

[112] Wolf J. On the local regularity of suitable weak solutions to the generalized Navier-Stokes equations. Ann. Univ. Ferrara Sez. VII Sci. Mat., 2015, 61(1): 149-171.

[113] Yang J Q. On Liouville type theorem for the steady fractional Navier-Stokes equations in $\mathbb{R}^3$. J. Math. Fluid Mech., 2022, 24(3): Paper No.81, 6.

[114] Yuan B, Xiao Y. Liouville-type theorems for the 3D stationary Navier-Stokes, MHD and Hall-MHD equations. J. Math. Anal. Appl., 2020, 491(2): 124343, 10.

[115] Zhang G. A note on Liouville theorem for stationary flows of shear thickening fluids in the plane. J. Math. Fluid Mech., 2013, 15(4): 771-782.

[116] Zhang G. Liouville theorems for stationary flows of shear thickening fluids in 2D. Ann. Acad. Sci. Fenn. Math., 2015, 40(2): 889-905.

[117] Zhang Z, Yang X, Qiu S. Remarks on Liouville type result for the 3D Hall-MHD system. J. Partial Differ. Equ., 2015, 28(3): 286-290.

[118] Zhao N. A Liouville type theorem for axially symmetric D-solutions to steady Navier-Stokes equations. Nonlinear Anal., 2019, 187: 247-258.